ハイレベ100

算数 3年 もく

3年の学習

発展的な学習

まとめの学習

テスト 1 標準レベル Ⅰ

❶かけ算（1）

時間 10分　合格点 80点　点

同じ数をいくつも集めるとき，かけ算という便利な方法で計算します。かけ算のきまりは重要で，自由に使いこなせるようにします。また，0のかけ算，10のかけ算もできるようにします。

1 次の計算をしなさい。（1つ3点・24点）

① 0×10　② 1×10

③ 10×4　④ 8×0

⑤ 1×2×3　⑥ 0×2×4

⑦ 4×3+4　⑧ 5×10−5

2 次の□にあてはまる数を書きなさい。（1つ3点・30点）

① 6×3=3×□　② □×2=2×7

③ 4×2×5=4×□=□　④ 3×6=3×5+□

⑤ 7×4=7×5−□　⑥ 5×□=50

⑦ □×1=10　⑧ 3×4+□=3×5

⑨ 4×6−□=4×5　⑩ 3×□=3×2+3

3 次の□にあてはまる数を書きなさい。（1つ5点・10点）

① 2×□=3×□=18

② 3×□=4×□=24

4 1円玉が8こ，5円玉が8こあります。（1つ5点・10点）

（1）全部で何円ありますか。

答え

（2）5円玉8こは，1円玉8こより何円多いですか。

答え

5 答えが，次の数になる九九を全部書きなさい。（1つ5点・10点）

① 16　答え

② 36　答え

6 横の長さが，たての長さの3倍の長方形があります。この長方形のまわりの長さは，何cmですか。（8点）

【式】

答え

7 3年1組のせいと全員が，1列に6人ずつ5列にならんだところ，5列めが5人になりました。この組の人数は，みんなで何人ですか。（8点）

【式】

答え

テスト 2　標準レベル 2

❶かけ算（1）

時間 10分　合格点 80点　　点

1 次の計算をしなさい。（1つ3点・24点）

① 0×7　　② 8×1

③ 1×1　　④ 0×0

⑤ 2×5×6　　⑥ 3×5×0

⑦ 10×6+10　　⑧ 10×7−7

2 次の□にあてはまる数を書きなさい。（1つ3点・30点）

① 4×□=6×4　　② 10×3=□×10

③ 5×2×3=5×□=□　　④ 6×8=6×7+□

⑤ 3×9=3×10−□　　⑥ 10×□=10

⑦ □×10=0　　⑧ 7×5+□=7×6

⑨ 8×4−□=8×3　　⑩ 4×□=4×4+4

3 大きい方を◯でかこみなさい。（1つ4点・24点）

① （ 10×0 ・ 2×3 ）　　② （ 35−0 ・ 6×6 ）

③ （ 5×3 ・ 3×6 ）　　④ （ 8+1 ・ 0×10 ）

⑤ （ 1×1 ・ 7×0 ）　　⑥ （ 4×6 ・ 3×9 ）

4 チョコレートが10こ入っている箱が，6箱あります。チョコレートは，全部で何こありますか。（4点）

【式】

答え □

5 まさこさんの持っているお金で，1本8円の竹ひごを9本買うには，7円たりません。まさこさんは，何円持っていますか。（4点）

【式】

答え □

6 画用紙を1人に4まいずつ6人に配ったところ，6まいあまりました。画用紙は，全部で何まいありましたか。（4点）

【式】

答え □

7 赤いシールが8まいあります。青いシールは，赤いシールの5倍あります。シールは，合わせて何まいありますか。（4点）

【式】

答え □

8 ご石が何こかありました。1列に10こずつ6列にならべようとしましたが，3こたりませんでした。ご石は，全部で何こありますか。（6点）

【式】

答え □

テスト3 ハイレベル

❶かけ算（1）

時間 15分　合格点 70点　　点

1 次(つぎ)の計算をしなさい。（1つ3点・24点）

① 10×10　　② 0×1×10

③ 1×5×0+5　　④ 9×1−9

⑤ 6×10−10　　⑥ 4×2×5

⑦ 9×（2×3）　　⑧ 7×（5×2）

2 次(つぎ)の□にあてはまる数を書きなさい。（1つ3点・24点）

① 4×8×2=4×□×8=□×8=□

② 2×6×5=6×□×5=6×□=□

③ 7×7=7×8−□　　④ 9×6=9×5+□

⑤ 4×8+□=4×9　　⑥ 7×6−□=7×5

⑦ 6×□=6×6+6　　⑧ 5×□=5×8−5

3 10円玉を5こずつ2列(れつ)にならべました。全部(ぜんぶ)で何円ありますか。（4点）

【式(しき)】

答え □

4 タイルが右も左もきれいにならんでいます。タイルは，合わせて何こありますか。（6点）

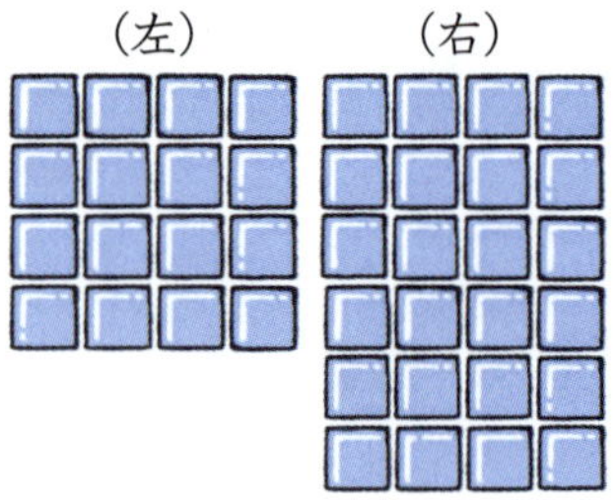

【式(しき)】

答え □

5 ひろしくんは，毎日10円ずつちょ金をすることにしました。1週間分のちょ金と10日分のちょ金のちがいは，何円になりますか。（6点）

【式(しき)】

答え □

6 男の子が4人，女の子が6人遊(あそ)びに来ました。おかしを1人に7こずつあげるには，おかしは，全部(ぜんぶ)で何こいりますか。（6点）

【式(しき)】

答え □

7 1日にめぐみさんは，みかんを2こずつ3回食べます。1週間では何こ食べますか。（6点）

【式(しき)】

答え □

8 ふみえさんは，1まい4円の色紙を7まい買っても，まだ，同じ色紙をちょうど4まい買えるお金を持っています。ふみえさんは，何円持っていますか。(6点)

【式】

答え

9 1組のせいとは，たてに5人ずつ7列にならんでいます。2組のせいとは，たてに6人ずつ6列にならんでいます。どちらの組のせいとの方が，何人多いですか。(6点)

【式】

答え 　組の方が　　人多い。

10 1つ10円のガムを4つと1つ8円のあめを7つ買って，100円玉1まいではらいました。おつりは，いくらですか。(6点)

【式】

答え

11 右のように，箱の3つの方向にテープをそれぞれちょうど1まわりずつはりました。使ったテープの長さは，全部で何cmですか。(6点)

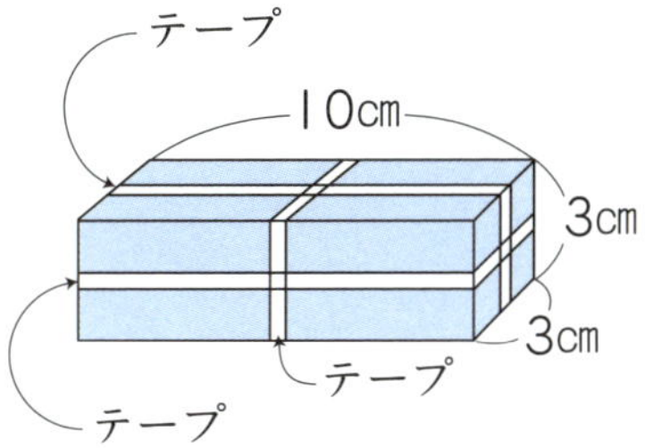

【式】

答え

テスト 4 最レベ 最高レベルにチャレンジ!!

❶かけ算（1）

時間 10分　合格点 60点　　点

1 さいころの目は，表の目の数とうらの目の数とをたすと，7になるようにできています。さいころを3回ふって出た目の数をたして8になったとき，うらの目の数をたすと，いくつになりますか。(20点)

【式】

答え

2 下のように立方体のつみ木をおいていきます。

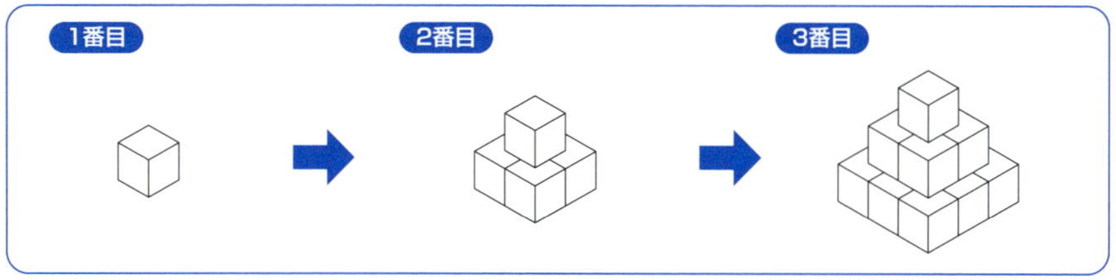

(1) 6だんのとき，つみ木はぜんぶでいくつありますか。(40点)

【式】

答え

(2) 10だんのとき，つみ木はぜんぶでいくつありますか。(40点)

【式】

答え

テスト 5 標準レベル | ❷わり算（1） 時間 10分 合格点 80点 　点

わり算の意味(等分するのか，「…ずつ」にまとめて分けるのか)を理解して，使い分けができるようにします。0はどんな数でわっても答えは0になります。

1 次の□にあてはまる数を書きなさい。（1つ3点・24点）

① 2×□=10　　② □×5=35

③ 4×□=36　　④ □×8=48

⑤ 6×□=30　　⑥ □×3=12

⑦ 7×□=56　　⑧ □×2=16

2 次の問題の答えをもとめるには，あ，いのどちらの式がよいですか。よい方を○でかこみなさい。（1つ5点・20点）

(1) 6このみかんを3人に同じ数ずつ分けると，1人分は何こになりますか。

あ 6こ÷3　　い 6こ÷3こ

(2) 36円で，1こ9円のあめを買うと，何こ買えますか。

あ 36円÷9　　い 36円÷9円

(3) 54cmのリボンを6人で同じ長さになるように分けると，1人分は何cmになりますか。

あ 54cm÷6　　い 54cm÷6cm

(4) 56人を7人ずつに分けると，何組できますか。

あ 56人÷7　　い 56人÷7人

3 おり紙が36まいあります。（1つ8点・16点）

(1) 1人に6まいずつ配ると，何人に配ることができますか。

【式】

答え □

(2) 9人に同じ数ずつに分けると，1人分は何まいになりますか。

【式】

答え □

4 12人がタクシーに乗ります。（1つ8点・16点）

(1) 1台に2人乗ると，タクシーは，何台いりますか。

【式】

答え □

(2) 3台のタクシーに同じ人数ずつに分かれて乗ることにしました。1台に何人ずつ乗ることになりますか。

【式】

答え □

5 次のわり算をしなさい。（1つ3点・24点）

① 0÷6　　② 8÷1

③ 27÷9　　④ 64÷8

⑤ 15÷3　　⑥ 48÷6

⑦ 42÷7　　⑧ 10÷10

テスト 6 標準レベル 2

❷わり算（1）

時間 10分　合格点 80点　点

1 次の□にあてはまる数を書きなさい。（1つ3点・24点）

① 5人×□＝15人　② 8円×□＝64円

③ 3m×□＝21m　④ 7cm×□＝28cm

⑤ 4本×□＝36本　⑥ 6台×□＝24台

⑦ □円×6＝18円　⑧ □人×5＝45人

2 48ページの本があります。（1つ8点・16点）

(1) 月曜日から土曜日まで毎日読もうと思います。1日に何ページずつ読むと，ちょうど読み終わりますか。

【式】

答え

(2) 1日に8ページずつ読むことにすると，何日間で読み終わりますか。

【式】

答え

3 りんごが36こあります。（1つ8点・16点）

(1) 4こずつかごに入れると，何かごできますか。

【式】

答え

(2) 6人で同じ数ずつに分けると，1人分は何こずつになりますか。

【式】

答え

4 72まいの色紙を8つのふうとうに同じ数ずつ入れました。1つのふうとうには，色紙が何まい入っていますか。（8点）

【式】

答え

5 24このおはじきを1人に3こずつ分けていきます。何人に分けることができますか。（8点）

【式】

答え

6 63このチョコレートを7人に同じ数ずつ分けると，1人分は何こになりますか。（8点）

【式】

答え

7 たまごが4こずつ入っている箱が6箱あります。（1つ10点・20点）

(1) 8人で同じ数ずつ分けると，1人分は何こになりますか。

【式】

答え

(2) 3人で同じ数ずつ分けると，1人分は何箱になりますか。

【式】

答え

テスト 7　ハイレベル　❷わり算（1）

時間 15分　合格点 70点　　点

1 次の□にあてはまる数を書きなさい。（1つ2点・16点）

① □÷10=0　　② 10÷□=10

③ □÷5=1　　④ 15÷□=3

⑤ □÷8=3　　⑥ 42÷□=7

⑦ □÷6=9　　⑧ 56÷□=8

2 32cmのテープを4人で等しく分けた長さは，20cmのテープを4人で等しく分けた長さより何cm長いですか。（8点）

【式】

答え

3 72cmのはり金があります。このはり金から，1つの辺が2cmのましかくは，いくつできますか。（8点）

【式】

答え

4 のぶおくんは，1日に同じ数ずつ3回いちごを食べていくと，1週間で42こ食べました。のぶおくんは，いちごを1回に何こずつ食べましたか。（8点）

【式】

答え

5 ご石が3こずつ8列にならんでいます。4こずつにならべかえると，何列になりますか。（8点）

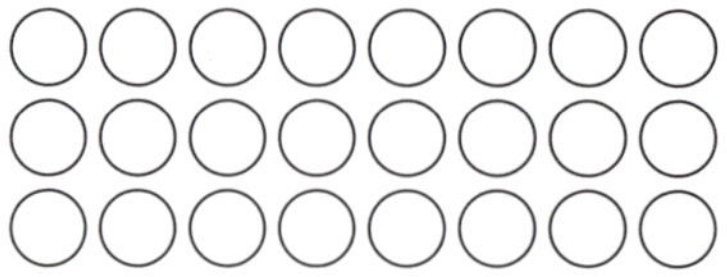

【式】

答え

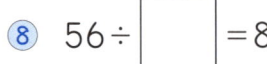

6 24人の人が3人ずつ乗れるようにボートを用意しましたが，4人ずつ乗ることにしました。ボートは，何そうあまりますか。（8点）

【式】

答え

7 赤えん筆が18本，青えん筆が12本，黒えん筆が24本あります。（1つ8点・16点）

（1） それぞれのえん筆を同じ数ずつ6人に分けるとき，1人分は，赤・青・黒それぞれ何本になりますか。

【式】

答え　赤…　　本　青…　　本　黒…　　本

（2） それぞれのえん筆を同じ数ずつ3人に分けるとき，1人分でくらべると，黒えん筆は，赤えん筆より何本多くなりますか。

【式】

答え

8 32人の子どもがいます。はじめに，8人ずつの大きな組に分かれました。次に，それらの組が2人ずつの小さな組に分かれました。小さな組は，何組できましたか。（8点）

【式】

答え

9 あめとガムが合わせて24こあります。あめの数は，ガムの数の2倍あるそうです。あめは，何こありますか。（10点）

【式】

答え

10 たて20cm，横42cmの画用紙に，右の図のようにたては4cmごとに，横は7cmごとに線を引いてはさみで切ります。㋐のような四角形は，全部で何まいできますか。（10点）

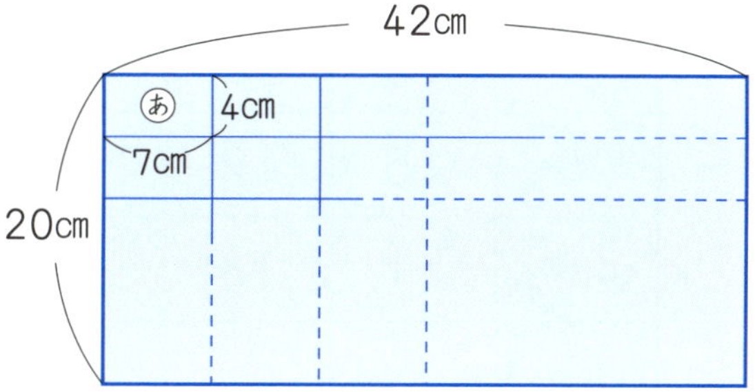

【式】

答え

テスト 8 最レベ 最高レベルにチャレンジ!!

❷わり算（1）

時間 10分 合格点 60点 点

1 8cmの竹ひごが5本あります。この竹ひごを全部2cmずつに切りました。（1つ20点・40点）

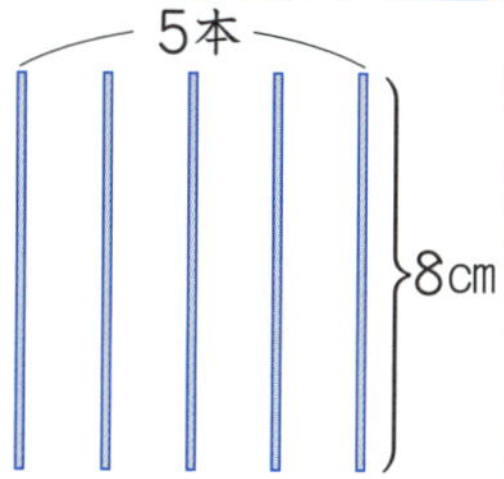

（1） 2cmの竹ひごは，何本になりましたか。

【式】

答え

（2） 切った回数は，全部で何回ですか。

【式】

答え

2 わたしは消しゴムを20こ，弟は4こ持っています。わたしが弟に消しゴムを何こあげると，わたしの持っている消しゴムの数が，弟の3倍になりますか。（30点）

【式】

答え

3 おはじきが54こあります。Aさん，Bさん，Cさんの3人がじゅんに，Aさんが1こ，Bさんが2こ，Cさんが3こ，またAさんが1こ……というようにくり返し，おはじきがなくなるまで取っていきます。Bさんは，全部で何こ取りましたか。（30点）

【式】

答え

テスト 9 標準レベル 1 ③表(ひょう)とグラフ(整理(せい)と表(ひょう))

時間 10分 合格点 80点 　点

表を作る時，正の字を書いて，重なりや見落としがないようにします。
グラフのたて軸，横軸はいろいろな決め事があるので注意をし，また，
|目もりがどれだけかを正確に読みとれるようにします。

1 4月の天気を調(しら)べました。

1	2	3	4	5	6	7	8	9	10	11	12	13	14	15
晴れ	晴れ	くもり	くもりのち晴れ	晴れ	くもり	雨	くもりのち晴れ	晴れ	晴れ	晴れのちくもり	くもり	雨	雨	くもり
16	17	18	19	20	21	22	23	24	25	26	27	28	29	30
晴れ	晴れのちくもり	晴れ	くもり	雨	雨	くもりのち晴れ	晴れ	晴れ	くもり	雨	くもり	くもりのち晴れ	晴れ	晴れ

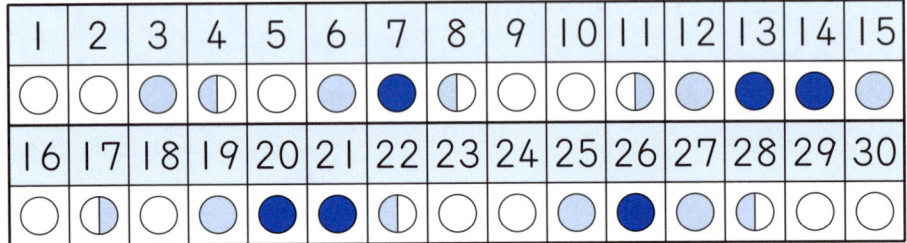

○晴れ　◯くもり　●雨　◐晴れのちくもり　◑くもりのち晴れ

(1) 上の表(ひょう)から下の表(ひょう)をつくりなさい。(|つ4点・16点)

天気	正の字を使(つか)ってまとめる	日数
れい 晴れ	正 正 一	11
くもり		
雨		
晴れのちくもり		
くもりのち晴れ		

(2) いちばん多い天気と，2番目に多い天気の日数のちがいは，何日ですか。(5点)

答え [　　　]

2 下のぼうグラフの|目もりの大きさを[　　]に，ぼうグラフが表(あらわ)している大きさを（　）に書きなさい。(|つ5点・40点)

① (m)

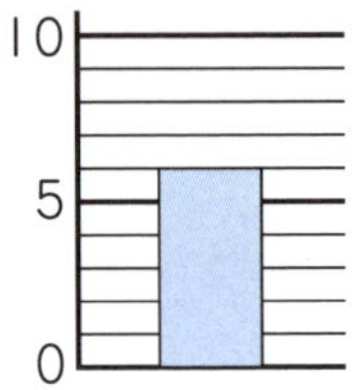

[　　]m

② (日)

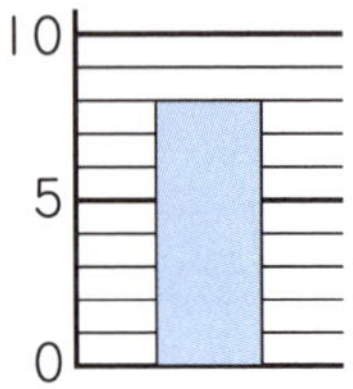

[　　]日

③ (人)

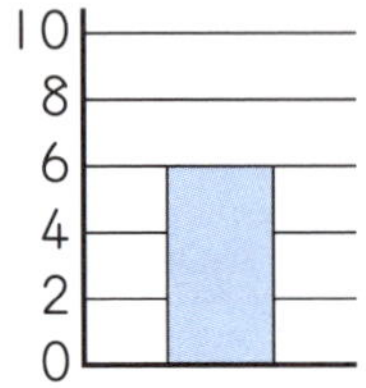

[　　]人

④ (円)

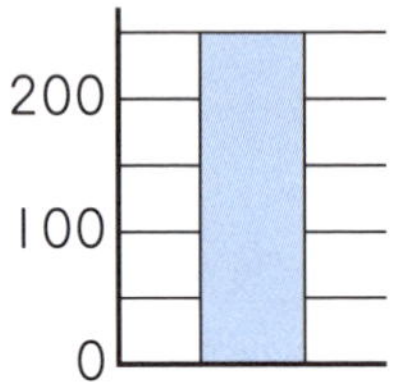

[　　]円

（　　　）m（　　　）日（　　　）人（　　　）円

3 図書室で本をかりた人数を，組ごとに調(しら)べました。

(1) あいているところに数を書きなさい。(|つ4点・24点)

男女＼組	|組	2組	3組	合計
男（人）	15	12	14	
女（人）	11	18	20	
合計				

(2) 上の表(ひょう)をもとにして，ぼうグラフを書きなさい。(|つ5点・15点)

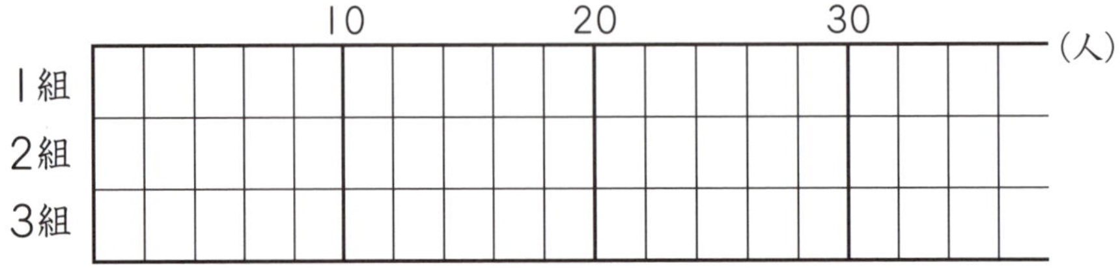

テスト 10　標準レベル 2　**③表とグラフ(整理と表)**　時間 10分　合格点 80点　　点

1　1目もりがいくつになるかを考えて,(　　)の数をぼうグラフに表しなさい。(1つ5点・20点)

① (まい)

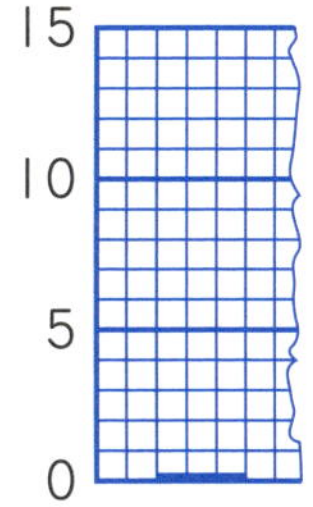

(　12まい　)

② (台)

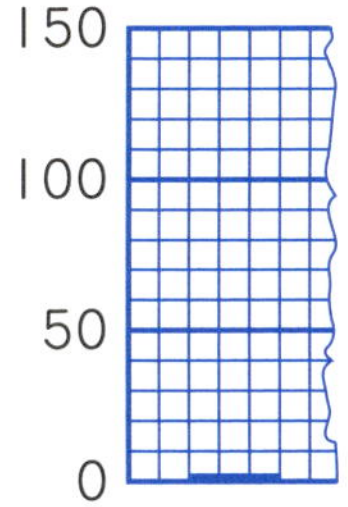

(　120台　)

③ (人)

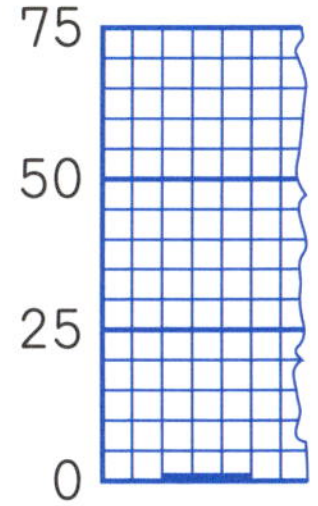

(　65人　)

④ (さつ)

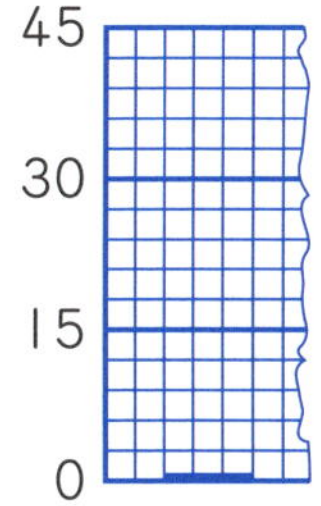

(　36さつ　)

2　下の表とグラフは,さくら小学校に何丁目から何人通っているかを調べたものです。表とぼうグラフのあいているところに,数やグラフを書きなさい。(1つ4点・20点)

	人数
1丁目	18
2丁目	
3丁目	16
4丁目	7
5丁目	
合計	

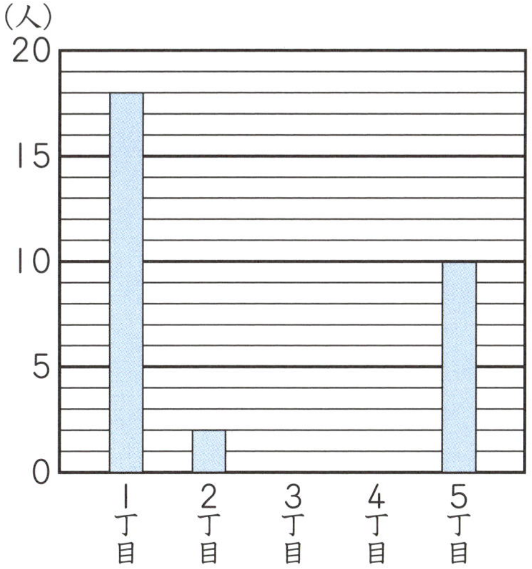

3　大野さんの町で家族の人数を調べてぼうグラフにしました。(1つ5点・15点)

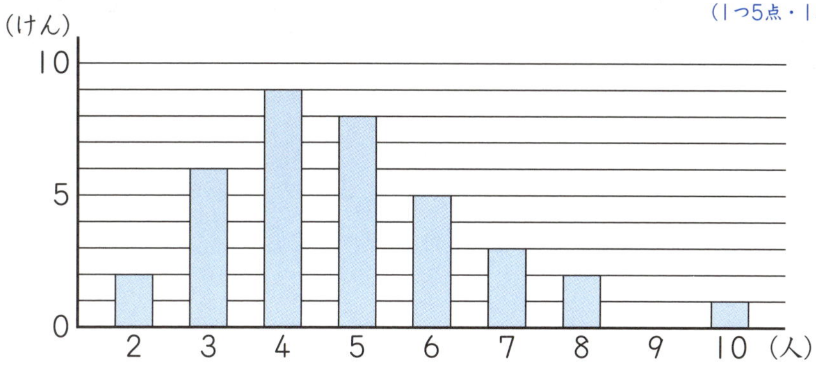

(1)　横じくは,何を表しますか。　答え

(2)　いちばん多いのは,何人家族ですか。また,それは何けんありますか。　答え　　人家族　　けん

(3)　大野さんの町は,何けんありますか。　答え

4　春子さんのクラスで,持ち物調べをしたところ,次のことがわかりました。下の表にあう数を書きなさい。(1つ5点・45点)

- ハンカチだけ持っている人…………　7人
- ティッシュだけ持っている人………　8人
- 両方持っている人……………………11人
- 両方持っていない人…………………　4人

		ハンカチ		合計
		持っている人	持っていない人	
ティッシュ	持っている人			
	持っていない人			
合　計				

テスト11 ハイレベ ハイレベル

❸表とグラフ(整理と表)

時間 15分　合格点 70点　点

1 さとみさんは，計算ドリルを1ページ目からじゅんに月曜日からはじめて，1週間ですべて終えました。下のグラフは1日に何ページずつしたかをまとめたものです。（1つ6点・24点）

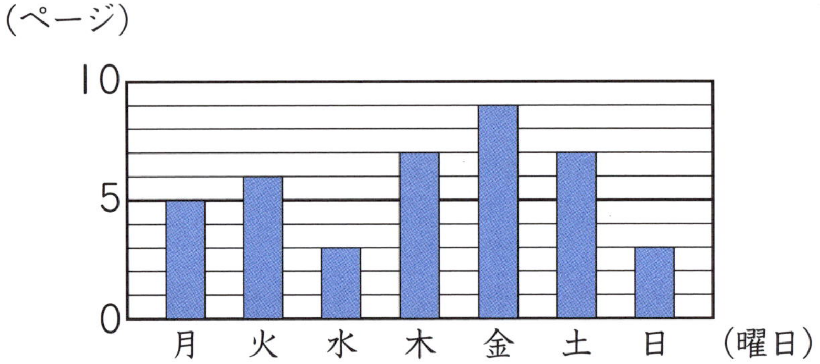

(1)　いちばん多くしたのは，何曜日ですか。

答え

(2)　木曜日は，何ページしましたか。

答え

(3)　水曜日は，何ページ目からしましたか。

答え

(4)　のこりのページ数が10ページになったのは，何曜日にし終えたときですか。

答え

2 こうじ君の友だち20人に夏休みに山や海へ行ったかをたずねました。○は行ったことを，×は行かなかったことを表します。これをまとめて，下の表にあてはまる数を書きなさい。（1つ4点・36点）

	ひろし	なおみ	とおる	かな	たくや	ゆかこ	まさお	みゆき	さとし	ひかる
山	×	○	×	×	×	○	○	×	○	○
海	○	×	×	○	×	○	×	○	×	○

	しんじ	ひろこ	ともき	ゆりえ	つよし	みさと	ゆうや	れいこ	けんた	さちこ
山	×	×	○	×	○	○	○	×	○	×
海	○	×	○	○	×	○	×	○	×	○

		山		合　計
		行った人	行かなかった人	
海	行った人			
	行かなかった人			
合　計				

3 下の表はさちこさんの学校の１学年から3学年までのそれぞれの組の人数をまとめたものです。

	1組	2組	3組	4組	合 計
1年		35	33	34	
2年	36	34			138
3年	38		34	37	
合 計	108			104	415

(1) 表のあいているところにあてはまる数を書きなさい。(1つ3点・24点)

(2) 人数がいちばん多い組は，何学年の何組ですか。(6点)

答え

(3) 人数がいちばん少ない組は，何学年の何組ですか。(6点)

答え

(4) 組ごとに合計すると，何組の合計がいちばん多いですか。(4点)

答え

テスト 12 最レベ 最高レベルにチャレンジ!!

❸表とグラフ(整理と表)

時間 10分 合格点 60点 点

● 1組のせいと全員が算数と国語のテストを受けました。右の表は，そのけっかをまとめたものです。

	算数	国語
100点	2人	3人
90点～99点	4人	5人
80点～89点	13人	15人
70点～79点	10人	ア人
60点～69点	6人	イ人
50点～59点	2人	2人
0点～49点	3人	4人

(1) このクラスは全員で何人ですか。算数の人数を合計します。(30点)

答え

(2) 算数の点数が85点の人は，よい方から数えて何番目から何番目と考えられますか。(1つ20点・40点)

答え 番目から 番目

(3) アは，イより3人多いです。アの数をもとめなさい。(30点)

【式】

答え

テスト 13 標準レベル I **4 水のかさ**

時間 10分　合格点 80点　□点

●L・dL・mLそれぞれの単位変換を正確にできる能力を養います。
●文章題から量の加減についての計算ができる能力を育てます。

1 次(つぎ)の□にあてはまる数を書きなさい。（1つ5点・30点）

① 1L＝□dL　② 80dL＝□L

③ 6L＝□dL　④ 30dL＝□L

⑤ 4L1dL＝□dL

⑥ 2dL＝□mL

2 かさの少ない方に○をつけなさい。（1つ5点・20点）

① ㋐ □ 19 dL　㋑ □ 2 L

② ㋐ □ 4 L 2 dL　㋑ □ 40 dL

③ ㋐ □ 80 dL　㋑ □ 800 mL

④ ㋐ □ 1500 mL　㋑ □ 2 L

3 次(つぎ)の□にあてはまる数を書きなさい。（1つ6点・18点）

① 5dL＋8dL＝□dL＝□L□dL

② 2L＋234dL＝□L＋□L□dL＝□L□dL

③ 38dL－500mL＝□dL－□dL＝□L□dL

4 10L入りのバケツに，ちょうど半分だけ水が入っています。バケツには，何Lの水が入っていますか。（8点）

【式(しき)】

答え □

5 6dL入るコップを使(つか)って，水をびんに3回入れました。びんには，何dLの水が入りましたか。（8点）

【式(しき)】

答え □

6 水が2L6dL入っているバケツと，1L7dL入っているバケツがあります。合わせた水のかさは，何L何dLになりますか。（8点）

【式(しき)】

答え □

7 ペットボトルに2L入りの水が入っています。そのうち，400mL飲(の)むと，のこりは何mLですか。（8点）

【式(しき)】

答え □

テスト 14 標準レベル 2

④水のかさ

時間 10分　合格点 80点　　点

1 水のかさは，どれだけですか。□にあてはまる数を書きなさい。（1つ3点・9点）

① 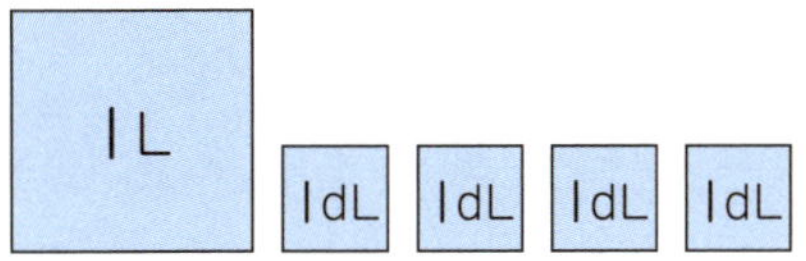

→（□L □dL）

② 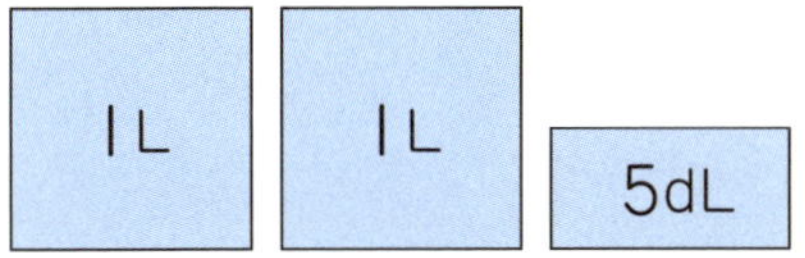

→（□dL）

③ 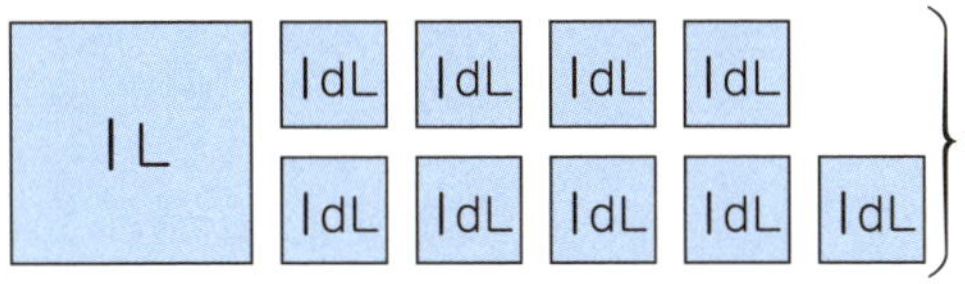

→（□mL）

2 次(つぎ)の□にあてはまる数を書きなさい。（1つ3点・12点）

① 4L2dL＝□dL　　② 100dL＝□L

③ 7200mL＝□L□dL　　④ 12dL＝□mL

3 次(つぎ)のかさは，1Lにいくらたりませんか。（1つ4点・16点）

① 7dL　□dL　　② 350mL　□mL

③ 4dL70mL　□mL　　④ 200mL　□dL

4 次(つぎ)の□にあてはまる数を書きなさい。（1つ3点・18点）

① 4L 5dL ＋ 2L 3dL ＝ □L □dL

② 1L 7dL ＋ 4L 9dL ＝ □L □dL

③ 6L 4dL ＋ 7L 8dL ＝ □L □dL

④ 9L 7dL － 4L 2dL ＝ □L □dL

⑤ 6L 2dL － 3L 5dL ＝ □L □dL

⑥ 12L 1dL － 9L 4dL ＝ □L □dL

5 3Lの牛にゅうがありました。朝に4dL飲(の)み，昼に3dL飲(の)みました。のこりは，何L何dLですか。（15点）

【式(しき)】

答え □

6 ポットに入っているお茶を3dLずつに分けると，ちょうど7人に分けることができました。このポットには，何L何dLのお茶が入っていましたか。（15点）

【式(しき)】

答え □

7 まさ子さんの水とうには820mLのジュースが入っています。ゆり子さんの水とうのジュースは，まさ子さんのジュースより2dL少ないそうです。2人のジュースを合わせると，何mLになりますか。（15点）

【式(しき)】

答え □

テスト 15 ハイレベル

④水のかさ

時間 15分 合格点 70点 　点

1 かさの多いじゅんに，記号で答えなさい。（1つ5点・15点）

① ㋐ 6L5dL　㋑ 650dL　㋒ 650L　㋓ 605dL

□ → □ → □ → □

② ㋐ 107dL　㋑ 1L7dL　㋒ 20L　㋓ 29dL　㋔ 10L9dL

□ → □ → □ → □ → □

③ ㋐ 1300mL　㋑ 1L30mL　㋒ 130dL　㋓ 10L3dL　㋔ 1L2dL

□ → □ → □ → □ → □

2 次の□にあてはまる数を書きなさい。（1つ3点・15点）

① 3L1dL＋9dL＋2dL＝□dL＝□L□dL

② 6L－8dL－1L7dL＝□dL＝□L□dL

③ 4L－200mL＋3dL＝□dL＝□L□dL

④ 1000mL＋5L－12dL＝□L－□L□dL
＝□dL＝□L□dL

⑤ 11L－20dL＋1100mL＝□dL－□dL＋□dL
＝□dL＝□L□dL

3 1L入りのジュースがあります。2人の子どもが90mLずつ飲みました。ジュースは，あと何mLのこっていますか。（10点）

【式】

答え □

4 4Lの水が入ったバケツから，25dLの水をくみ出しました。その後，また水を17dL入れると，バケツの水は全部で何L何dLになりますか。（10点）

【式】

答え □

5 右のびんに，570mLの水が入っています。左のびんには，それよりも2dL多い水が入っています。2つのびんの水を合わせると，何mLになりますか。（10点）

【式】

答え □

6 8L入るバケツに，はじめから少し水が入っていました。このバケツに4000mLの水を入れましたが，あと3L入るそうです。このバケツに，はじめから入っていた水は何Lですか。（10点）

【式】

答え □

7 右の図の水そうには90Lの水が入ります。今，1分間に6Lずつの水を入れ始めました。（1つ5点・10点）

(1) 9分後，水そうには何Lの水が入っていますか。

【式】

答え

(2) (1) のあと，あと何分で水そうはいっぱいになりますか。

【式】

答え

8 AとBの2つの水そうに，あわせて20Lの水が入っています。AからBへ4Lうつすと，2つの水そうの水のかさが等しくなります。それぞれの水そうには，何Lの水が入っていますか。

（10点）

【式】

答え A…

B…

9 AとBの2つのホースを同時に使って，72L入る水そうに9分で水をいっぱい入れようと思います。Aのホースは1分間に5L入れることができるとすると，Bのホースからは，1分間に何L入れるとよいですか。（10点）

【式】

答え

テスト16 最レベ 最高レベルにチャレンジ!! ❹水のかさ

時間 10分　合格点 60点　点

1 Aの水そうには20L，Bの水そうには60Lの水が入っています。Aには1分間に2Lずつ水を入れ，Bからは1分間に3Lずつ水を出します。（1つ30点・60点）

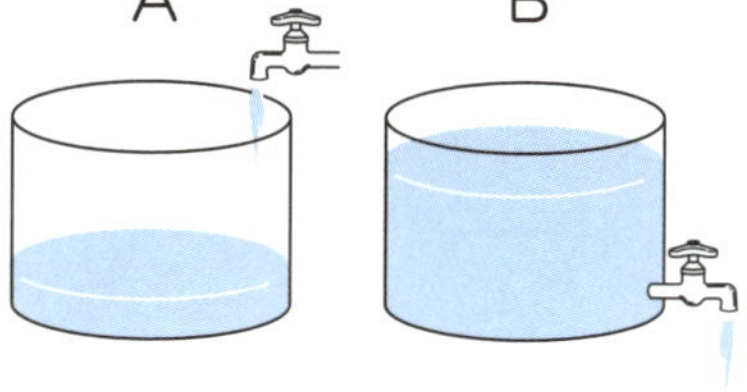

(1) AとBの水のかさのちがいは，1分間に何Lずつ少なくなりますか。

【式】

答え

(2) Aの方がBよりも10L多くなるのは，水を入れ始めてから何分後ですか。

【式】

答え

2 A，B，Cのびんがあります。AとBを水でいっぱいにして水とうに入れると，75mLあふれました。また，BとCを水でいっぱいにして同じ水とうに入れると，まだ，90mL入ります。Cのびんには850mLの水が入ります。では，Aのびんには，何mLの水が入りますか。（40点）

【式】

答え

テスト17　標準レベル 1

⑤時こくと時間

時間 10分　合格点 80点　点

日・時・分・秒について知り，それらの単位変換が自由にできるようにすると共に，正確に時間の計算ができるようにします。

1 2時間たつと，何時何分ですか。（1つ4点・16点）

① 
② 
③ 
④ 

2 4時間前は，何時何分ですか。（1つ4点・16点）

① 
② 
③ 
④ 

3 次(つぎ)の□にあてはまる数を書きなさい。（1つ3点・12点）

① 65分＝1時間□分　② 100分＝1時間□分

③ 150分＝2時間□分　④ 560分＝9時間□分

4 次(つぎ)の□にあてはまる数を書きなさい。（1つ4点・12点）

①
```
   5時 20分
＋     35分
───────────
 □時 □分
```
②
```
   3時 30分
＋     40分
───────────
 □時 □分
```
③
```
   2時 50分
＋ 5時 50分
───────────
 □時 □分
```

5 次(つぎ)の□にあてはまる数を書きなさい。（1つ4点・8点）

① 1時間15分＝□分　② 4時間20分＝□分

6 次(つぎ)の□にあてはまる数を書きなさい。（1つ4点・12点）

①
```
   5時 50分
－ 3時 20分
───────────
 □時 □分
```
②
```
   6時 10分
－     40分
───────────
 □時 □分
```
③
```
   8時 40分
－ 3時 50分
───────────
 □時 □分
```

7 次(つぎ)の計算をしなさい。（1つ4点・16点）

① 2時40分＋40分間

② 1時20分＋5時間45分

③ 10時－3時間20分

④ 8時5分－6時間20分

8 みどりさんは，テレビを25分間みました。み終(お)わったのは午前10時10分でした。何時何分からテレビをみ始(はじ)めましたか。

【式(しき)】（8点）

答え □

テスト18 標準レベル2 ❺時こくと時間

時間 10分 合格点 80点 　点

1 12時まで，あと何時間何分ありますか。（1つ4点・12点）

① 

② 

③ 

2 次の□にあてはまる数を書きなさい。（1つ4点・16点）

① 1分10秒＝□秒　② 3分5秒＝□秒

③ 90秒＝□分□秒　④ 145秒＝□分□秒

3 次の計算をしなさい。（1つ5点・30点）

① 時 分
　3 35
＋4 45

② 分 秒
　7 33
＋8 26

③ 分 秒
　10 25
＋3 45

④ 時 分
　5 35
－3 40

⑤ 分 秒
　7 52
－4 18

⑥ 分 秒
　6 5
－2 35

4 次の時こくを答えなさい。（1つ6点・12点）

(1) 午後4時から6時間後の時こく　答え

(2) 午前9時から6時間前の時こく　答え

5 ただし君の時計は，3分進んでいます。この時計が午前10時を指している時，正しい時こくをもとめなさい。（10点）

【式】

答え

6 算数と国語の勉強を45分間ずつします。勉強のとちゅうで15分休むとすると，午後2時から始めれば，終わるのは，午後何時何分ですか。（10点）

【式】

答え

7 けんじ君の家から学校まで25分かかります。学校は，午前8時30分から始まります。その15分前に学校に着くためには，けんじ君は，家を何時何分に出るとよいですか。（10点）

【式】

答え

テスト19 ハイレベル ❺時こくと時間

時間 15分　合格点 70点　点

1 □に時こく，（　　）に時間を書きなさい。（1つ3点・12点）

(1)

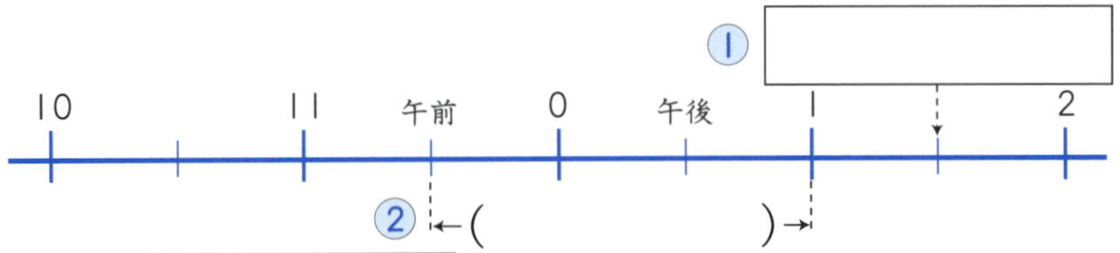

(2)

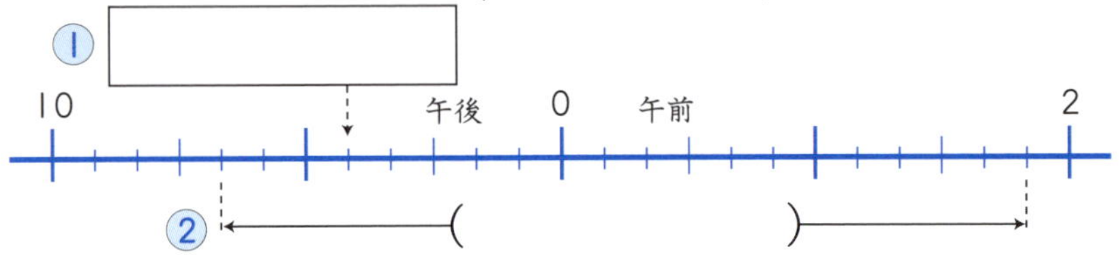

2 次の□にあてはまる数を書きなさい。（1つ4点・16点）

① 3時間15分＝□分　② 5分3秒＝□秒

③ 2日3時間＝□時間　④ 46時間＝□日□時間

3 次の計算をしなさい。（1つ4点・24点）

①

	日	時
	2	11
＋	4	12

②

	日	時
	5	17
＋	2	9

③

	時	分
	3	14
＋	1	18

④

	日	時
	8	19
－	8	17

⑤

	時	分
	15	4
－	4	20

⑥

	分	秒
	3	45
－		57

4 次の問題に答えなさい。（1つ4点・12点）

(1) 運動場を1しゅう走るのに45秒かかる人は，2しゅうするのに，何分何秒かかりますか。

【式】

答え

(2) 1日に7時間40分はたらく人は，2日間で何時間何分はたらくことになりますか。

【式】

答え

(3) 午後9時にねて，午前7時15分に起きると，何時間何分ねていたことになりますか。

【式】

答え

5 ひょうたん山のちょう上まで，行きは2時間，帰りは1時間40分かかります。みや子さんは，午後1時に家を出発して20分たったところで，水とうをわすれたことに気がつき，20分かけて家に取りに帰ってからまた山へ行きました。（1つ5点・10点）

(1) みや子さんは，予定より何分おくれて，ひょうたん山に着きましたか。

【式】

答え

(2) ひょうたん山のちょう上で30分間遊んでから帰ると，みや子さんは何時何分に家に着きますか。

【式】

答え

6 ロケットが，3月1日午前8時35分に打ち上げられ，3月8日の午前10時12分に地球にもどってきました。何日何時間何分とんでいましたか。（6点）

【式】

答え

7 ある日の日の出の時こくは，午前5時15分，日の入りが午後7時10分でした。（1つ5点・10点）

（1）　この日の昼の長さは，何時間何分ですか。

【式】

答え

（2）　昼と夜の長さのちがいは，何時間何分ですか。

【式】

答え

8 計算問題をなお子さんは，6問を54秒で，のり子さんは，7問を56秒でします。（1つ5点・10点）

（1）　1問とくのは，どちらが何秒速いですか。

【式】

答え　　さんが　　秒速い。

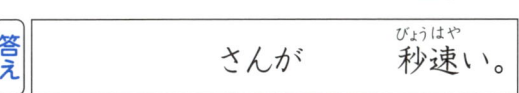

（2）　2人が同時に同じ数の問題をしたところ，のり子さんは，32秒かかりました。では，なお子さんは，何秒かかりましたか。

【式】

答え

テスト20 最レベ 最高レベルにチャレンジ!! ❺時こくと時間

時間 10分　合格点 60点　　点

1 次のデジタル時計は24時せいで時こくをあらわしています。

（1）　1日のうちで，下のように数字が1つちがいで，右から左に数の大きいじゅんにならぶときは何回ありますか。（35点）

答え

（2）　1日のうちで，下のように4より大きく9より小さい数だけであらわされるときは何回ありますか。（35点）

答え

2 東君，西君，南君，北君の4人が通う学校は，午前8時30分から始まります。西君は東君の9分後，南君は西君の16分前に学校に着きました。北君は南君の8分後で，学校が始まる10分前に着きました。東君が学校に着いたのは，午前何時何分ですか。（30点）

【式】

答え

リビューテスト1-①
（ふくしゅうテスト）

時間 10分　合格点 70点　点

1 次の計算をしなさい。（1つ4点・32点）

① 2×10　② 7×0

③ 2×3×4　④ 6×10−4

⑤ 0÷9　⑥ 42÷7

⑦ 24円÷8　⑧ 30cm÷6cm

2 次の□にあてはまる数を書きなさい。（1つ4点・16点）

① 9+9+9=9×□　② 4×7=4×□+4

③ 5×(2+□)=45　④ □×8=40−8

3 かさの多いほうに○をつけなさい。（1つ4点・16点）

① □72dL　□720mL

② □9L1dL　□901dL

③ □4040mL　□44L

④ □690dL　□609L

4 1から20までの数で，2のだんのかけ算の答えと3のだんのかけ算の答えを調べて，表にします。

	2のだんのかけ算の答えの数	2のだんのかけ算の答えでない数
3のだんのかけ算の答えの数	㋐	㋒
3のだんのかけ算の答えでない数	㋑	㋓

(1) 次の数は，㋐〜㋓のどこに入りますか。（1つ2点・6点）

① 9　答え□　② 12　答え□　③ 17　答え□

(2) ㋐に入る数を全部書きなさい。（6点）

答え□

(3) ㋒に入る数は，全部で何こですか。（6点）

答え□

5 たかしくんは，6月2日から6月9日まで，毎日6円ずつちょ金することになりました。全部でいくらちょ金することになりますか。（8点）

【式】

答え□

6 6L入るバケツに，3L5dLの水を入れると，700mLあふれました。はじめにバケツには，何L何dLの水が入っていましたか。（10点）

【式】

答え□

リビューテスト 1-②
（ふくしゅうテスト）

時間 10分　合格点 70点　　点

1 下のグラフの１目もりの大きさを□に，ぼうグラフが表している大きさを（　）にそれぞれ書きなさい。（１つ5点・30点）

①（cm）

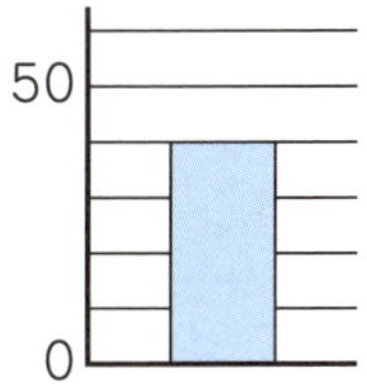

□cm
（　　）cm

②（台）

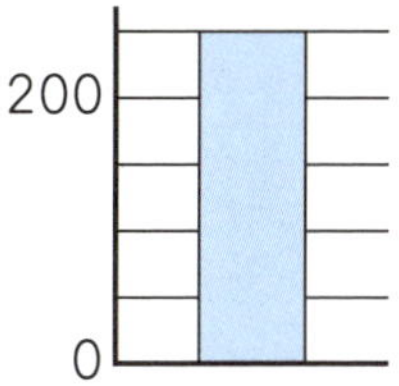

□台
（　　）台

③（円）

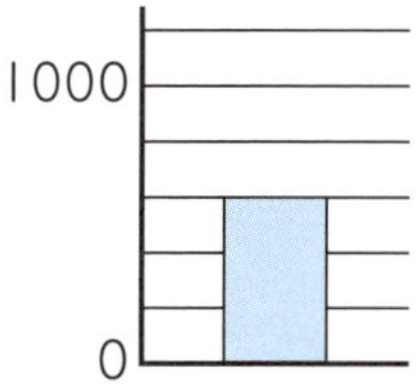

□円
（　　）円

2 次の□にあてはまる数を書きなさい。（１つ4点・12点）

① 7dL＋9dL＝□dL＝□L□dL

② 9L－4L3dL＝□dL＝□L□dL

③ 12dL－700mL＋3L8dL＝□dL＝□L□dL

3 男の子4人と女の子3人がいます。どの子にも同じ数ずつあめをあげると，みんなで63こいりました。１人に何こあげましたか。（8点）

【式】

答え □

4 2Lのジュースがあります。4人の子どもに分けると，何dLずつになりますか。（10点）

【式】

答え □

5 ゆみ子さんは，おはじきを妹の3倍持っています。2人合わせて24こだとすると，ゆみ子さんはおはじきを何こ持っていますか。（10点）

【式】

答え □

6 56cmの竹ひごを，8cmずつに切りました。竹ひごを何回切りましたか。（10点）

【式】

答え □

7 A※B＝A×3＋B×2とすると，2※4＝2×3＋4×2＝14となります。次の□にあてはまる数を書きなさい。（１つ10点・20点）

① 5※7＝□

② 6※□＝36

テスト21 標準レベル Ⅰ

❻わり算（2）

時間 10分　合格点 80点　　点

あまりのあるわり算を即答できるようにします。また，（あまり）は（わる数）より小さい数になることにも注意することが大切です。

1 次のわり算をしなさい。わり切れないときは，あまりも出しなさい。（1つ3点・30点）

① 28÷3　　② 42÷9

③ 56÷7　　④ 31÷8

⑤ 47÷6　　⑥ 29÷5

⑦ 29÷4　　⑧ 41÷7

⑨ 53÷8　　⑩ 76÷9

2 次の□にあてはまる数を書きなさい。（1つ5点・30点）

① □÷4＝7あまり2　　② □÷7＝9あまり3

③ □÷8＝9あまり7　　④ □÷9＝5あまり5

⑤ 41÷6＝6あまり□　　⑥ 25÷4＝6あまり□

3 えん筆が40本あります。（1つ5点・10点）

（1） このえん筆を7人で等しく分けると，1人分は何本で，のこりは，何本になりますか。

【式】

答え　1人分　　本で，のこりは　　本

（2） このえん筆を1人に6本ずつ配ると，何人に配ることができますか。

【式】

答え

4 65このあめがあります。9人の子どもに等しく分けると，1人分は何こで，何こあまりますか。（10点）

【式】

答え　1人分　　こで，　　こあまる。

5 45このりんごがあります。6人の子どもに等しく分けました。1人分は何こで，何こあまりますか。（10点）

【式】

答え　1人分　　こで，　　こあまる。

6 47ページある本を1日に8ページずつ読んでいきます。読み終わるのに，何日間かかりますか。（10点）

【式】

答え

テスト22 標準レベル2 時間10分 合格点80点 □点

❻わり算（2）

1 次のわり算をしなさい。わり切れないときは，あまりも出しなさい。（1つ3点・30点）

① 21÷4　② 35÷5

③ 19÷3　④ 48÷7

⑤ 29÷6　⑥ 70÷8

⑦ 39÷6　⑧ 70÷9

⑨ 23÷4　⑩ 60÷7

2 次の□にあてはまる数を書きなさい。（1つ4点・24点）

① □÷3＝5あまり2　② □÷5＝5あまり4

③ □÷6＝7あまり1　④ □÷8＝6あまり7

⑤ 58÷7＝8あまり□　⑥ 39÷4＝9あまり□

3 竹ひごが35本あります。9本ずつたばにすると，何たばできるかを調べます。（1つ2点・16点）

(1) 次の□にあてはまる数を書きなさい。

1たば分とると，9×1＝9で，□本のこり，

2たば分とると，9×2＝18で，□本のこり，

3たば分とると，9×3＝27で，□本のこり，

4たば分では，9×4＝36で，□本たりない。

(2) 上のことから考えて，9本のたばが何たばできて，竹ひごが何本あまるかを式で表しなさい。

□÷□＝□あまり□

4 画用紙が52まいあります。7人の子どもに等しく分けると，1人分は何まいで，あまりは，何まいですか。（10点）

【式】

答え　1人分　　まいで，　　まいあまる。

5 チョコレートが6こ入った箱を5箱買いました。これを9人で同じ数ずつ分けると，1人分は何こで，何こあまりますか。（10点）

【式】

答え　1人分　　こで，　　こあまる。

6 15人が駅からタクシーに乗ります。1台のタクシーに4人ずつ乗っていくと，タクシーは，何台いりますか。（10点）

【式】

答え □

テスト 23 ハイレベル

❻わり算（2）

時間 15分 合格点 70点 ___点

1 次の□にあてはまる数を書きなさい。（1つ3点・30点）

① □÷4＝8あまり3　② □÷7＝4あまり5

③ □÷8＝2あまり2　④ □÷9＝6あまり1

⑤ 45÷7＝6あまり□　⑥ 61÷8＝7あまり□

⑦ 33÷6＝□あまり3　⑧ 51÷9＝□あまり6

⑨ 69÷□＝7あまり6　⑩ 58÷□＝8あまり2

2 ご石が何こかあります。1列に7こずつならべると6列できて，7列目が3こになりました。（1つ5点・10点）

(1) ご石は，全部で何こありますか。

【式】

答え □

(2) 1列を8こずつにならびかえると，8この列が何列できて，さいごの列は，何こになりますか。

【式】

答え □列できて，さいごは□こ

3 2Lのジュースがあります。これを4dLずつ子どもに分けると，何人の子どもに分けることができますか。（8点）

【式】

答え □

4 だんごが35こあります。何人かの子どもに1人4こずつ分けると，3こあまりました。子どもは，何人いますか。（8点）

【式】

答え □

5 男の子が23人，女の子が19人います。男女合わせて6人ずつのグループをつくると，いくつのグループができますか。（8点）

【式】

答え □

6 60cmのテープを，はじめに，3人の男の子に5cmずつ切って配りました。次に，のこったテープを6人の女の子に同じ長さずつに切って配ったところ，9cmあまりました。女の子に配ったテープは，何cmずつですか。（8点）

【式】

答え □

7 右の図のように，外がわのはばが17cmで板のあつさが1cmの本立てがあります。この本立てに，あつさが2cmの本を何さつまで入れることができますか。（8点）

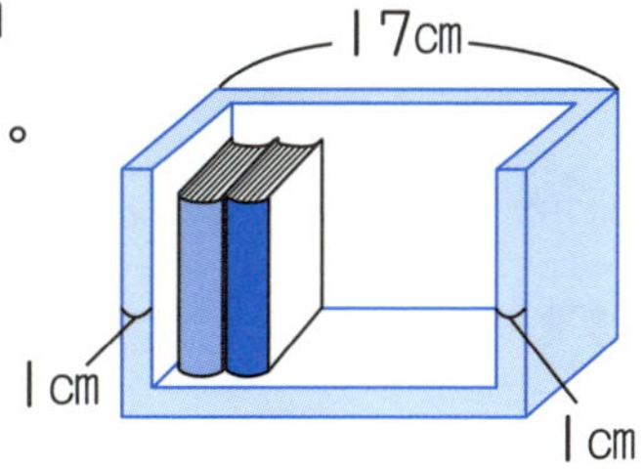

【式】

答え

8 32このくりを9人で分けようと思います。あと何こあれば，みんなが同じ数になるように分けることができますか。いちばん少ない数を書きなさい。（10点）

【式】

答え

9 3人の子どもがカードを4まいずつ持っています。自分のカードにどれも同じ数字を書きました。1人は2ばかり，もう1人は1ばかりを書きました。3人が持っているカードの数字を全部たすと，28でした。のこりの1人の子どもが書いたカードの数字は，いくつですか。（10点）

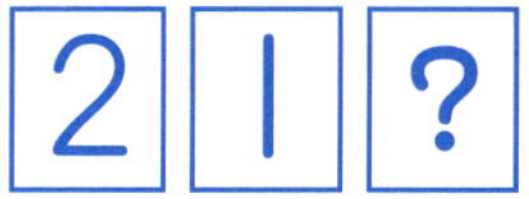

【式】

答え

テスト24 最レべ 最高レベルにチャレンジ!! 6 わり算（2）

時間 10分　合格点 60点　点

1 次の ㋐ ㋑ にあてはまる数を全部書きなさい。（1つ20点・40点）

① □÷6＝9あまり ㋐ （　　　　）

② ㋑ ÷4＝7あまり □ （　　　　）

2 長いすが何きゃくかあり，3年1組の34人のせいとが，すわります。4人ずつすわっていくと，2人がすわれなかったので，5人ずつすわることにしました。このとき，1組のせいとのほかに，あと何人のせいとがすわることができますか。（30点）

【式】

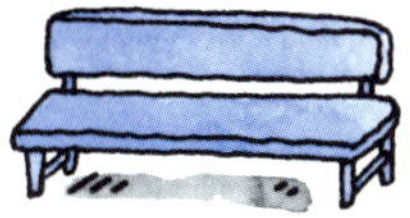

答え

3 長さが53cmのひもがあります。左はしから3cmずつに何回か切って弟にあげ，右はしから2cmずつに同じ回数切って妹にあげたら8cmあまりました。弟と妹にあげたひもの数は，何本ずつですか。（30点）

【式】

答え

テスト 25 標準レベル I

❼長　さ

時間 10分　合格点 80点　点

●長さの単位kmを知り，mとの関係を理解させます。
●道のりと距離のちがいを理解させます。
●道のりを測ったり，計算したりできるようにします。

1 下の図は，まきじゃくの一部です。次の⬇の目もりは，何m何cmですか。（1つ3点・18点）

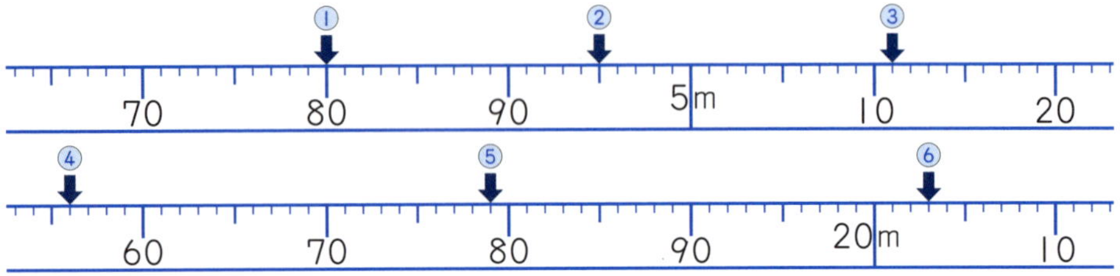

① ☐　② ☐　③ ☐
④ ☐　⑤ ☐　⑥ ☐

2 次の☐にあてはまるたんいを書きなさい。（1つ4点・12点）

(1) ボール投げのきょり…………18 ☐

(2) つくえの高さ…………70 ☐

(3) 1時間にバスが進む道のり…………45 ☐

3 次の問題に答えなさい。（1つ4点・12点）

(1) 600mと800mの道のりを合わせると，何km何mですか。

答え ☐

(2) 3505mは，3kmより何m長いですか。

答え ☐

(3) 7100mは，8kmに何mたりませんか。

答え ☐

4 次の☐にあてはまる数を書きなさい。（1つ4点・24点）

① 3000m＝☐km　② 7km＝☐m

③ 8620m＝☐km☐m　④ 4km200m＝☐m

⑤ 6030m＝☐km☐m　⑥ 9km15m＝☐m

5 次の計算をしなさい。（1つ4点・16点）

① 5km300m＋2km100m＝☐km☐m

② 800m＋570m＝☐km☐m

③ 6km－300m＝☐km☐m

④ 4km200m－900m＝☐km☐m

6 右の図を見て答えなさい。（1つ6点・18点）

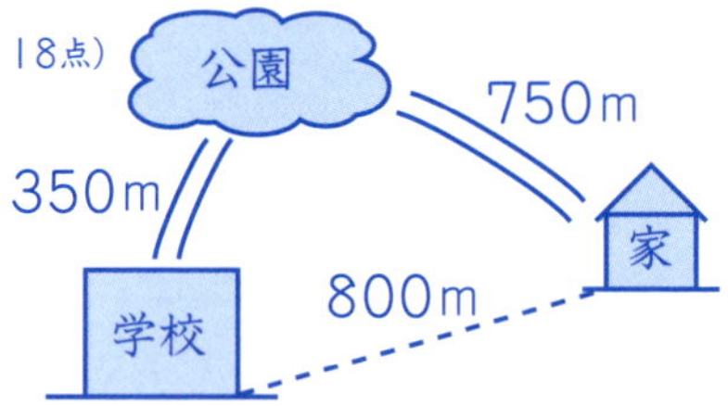

(1) 学校から家までのきょりは，どれだけありますか。

答え ☐

(2) 学校から公園を通って，家までの道のりは，何km何mですか。

【式】

答え ☐

(3) 学校から家までのきょりと公園を通る道のりとでは，何mちがいますか。

【式】

答え ☐

テスト 26 標準レベル 2

⑦長　さ

時間 10分　合格点 80点　　点

1 長い方を○でかこみなさい。（1つ6点・24点）

① （ 2km300m ・ 2030m ）　② （ 60500m ・ 65km ）

③ （ 4700m ・ 4km70m ）　④ （ 8km19m ・ 8190m ）

2 家から駅までは1km300mあります。（1つ10点・30点）

(1) 学校は，駅から700mはなれていて，家と反対方向にあります。家から学校までは，何kmありますか。

答え

(2) ゆうびん局は，駅から500mはなれていて，家と同じ方向にあります。家からゆうびん局までは，何mありますか。

答え

(3) ゆうびん局から学校までは，何km何mありますか。

答え

3 右の図のような道があります。㋐→㋑→㋒の道のりと，㋐→㋒の道のりとでは，何mちがいますか。（10点）

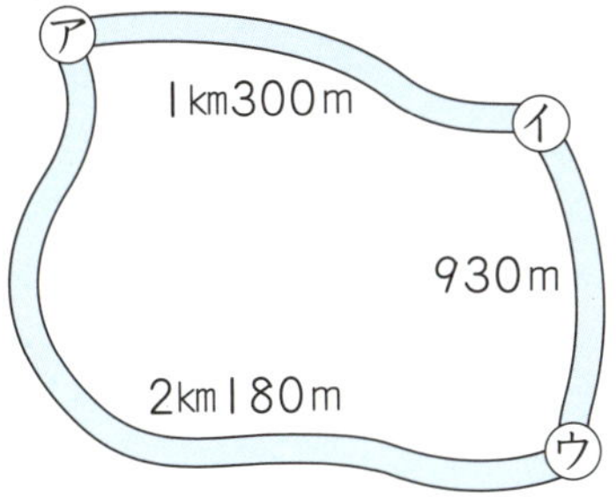

【式】

答え

4 右の図は，えいじ君の家から駅までの道の様子をかいたものです。（1つ12点・24点）

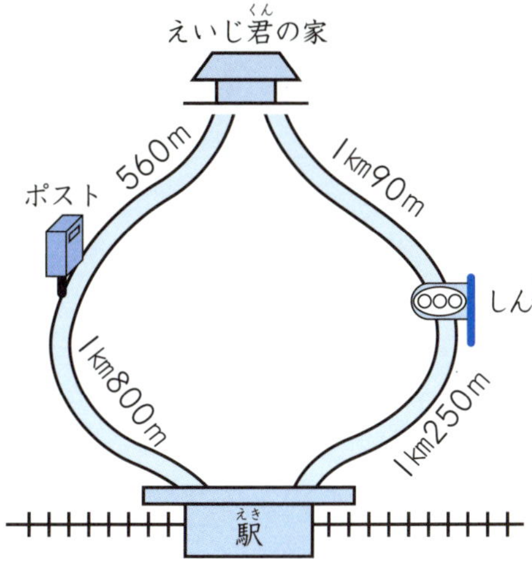

(1) えいじ君は，家からポストのある道を通って駅へ行き，しん号のある道を通って帰りました。えいじ君は，家を出て帰るまでに何km何m歩きましたか。

【式】

答え

(2) えいじ君の家から駅へ行くのに，ポストのある道を行くのと，しん号のある道を行くのとでは，何mちがいますか。

【式】

答え

5 とし子さんは，家から1200mはなれた店までおつかいに行きました。ところが，店から400m手前でわすれ物に気づいて，家にもどってから店へ行きました。とし子さんは，家を出てから店に着くまでに，何km何m歩きましたか。（12点）

【式】

答え

テスト 27 ハイレベル

❼長さ

時間 15分　合格点 70点　点

1 次の□にあてはまる数を書きなさい。（1つ4点・24点）

① 30km＝□m

② 18km600m＝□m

③ 47000m＝□km

④ 309000m＝□km

⑤ 2km＝□cm

⑥ 875600m＝□km□m

2 次の□にあてはまる数を書きなさい。（1つ5点・20点）

① 3km×7＝□m

② 4km÷8＝□m

③ 84m×100＝□km□m

④ 275m×100＝□km□m

3 しんじ君は7歩で4m20cm進みます。さちこさんは10歩で6m30cm進みます。（1つ6点・24点）

(1) 2人の歩はばは，それぞれ何cmですか。

【式】

答え しんじ…　さちこ…

(2) しんじ君が3000歩進むきょりは，何km何mですか。

【式】

答え

(3) 同じ場所からしんじ君は西へ，さちこさんは東へ2人とも1000歩進みました。2人の間は，何km何mありますか。

【式】

答え

(4) 同じ場所から2人とも南へ1000歩進みました。2人の間は，何mありますか。

【式】

答え

4 次の□にあてはまる数を書きなさい。（1つ5点・20点）

① 50m×70＋2km÷5＝□km□m

② （1km600m－800m）×5＝□km

③ （3km＋2400m）÷6＝□m

④ 10km－400m×7＝□km□m

5 長方形の形の畑があります。たての長さは350mで，横の長さはたてよりも180m長いです。この畑のまわりの長さは何km何mですか。（6点）

【式】

答え □

6 1本の道ぞいに家→公園→学校→駅のじゅんにあり，家から駅まで5km250m，家から学校まで2km650m，公園から駅まで4km50mあります。では，公園から学校までは何km何mありますか。（6点）

【式】

答え □

テスト28 最レベ 最高レベルにチャレンジ!! ❼長さ

時間 10分　合格点 60点　□点

● ㋐からじゅんに，㋑，㋒，㋓，㋔と車が進むとき，㋐～㋔の5つの場所を通ります。

・㋐から㋔までは，3km600mある。
・㋑から㋔までは，㋐から㋑の3倍ある。
・㋑から㋓までは，1km900mある。
・㋒から㋔までは，2kmある。

（1） ㋐から㋑までの道のりをもとめなさい。（30点）

答え □m

（2） ㋑から㋔までの道のりをもとめなさい。（30点）

答え □m

（3） ㋒から㋓までの道のりをもとめなさい。（40点）

答え □m

テスト 29 | 標準レベル 1

⑧たし算とひき算

時間 10分　合格点 80点　　点

たし算，ひき算を上手にするためには，一けたの計算を速く，正確にできるようにすること，位取りを素早くできるようにすることが重要です。

1 次の計算を暗算でしなさい。（1つ4点・36点）

① 12＋15　② 36＋63　③ 60＋28

④ 13＋57　⑤ 45＋55　⑥ 23－11

⑦ 47－24　⑧ 83－50　⑨ 60－22

2 暗算のしかたを考えて，□にあてはまる数を書きなさい。（1つ1点・8点）

(1)　84＋37

84に□をたして□，□に7をたして□になります。

(2)　123－45

123から□をひいて□，□から5をひいて□になります。

3 次の計算をしなさい。（1つ4点・24点）

①　457 ＋ 342

②　749 － 426

③　961 ＋ 839

④　612 － 218

⑤　5826 ＋ 3415

⑥　8194 － 5879

4 次の□にあてはまる数を書きなさい。（1つ4点・16点）

① 54＋□＝100　② □＋36＝73

③ □－32＝17　④ 91－□＝15

5 ひろ子さんは，3500円持って買いものに行き，1800円の本と1400円の本を買いました。ひろ子さんは，今，何円持っていますか。（6点）

【式】

答え □

6 電車に726人が乗っていました。（1つ5点・10点）

(1)　はじめの駅で，だれもおりないで168人が乗ってきました。電車に乗っている人は，何人になりましたか。

【式】

答え □

(2)　その次の駅で120人がおりて，52人が乗ってきました。電車に乗っている人は，何人になりましたか。

【式】

答え □

テスト 30 標準レベル 2

❽たし算とひき算

時間 10分 合格点 80点 　点

1 次の計算をしなさい。(1つ4点・48点)

① 308 + 406

② 789 + 112

③ 876 + 345

④ 369 − 248

⑤ 686 − 247

⑥ 693 − 397

⑦ 5276 + 3418

⑧ 2769 + 4835

⑨ 6938 + 1074

⑩ 6397 − 3168

⑪ 8423 − 5527

⑫ 9000 − 7777

2 次の□にあてはまる数を書きなさい。(1つ4点・16点)

① 560＋□＝1000　② □＋729＝1231

③ □−357＝754　④ 7000−□＝6911

3 次の計算をしなさい。(1つ4点・16点)

① 465＋378＋58　② 523−297−119

③ 4729＋2615＋627　④ 8056−708−3697

4 あるサッカー場に入った人の数は，水曜日は4967人，土曜日は4235人でした。この2日間にサッカー場に入った人は，何人ですか。(8点)

【式】

答え □

5 ある町の小学校のせいと数は，右のようになっています。(1つ6点・12点)

東小学校	719人
西小学校	574人
南小学校	1067人

(1) 東小学校と西小学校のせいと数を合わせると，何人になりますか。

【式】

答え □

(2) この町の小学生は，何人ですか。

【式】

答え □

テスト 31 ハイレベ ハイレベル

❽たし算とひき算

時間 15分　合格点 70点　点

1 次(つぎ)の計算を暗算(あんざん)でしなさい。(1つ3点・12点)

① 200+3000+4500

② 4000−3700+1900−600

③ 8700−3400+700−400

④ 5555−155+876−176

2 次(つぎ)の計算をしなさい。(1つ3点・27点)

① 28 + 61 + 75

② 52 + 35 + 46

③ 485 + 323 + 286

④ 76 + 18 + 37 + 82

⑤ 12 + 123 + 1234 + 12345

⑥ 2448 + 2449 + 2551 + 2552

⑦ 11111 − 4567

⑧ 10000 − 2020

⑨ 90900 − 9090

3 次(つぎ)の□にあてはまる数を書きなさい。(1つ4点・24点)

① □34 + 5□3 = 69□

② 22□ + 3□3 = □07

③ □97 + 32□ = □0□5

④ 96□ − 2□6 = □11

⑤ 7□6 − □69 = 35□

⑥ □03 − 3□6 = 40□

4 ある数に15をたしてから23をひき，そして137をたすと900になりました。ある数はいくつですか。(5点)

【式(しき)】

答え

5 こうた君(くん)は，500円を持(も)ってお店に行き，120円のジュースと，350円の本を買いました。そのあと，おばあさんに2000円いただいたので，1250円のおもちゃも買いました。こうた君(くん)は，今いくら持(も)っていますか。(8点)

【式(しき)】

答え

6 0, 1, 2, 3の4まいのカードがあります。これらのカードをならべて，4けたの数をつくる時，次(つぎ)の問題(もんだい)に答えなさい。

(1つ4点・8点)

(1)　いちばん大きい数は，何ですか。

答え

(2)　いちばん大きい数といちばん小さい数を合わせると，いくつになりますか。

答え

7 たろう君(くん)のちょ金は，弟のちょ金より200円多く，お姉さんのちょ金は，たろう君(くん)より300円多いそうです。また，お兄さんのちょ金は，お姉さんより400円多くて1300円です。弟のちょ金は，何円ですか。(8点)

【式(しき)】

答え

8 こうじ君(くん)は1日目に10円，2日目に20円，3日目に30円というように，毎日10円ずつふやして，ちょ金箱(ばこ)にお金を入れることにしました。ちょ金箱(ばこ)のお金が300円をこえるのは，お金を入れ始(はじ)めてから何日目になりますか。(8点)

【式(しき)】

答え

テスト 32　最レベ　最高レベルにチャレンジ!!

❽たし算とひき算

時間 10分　合格点 60点　点

1 ア〜エにはそれぞれ同じ数が入ります。4けたの数〔アイウエ〕をもとめなさい。(1つ20点・40点)

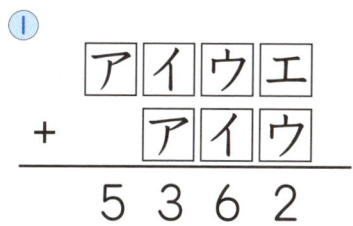

①

	ア	イ	ウ	エ
+		ア	イ	ウ
	5	3	6	2

答え

②

	ア	イ	ウ	エ
−		ア	イ	ウ
	6	7	0	8

答え

2 子どもが1列(れつ)に213人ならんでいます。

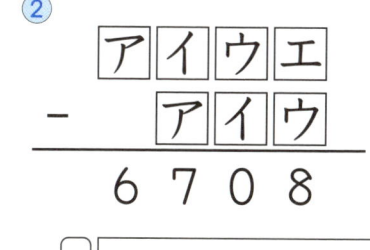

(1)　けんくんは前から76番目，ゆかさんは後ろから57番目です。2人の間に子どもは何人ならんでいますか。

(30点)

【式(しき)】

答え

(2)　まみさんは前から168番目，ごうくんは後ろから84番目です。2人の間に子どもは何人ならんでいますか

(30点)

【式(しき)】

答え

テスト33 標準レベル 1

❾かけ算（2）

時間 10分　合格点 80点　点

●何十，何百のかけ算ができるようにします。
●(2けた)×(1けた)，(3けた)×(1けた)の計算ができるようにします。

1 次の□にあてはまる数を書きなさい。（1つ4点・20点）

① 30×2→10×□×2→10×□→□

② 60×4→10×□×4→10×□→□

③ 80×5→10×□×5→10×□→□

④ 400×2→100×□→□

⑤ 700×6→100×□→□

2 次の□にあてはまる数を書きなさい。（1つ5点・20点）

① 36×8は，30×□と6×□とを合わせた数と同じです。

② 42×5は，□×5と□×5とを合わせた数と同じです。

③ 607×3は，600×□と7×□とを合わせた数と同じです。

④ 713×8は，□×8と□×8と□×8とを合わせた数と同じです。

3 次の計算をしなさい。（1つ6点・36点）

① 28×5

② 47×3

③ 56×8

④ 234×3

⑤ 708×9

⑥ 957×8

4 次の問題に答えなさい。（1つ8点・24点）

(1) 1さつ580円の本を7さつ買いました。代金は，いくらですか。

【式】

答え □

(2) 1日に漢字を8字ずつ書いていくと，1年間（365日）では，何字書くことになりますか。

【式】

答え □

(3) 運動場のはしからはしまでの長さをはかると，15mのひもで9回分ありました。はしからはしまでの長さは，何mですか。

【式】

答え □

テスト34 標準レベル 2

⑨かけ算（2）

時間 10分 合格点 80点 　点

1 次のかけ算をしなさい。（1つ2点・16点）

① 30×7　　② 60×5

③ 8×90　　④ 4×50

⑤ 400×3　　⑥ 700×7

⑦ 2×800　　⑧ 6×900

2 大きいほうを○でかこみなさい。（1つ3点・24点）

① （ 7×10・75 ）　　② （ 380・3×80 ）

③ （ 9×20・160 ）　　④ （ 350・60×5 ）

⑤ （ 500×4・1800 ）　　⑥ （ 5500・7×800 ）

⑦ （ 80×10・8010 ）　　⑧ （ 3200・6×600 ）

3 次の□にあてはまる数を書きなさい。（1つ4点・8点）

① 26×4の計算

6×4 ………… □□

20×4 ………… □□

合わせて □□□

② 409×5の計算

9×5 ………………… □□

400×5 … □□□□

合わせて □□□□

4 次の計算をしなさい。（1つ5点・20点）

① 8 × 64　　② 906 × 8　　③ 786 × 5　　④ 697 × 9

5 ♥，♦，♣，♠の4つのマークが1つだけかいてあるカードが13まいずつあります。カードは，全部で何まいありますか。（8点）

【式】

答え

6 1まわりすると325mある池のまわりを，たろう君は，5しゅう走りました。たろう君は，何m走りましたか。（8点）

【式】

答え

7 1かご650円のなしを6かご買いました。全部で何円はらえばよいですか。（8点）

【式】

答え

8 1本80円の黒えん筆と，1本100円の赤えん筆があります。黒えん筆8本のねだんと赤えん筆6本のねだんとでは，どちらが何円高いですか。（8点）

【式】

答え　　の方が　　円高い。

テスト 35 ハイレベル

⑨かけ算（2）

時間 15分　合格点 70点　　点

1 次の□にあてはまる数を書きなさい。（1つ2点・20点）

① □×3＝600　　② □×5＝2000

③ 400×□＝1200　　④ 6×□＝4200

⑤ □×8＝6400　　⑥ □×4＝1600

⑦ 7×□＝4200　　⑧ 300×□＝2700

⑨ □×50＝300　　⑩ □×9＝5400

2 次の計算をしなさい。（1つ4点・8点）

①
```
  142857
×      7
────────
```

②
```
  12345679
×        9
──────────
```

3 次の□にあてはまる数を書きなさい。（1つ2点・12点）

①
```
  □ 3 4
×     2
───────
  8 6 8
```

②
```
  1 9 □
×     3
───────
  5 8 2
```

③
```
    2 □ 7
×       5
─────────
  1 1 3 5
```

④
```
    5 □ 9
×       8
─────────
  4 2 3 2
```

⑤
```
    9 1 □
×       9
─────────
  8 2 4 4
```

⑥
```
    7 □ 8
×       6
─────────
  4 7 8 8
```

4 1まい9円のシールを640まい買いましたが，お店の人が1まいにつき2円安くしてくれました。何円はらえばよいですか。（6点）

【式】

答え

5 1こ750円のメロンを8こ買ったので，全部で200円安くしてくれました。何円はらえばよいですか。（6点）

【式】

答え

6 まさ子さんのおたんじょう会に，8人のお友だちが集まりました。1人に270円のケーキを1こと80円のジュースを1本配ります。まさ子さんの分も入れると，全部でいくらかかりますか。（6点）

【式】

答え

7 2m75cmの長さのひもを，8本作りたいと思います。全部で何mのひもがあればよいですか。（6点）

【式】

答え

8 にわとりが120羽，やぎが120頭，牛も120頭います。足の数は，全部で何本になりますか。（6点）

【式】

答え

9 えん筆がたくさんあります。120本ずつたばねると，7たばできて6本あまりました。えん筆は，全部で何本ありますか。（6点）

【式】

答え

10 右のように，ご石が正方形にたて・横に123こぎっしりとならんでいます。これをたて・横に図の□のように4列ずつふやすと，ご石はあといくつになりますか。（6点）

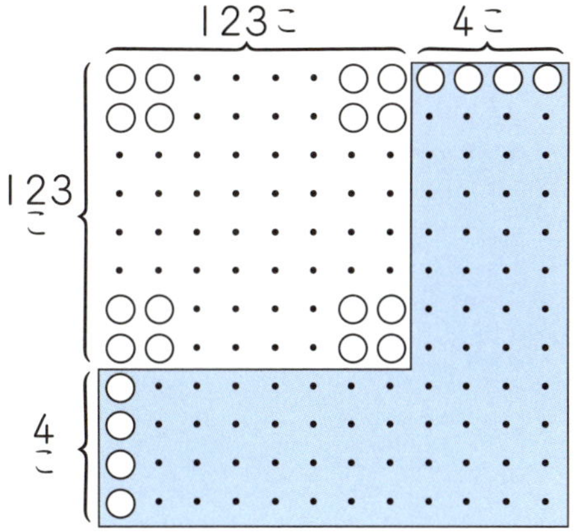

【式】

答え

11 あつ子さんは，計算問題を1問目からします。毎日，8問ずつしていくと，79日目は，何問目からしますか。（6点）

【式】

答え

12 次の□にあてはまる数を書きなさい。（1つ6点・12点）

① 999×8=8000−□

② 749×6−749×5=□

テスト 36 最レベ 最高レベルにチャレンジ!!

❾かけ算（2）

時間 10分 合格点 60点 点

1 ㋐と㋑には，それぞれ同じ数が入ります。㋐と㋑に入る数をもとめなさい。（1つ15点・60点）

①

```
  ア 9 イ
×      イ
---------
3 ア 7 9
```

答え ㋐　　㋑

②

```
  ア 8 イ
×      イ
---------
3 ア 1 イ
```

答え ㋐　　㋑

2 けんじくんの学校の3年生全いんがバスで遠足に行きます。38人のりのバスだと5台ひつようで，46人のりのバスだと4台ひつようです。3年生の人数は何人から何人までと考えられますか。（40点）

【式】

答え　　人から　　人まで

テスト37 標準レベル 1 ⑩大きな数

時間 10分 合格点 80点 点

10進法を理解し，位取りのきまりを正しく理解させます。特に，位のとんでいるところには，十分注意を払わせます。

1 次の数を漢字で書きなさい。（1つ4点・16点）

① 34567 答え

② 28300000 答え

③ 170000000 答え

④ 5090000000000 答え

2 次の数を数字で書きなさい。（1つ4点・16点）

① 九万八千七百六十五 答え

② 四百万八千 答え

③ 七億六千万 答え

④ 一兆二千億 答え

3 下の数直線の□にあてはまる数を書きなさい。（1つ4点・16点）

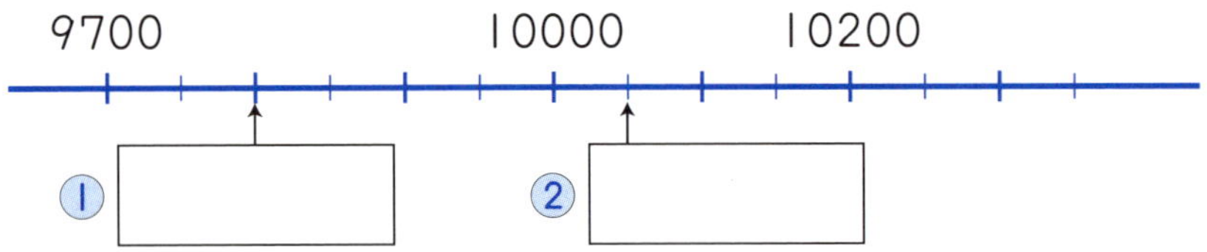

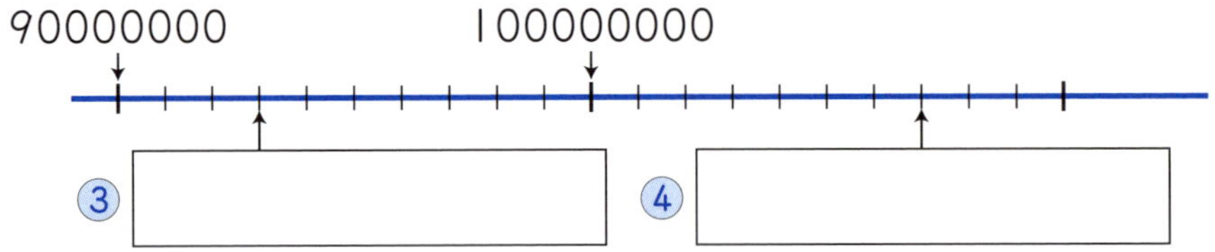

4 次の数はいくつですか。（1つ4点・16点）

① 十万を3こ，1万を7こ，千を2こ，百を9こ，十を4こ集めた数。 答え

② 百万を10こ,一万を83こ集めた数。 答え

③ 一億より百万小さい数。 答え

④ 一万円さつを15まい，千円さつを35まい，百円玉を17こ，1円玉を5こ集めた金がく。 答え 円

5 表のあいているところに，あてはまる数を書きなさい。（1つ4点・36点）

10でわる			
もとの数	100		
10倍			666000
100倍		43000	

テスト 38 標準レベル 2

⑩大きな数

時間 10分 合格点 80点 点

1 7590418362について答えなさい。（1つ6点・12点）

(1)　十万のくらいの数字と一億のくらいの数字は何ですか。

十万のくらい…［　　］　一億のくらい…［　　］

(2)　7は何が7こあることを表していますか。

答え［　　］

2 次の数を数字で書きなさい。（1つ5点・20点）

① 一万より10小さい数…………［　　］

② 百万より1000小さい数……［　　］

③ 九十九万より十六万大きい数…［　　］

④ 十万より100小さい数………［　　］

3 数の大きい方を○でかこみなさい。（1つ4点・8点）

① （　104997　・　98745　）

② （　894万　・　889万　）

4 次の計算をしなさい。（1つ3点・18点）

① 760×10　　② 9000×10

③ 920×100　　④ 6500×100

⑤ 10500÷10　　⑥ 112000÷10

5 次の数を数字で書くと，0を何こ書きますか。（1つ6点・12点）

① 一兆　答え［　　］こ

② 七千一万四千五十　答え［　　］こ

6 ある市の人口を調べると，男の人が76406人で，女の人が82053人でした。（1つ10点・20点）

(1)　男の人と女の人の合計は何人ですか。

【式】

答え［　　］

(2)　女の人は男の人より何人多いですか。

【式】

答え［　　］

7 4087252より，24万大きい数を数字で書きなさい。（10点）

答え［　　］

テスト39 ハイレベル

⑩大きな数

時間 15分　合格点 70点　点

1 次の計算をしなさい。答えはすべて数字で書きなさい。（1つ2点・12点）

① 371万＋89万

② 900万－321万

③ 1000000－650000

④ 3025×100

⑤ 2720÷10

⑥ 1982000÷1000

2 98700000について答えなさい。（1つ2点・10点）

① 10倍した数を漢字で書きなさい。

答え ＿＿＿＿

② 100倍した時，8は何のくらいになりますか。

答え ＿＿＿＿のくらい

③ 10でわると，7は何のくらいになりますか。

答え ＿＿＿＿のくらい

④ 100でわると，9は何のくらいになりますか。

答え ＿＿＿＿のくらい

⑤ 何倍すると，8が十億のくらいになりますか。

答え ＿＿＿＿倍

3 次の□にあてはまる数を書きなさい。（1つ2点・8点）

① 6370000は，1万が□こ集まった数です。

② 987200は，1万が□こと，□が72こ集まった数です。

③ 十万が321こと，十が45こ集まった数は，□です。

④ 999999より千大きい数は，□です。

4 次の□にあてはまる数を書きなさい。（1つ2点・8点）

① 19990 ― 20000 ― □ ― □

② 10050 ― □ ― 10150 ― □

③ 34900 ― □ ― □ ― 35200

④ □ ― 十万 ― □ ― 十万二千

5 0，1，2，3，4，5の6まいのカードの中から，5まいえらんで，5けたの数をつくります。（1つ4点・12点）

(1) いちばん大きい数は，何ですか。

答え ＿＿＿＿

(2) いちばん小さい数は，何ですか。

答え ＿＿＿＿

(3) 2番目に小さい数は，何ですか。

答え ＿＿＿＿

6 9760人から100円ずつお金を集めました。100万円を集めるためには，あと何人から100円ずつ集めなければなりませんか。（10点）

【式】

答え

7 全部で何円になるかを答えなさい。（1つ10点・20点）

（1）　一万円さつが69まいと，千円さつが75まい

答え　　円

（2）　千円さつが945まいと，百円玉が7000まい

答え　　円

8 下の9まいのカードを全部ならべて，9けたの数をつくります。（1つ10点・20点）

0　0　0　0　0　3　3　7　7

（1）　3番目に大きい数を，漢字で書きなさい。

答え

（2）　3番目に小さい数を，漢字で書きなさい。

答え

テスト40　最レベ　最高レベルにチャレンジ!!　⑩大きな数

時間 10分　合格点 60点　　点

1 次の問題に答えなさい。

（1）　どのくらいの数字もみんなちがう数のうち，いちばん大きい7けたの数と，いちばん小さい8けたの数のちがいはいくらですか。（10点）

答え

（2）　どのくらいの数字もみんなちがう数のうち，50万にいちばん近い数を書きなさい。（15点）

答え

2 次の数直線について，あとの問題に答えなさい。（1つ25点・75点）

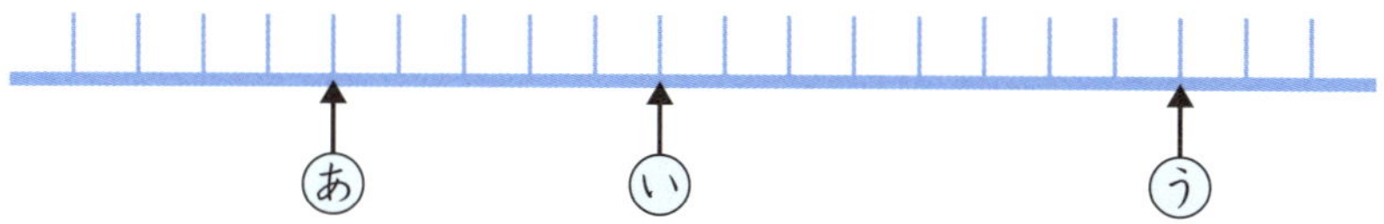

（1）　1目もりが10万を表し，いが970万を表すとき，あ，うにあたる数を数字で書きなさい。

答え　あ…　　う…

（2）　あが一兆，いが二兆を表すとき，うにあたる数を漢字で書きなさい。

答え

リビューテスト 2-①
（ふくしゅうテスト）

時間 10分　合格点 70点　　点

1 6時まで，あと何時間何分ありますか。（1つ4点・12点）

① 
答え

② 
答え

③ 
答え

2 次のあまりのあるわり算をしなさい。（1つ3点・18点）

① 51÷7　② 40÷9

③ 35÷4　④ 63÷8

⑤ 46÷5　⑥ 22÷3

3 次の□にあてはまる数を書きなさい。（1つ3点・12点）

① 4000m＝□km　② 9km＝□m

③ 16200m＝□km□m　④ 7km40m＝□m

4 次の□にあてはまる数を書きなさい。（1つ4点・16点）

① 526＋□＝742　② □－369＝943

③ □＋409＝718　④ 852－□＝494

5 0，9，7，7，8，1の6まいのカードの中から，5まいえらび，5けたの数をつくります。（1つ4点・12点）

(1)　いちばん大きい数は，何ですか。

答え

(2)　2番目に小さい数は，何ですか。

答え

(3)　80000にいちばん近い数は何ですか。

答え

6 54ページある本を，1日に7ページずつ読んでいきます。読み終わるのに何日間かかりますか。（10点）

【式】

答え

7 512人乗せて電車が出発しました。（1つ10点・20点）

(1)　はじめの駅で，69人がおりて，92人が乗ってきました。電車に乗っている人は，何人になりましたか。

【式】

答え

(2)　2番目の駅では，196人乗ってきて何人かおりたので，2番目の駅を654人乗せて出発しました。2番目の駅で何人おりましたか。

【式】

答え

リビューテスト 2-②
（ふくしゅうテスト）

時間 10分　合格点 70点　　点

1 次の数を漢字で書きなさい。（1つ5点・15点）

① 43627　答え

② 901024　答え

③ 2300000000000　答え

2 次の計算をしなさい。（1つ5点・45点）

① 206 + 307

② 689 + 124

③ 4924 + 2176

④ 512 − 209

⑤ 756 − 459

⑥ 3016 − 1172

⑦ 39 × 3

⑧ 629 × 4

⑨ 708 × 9

3 次の□にあてはまる数を入れなさい。（1つ5点・10点）

① □÷6＝7あまり3

② 53÷□＝6あまり5

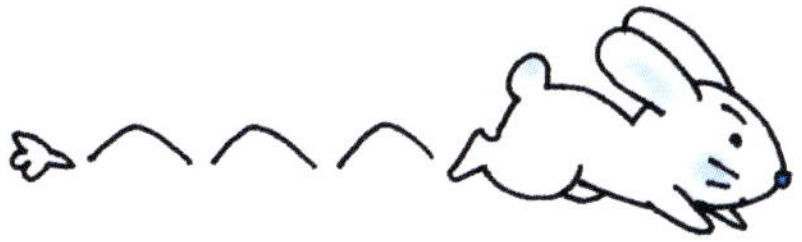

4 まさみさんは，ある本のはじめからじゅんに，毎日9ページずつ読んでいます。4月25日から読みはじめたとすると，5月29日は何ページ目から読むことになりますか。（10点）

【式】

答え

5 何時間何分ですか。（1つ5点・10点）

(1)　午前3時15分から午前10時10分まで

答え

(2)　午前7時40分から午後5時20分まで

答え

6 右の図のような道があります。㋐→㋑→㋒の道のりは6km，㋑→㋒→㋐の道のりは12km，㋒→㋐→㋑の道のりは10kmです。㋑→㋒の道のりは，何kmですか。（10点）

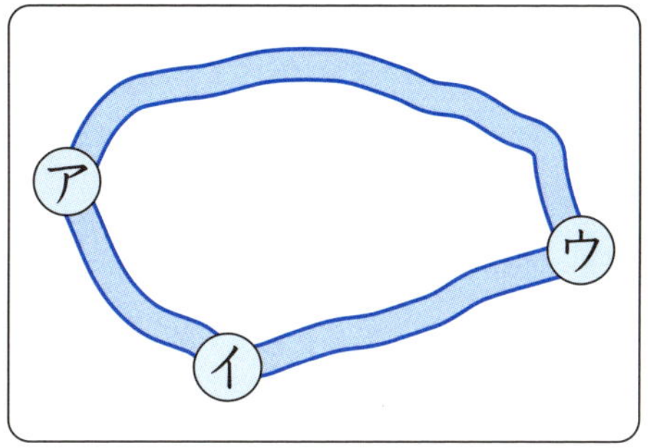

【式】

答え

テスト 41 標準レベル Ⅰ

⑪いろいろな形

時間 10分　合格点 80点　　点

●図形の学習で重要な頂点・辺・角などの意味を正しく理解させる。
●正方形・長方形・直角三角形の性質を学び，その他の正三角形・二等辺三角形についても理解を深めるようにします。

1 次の□にあてはまる言葉を⬚からえらんで書きなさい。(1つ4点・20点)

(1) 3本の直線でかこまれた形を［　　　］といいます。

(2) 4本の直線でかこまれた形を［　　　］といいます。

(3) 右のような形のアのところを

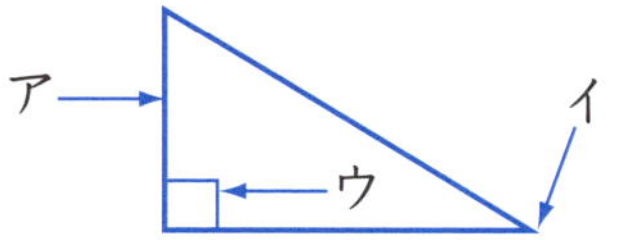

［　　　］といい，イのところを［　　　］といいます。

また，ウのような角を［　　　］といいます。

ちょう点 ・ 四角形 ・ 辺 ・ 直角 ・ 三角形

2 それぞれの形には，辺，ちょう点，直角は，いくつありますか。下の表のあいているところに数字を書きなさい。(1つ4点・32点)

	正方形	長方形	直角三角形
辺の数	4		
ちょう点の数			
直角の数			

3 次の形の中から正方形，長方形，直角三角形をえらびなさい。(1つ8点・24点)

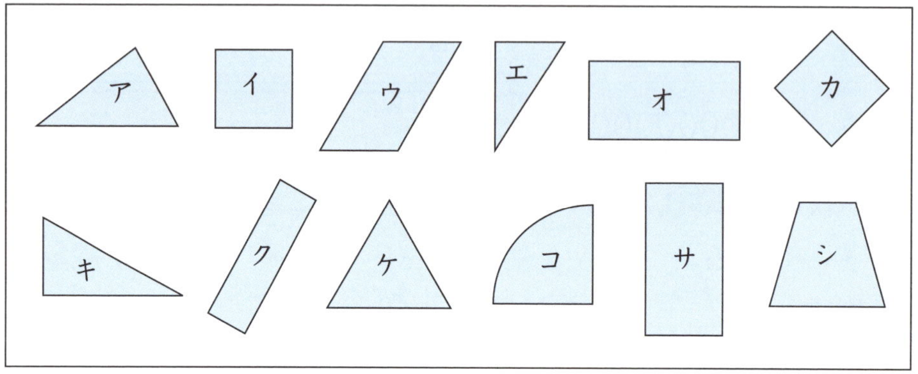

① 正方形………［　　　］　② 長方形…［　　　］

③ 直角三角形…［　　　］

4 下の形のどれとどれを組み合わせると，正方形ができますか。また，長方形になるのは，どれとどれですか。記号で答えなさい。(オとオのように，同じものどうしは使えません。)(1つ8点・24点)

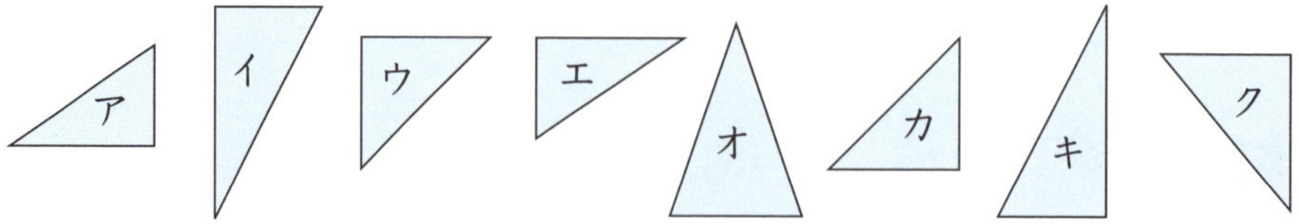

① 正方形［　　と　　］

② 長方形［　　と　　］，［　　と　　］

テスト 42 標準レベル 2

⑪いろいろな形

時間 10分 合格点 80点 　点

1 □にあてはまる言葉を書きなさい。（1つ4点・20点）

① 2つの辺の長さが等しい三角形を □ といいます。

② 3つの辺の長さがすべて等しい三角形を □ といいます。

③ 1つの角が直角である三角形を □ といい，そのうち，2つの辺の長さが等しい三角形を □ といいます。

④ 2つの角の大きさが等しい三角形は，□ といいます。

⑤ 3つの角の大きさが等しい三角形は，□ といいます。

2 次の三角形は，何という三角形ですか。（1つ8点・32点）

①

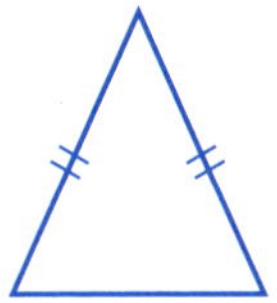

答え □

②

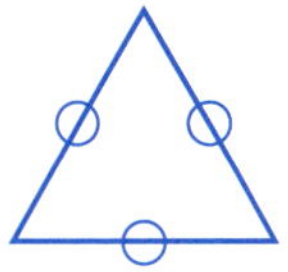

答え □

③

答え □

④

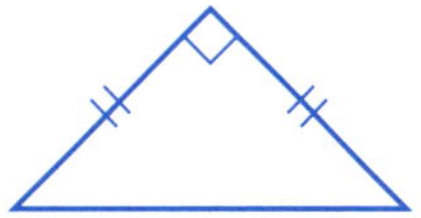

答え □

3 次の三角形は，何という三角形ですか。（1つ8点・16点）

① 辺の長さが，5cm，3cm，5cmの三角形。

答え □

② 辺の長さが，6cm，6cm，6cmの三角形。

答え □

4 次の三角形を下のなかまに分けなさい。（1つ8点・32点）
（①～④にあてはまらないものもあります。）

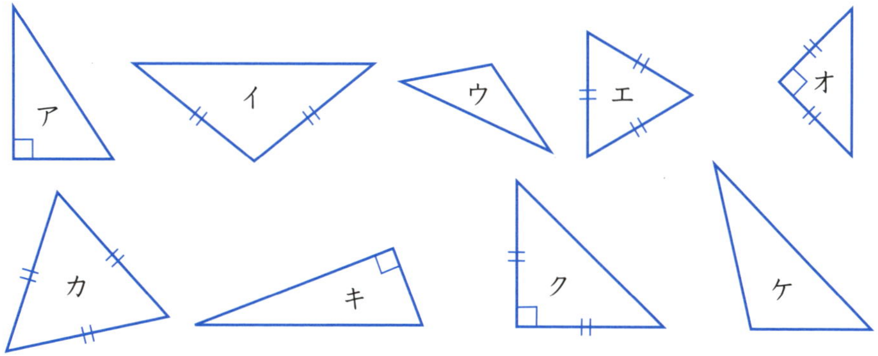

① 二等辺三角形……… □

② 正三角形…………… □

③ 直角三角形………… □

④ 直角二等辺三角形… □

テスト43 ハイレベル ⑪いろいろな形

時間 15分　合格点 70点　　点

1 下の図には，次の三角形はいくつありますか。（1つ6点・18点）

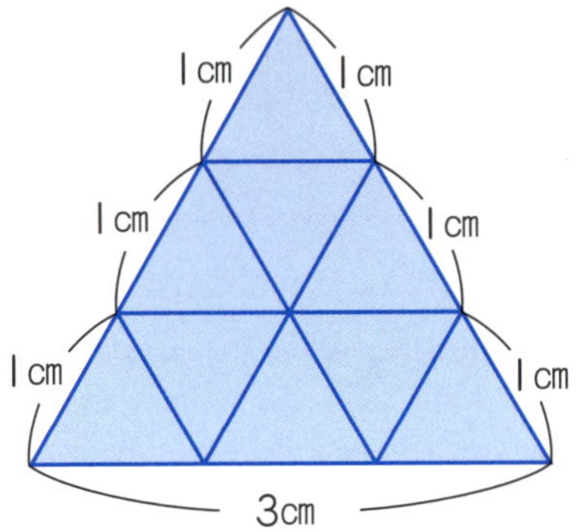

① 一辺3cmの正三角形

② 一辺2cmの正三角形

③ 一辺1cmの正三角形

2 向かい合うちょう点をむすぶ線で四角形を切ると，下のような形ができました。（　　）にもとの四角形の名前を書きなさい。（1つ6点・12点）

①

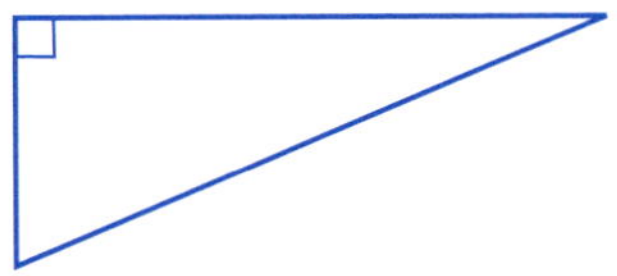

答え

②

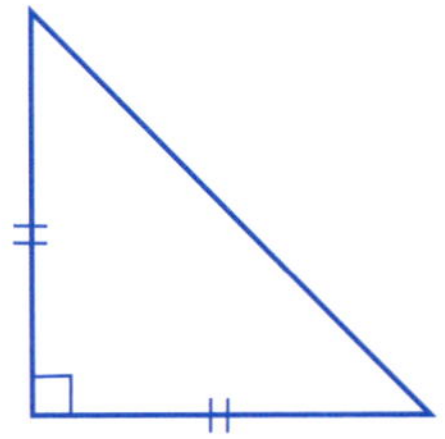

答え

3 たろう君は，4cmのひごを2本使って，二等辺三角形を作ろうと思いました。のこりの1本は，5cm，8cm，9cmの3本のひごの中のどのひごを使えばよいですか。
（ひごは，おったり切ったりしません。）（10点）

答え　　cmのひご

4 下の図のように，2つにおった紙から直角三角形を切り取り，広げたときにできる三角形について，下の問題に答えなさい。（1つ10点・20点）

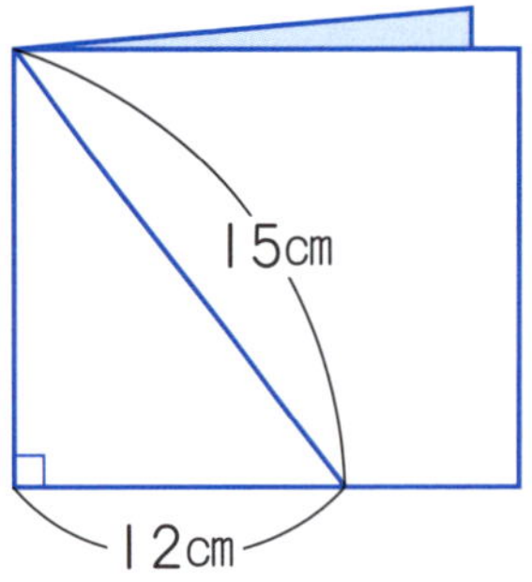

(1) まわりの長さは，何cmですか。

答え

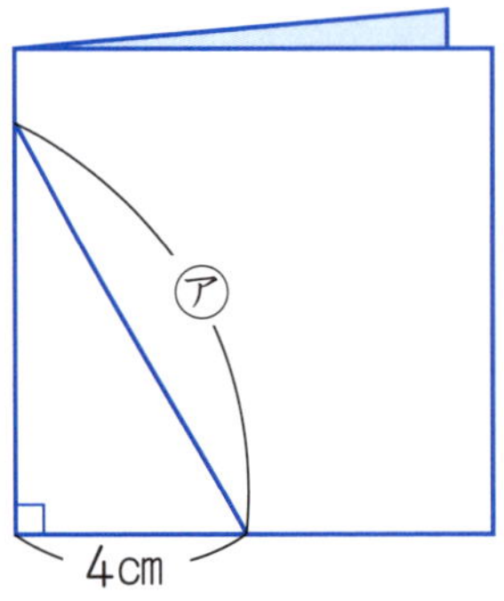

(2) 正三角形を作るためには，㋐は何cmにしなければなりませんか。

答え

5 一辺の長さ4cmの正三角形から，図のように一辺の長さが1cmの正三角形を3こ切り取ります。のこった図形のまわりの長さは，何cmですか。（10点）

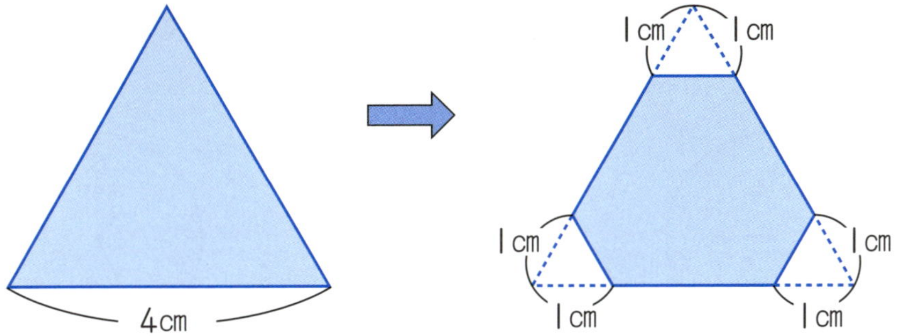

【式】

答え

6 次の図は，正方形と正三角形を組み合わせたものです。（1つ10点・30点）

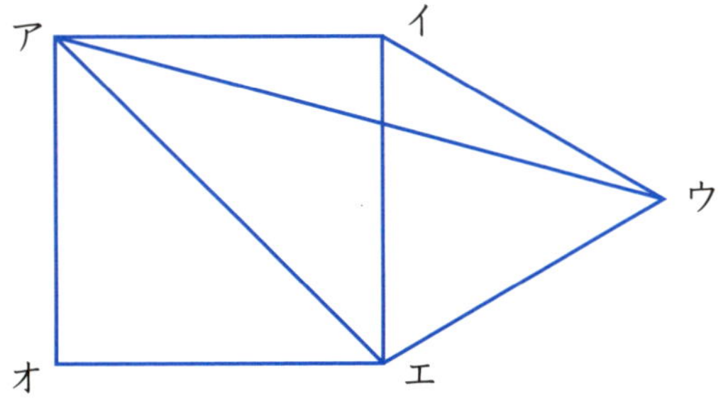

(1) 三角形アイエは，何という三角形ですか。

答え

(2) 三角形アイウは，何という三角形ですか。

答え

(3) 辺アオの長さが4cmのとき，この組み合わせた図形のまわりの長さは，何cmですか。

【式】

答え

テスト 44 最レベ 最高レベルにチャレンジ!!

⑪いろいろな形

時間 10分 合格点 60点 点

1 下の図のようなひごがあります。このうち3本を使って，三角形を作ります。使うひごを下のれいのように，あと2組書きなさい。（1つ20点・40点）

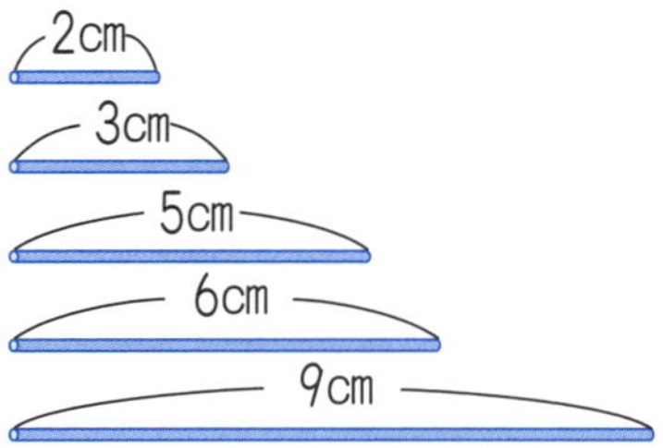

れい
2cmと5cmと6cmのひごを使ったときは，（2・5・6）と書きます。

答え （　・　・　）（　・　・　）

2 下の図には，次の形が全部で何こありますか。（1つ10点・60点）

①

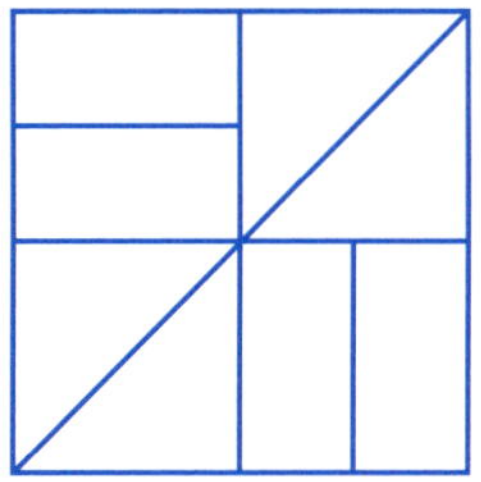

正方形……………… □こ

長方形……………… □こ

直角二等辺三角形… □こ

②

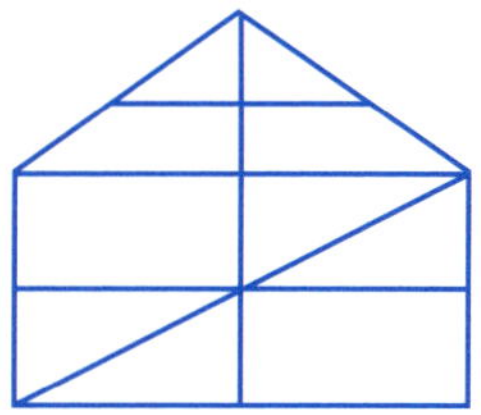

正方形……… □こ

長方形……… □こ

直角三角形… □こ

テスト 45 標準レベル 1

⑫重さ

時間 10分　合格点 80点　点

単位相互間の関係を理解し，自由に単位変換できる能力を養います。
重さの単位を扱う文章題を練習します。

1 次の□の中に，あてはまるたんいを書きなさい。（1つ4点・12点）

① 算数の教科書の重さ……………150 □

② わたしの体重…………………… 26 □

③ トラックで運べる荷物の重さ…… 2 □

2 次の□の中に，あてはまる数を書きなさい。（1つ5点・40点）

① 1kg＝□g

② 3000g＝□kg

③ 1t＝□kg

④ 4000kg＝□t

⑤ 4kg560g＝□g

⑥ 2150g＝□kg□g

⑦ 6t800kg＝□kg

⑧ 7920kg＝□t□kg

3 1目もりの重さを□に，はりのさしている重さを（　）に書きなさい。（1つ4点・24点）

①

答え□　（　　　）

②

答え□　（　　　）

③

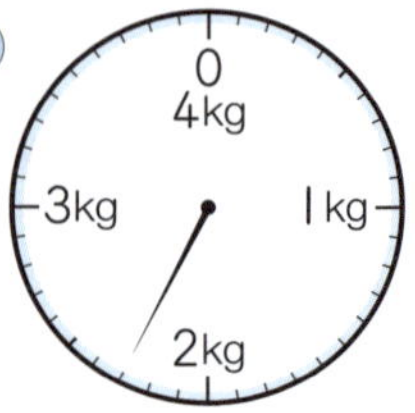

答え□　（　　　）

4 次の重さになるように，はりを書きなさい。（1つ4点・12点）

① 750g

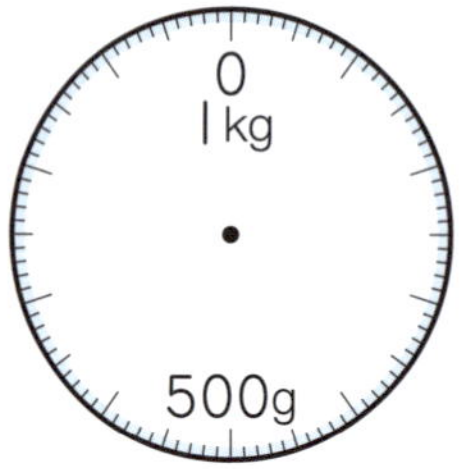

② 1kg850g

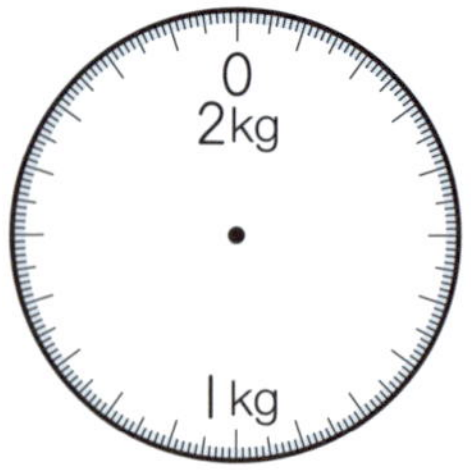

③ 2kg700g

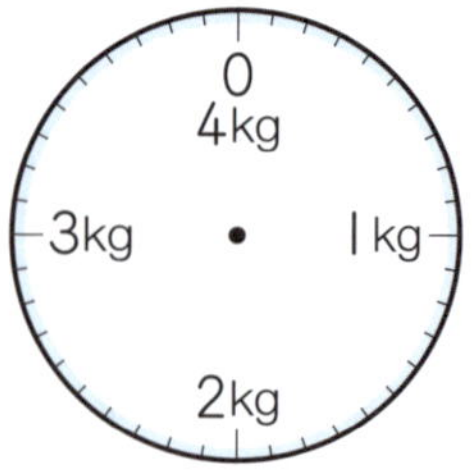

5 いちばん重いものを○でかこみなさい。（1つ6点・12点）

① （ 6kg ・ 5995g ・ 6006g ）

② （ 7900kg ・ 18t ・ 9090kg ）

テスト 46 標準レベル 2 ⑫ 重(おも)さ 時間 10分 合格点 80点 □点

1 □にあてはまる数を書きなさい。（1つ5点・40点）

① 300g＋600g＝□g

② 700g＋800g＝□kg□g

③ 6kg200g－3700g＝□g

④ 8100g－4kg500g＝□kg□g

⑤ 3000kg＋5t＝□kg

⑥ 900kg＋800kg＝□t□kg

⑦ 5t－1t300kg＝□kg

⑧ 8t600kg－2t800kg＝□t□kg

2 重(おも)さ300gの箱(はこ)にくりを900gつめました。全体(ぜんたい)の重(おも)さは，何kg何gですか。（10点）

【式(しき)】

答え □

3 重(おも)さの軽(かる)いじゅんに番号(ばんごう)をつけなさい。（1つ10点・20点）

① 5900g ・ 5kg90g ・ 590g ・ 59kg

□ ・ □ ・ □ ・ □

② 3t60kg ・ 3600kg ・ 6t3kg ・ 630kg

□ ・ □ ・ □ ・ □

4 お米を2kg買ってきて，そのうち500gを食べました。のこりのお米は何kg何gですか。（10点）

【式(しき)】

答え □

5 トラックに荷物(にもつ)をのせてトラックごとはかると，4t30kgでした。荷物(にもつ)をおろしてトラックだけはかると，1t200kgでした。荷物(にもつ)の重(おも)さは，何t何kgでしたか。（10点）

【式(しき)】

答え □

6 ねこのヒロちゃんは，体重(たいじゅう)が3kg500gです。ナナちゃんは，2kg900g，ゴンタは，9kg170gあります。ゴンタは，ヒロちゃんとナナちゃんの体重(たいじゅう)の合計より何kg何g重(おも)いですか。

【式(しき)】（10点）

答え □

テスト 47 ハイレベ ハイレベル

⑫ 重さ

時間 15分　合格点 70点　　点

1 次の□にあてはまる数を書きなさい。（1つ4点・40点）

① 4kg900g＋1600g＝□kg□g

② 3020kg＋5t390kg＝□kg

③ 8kg200g－2400g＝□kg□g

④ 7080g－4kg290g＝□g

⑤ 30g×3＝□g

⑥ 4t×7＝□kg

⑦ 56g÷8＝□g

⑧ 18kg÷9＝□kg

⑨ 600kg×5＝□t

⑩ 6t÷2＝□kg

2 重さ1kg400gのケースに1本800gのびんを6本入れました。ケース全体の重さは，何kg何gになりますか。（8点）

【式】

答え □

3 4mの重さが12kgのパイプがあります。このパイプ7mの重さは，何kgですか。（8点）

【式】

答え □

4 重さが3kgの箱に同じおもりを8こ入れて重さをはかったら，19kgありました。おもり1この重さは，何gですか。（8点）

【式】

答え □

5 みち子さんは，ねん土を5人の友だちから4kgずつ，2人の友だちから500gずつもらいました。全部で何kgのねん土をもらいましたか。（8点）

【式】

答え □

6 角ざとう10こをびんごとはかると280gでした。そのうち角ざとうを5こ使ってから重さをはかると240gでした。角ざとう1この重さは，何gですか。また，びんの重さは，何gですか。 (8点)

【式】

答え　角ざとう1この重さ…　　びんの重さ…

7 それぞれ同じ重さのアメとガムがあります。アメ1ことガム1こをはかりにのせると8gです。アメ1ことガム3こをはかりにのせると14gです。ガム1この重さは，何gですか。 (10点)

【式】

答え

8 ア・イ・ウの3つの箱があります。イの重さは，アの重さの2倍あります。ウの重さは，アの重さの3倍あります。ア・イ・ウの3つの重さを合わせると，18kgです。ウの箱の重さは，何kgですか。 (10点)

【式】

答え

テスト 48　最レベ　最高レベルにチャレンジ!!

⑫重　さ

時間 10分　合格点 60点　点

1 大・中・小の3つの花びんがあります。大と中を合わせた重さは9kg，中と小を合わせた重さは4kg，小と大を合わせた重さは7kgです。大・中・小の花びんの重さは，それぞれ何kgですか。 (1つ20点・60点)

【式】

答え　大…　　中…　　小…

2 赤い玉1こと白い玉2この重さは同じで，赤い玉2こと，青い玉3この重さも同じです。赤い玉1こと白い玉1この重さを合わせると9kgです。

(1)　赤い玉1こは，何kgですか。 (20点)

【式】

答え

(2)　青い玉1こは，何kgですか。 (20点)

【式】

答え

テスト49 標準レベル 1 ⑬かけ算（3）

時間 10分　合格点 80点　　点

（2けたの数）×（2けたの数），（3けたの数）×（2けたの数）の計算ができるようにします。
ひっ算のしかたを理解したうえで，計算ができるようにします。

1 次の□にあてはまる数を書きなさい。（1つ5点・20点）

① 40×60＝□×□×10×10＝□×100

② 300×80＝□×100×10＝□

③ 50×24＝□×□×10＝□×10

④ 120×50＝□×□×100＝□

2 次の□にあてはまる数を書きなさい。（1つ5点・15点）

①
```
    7 2
 ×  3 4
 -------
  □□□
□□□
 -------
□□□□
```

②
```
  3 4 6
 ×  2 5
 -------
□□□□
□□□
 -------
□□□□
```

③
```
  6 9 8
 ×  6 7
 ---------
  □□□□
□□□□
 ---------
□□□□□
```

3 次のかけ算をしなさい。（1つ5点・20点）

$$\begin{array}{r} 45 \\ \times\ 26 \\ \hline \end{array}\qquad \begin{array}{r} 78 \\ \times\ 53 \\ \hline \end{array}\qquad \begin{array}{r} 264 \\ \times\ 36 \\ \hline \end{array}\qquad \begin{array}{r} 578 \\ \times\ 45 \\ \hline \end{array}$$

（①45×26　②78×53　③264×36　④578×45）

4 25cmの40倍は，何cmですか。（5点）

【式】

答え □

5 1こ52gのボールが，18こあります。全部で何gになりますか。（10点）

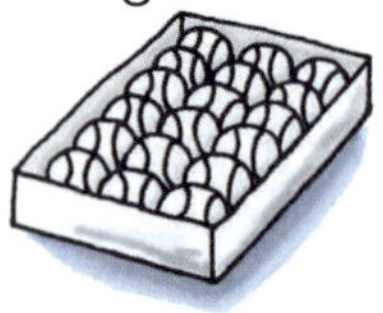

【式】

答え □

6 お楽しみ会を22人ですることになり，1人350円ずつ集めました。いくら集まりましたか。（10点）

【式】

答え □

7 ある本を1日に15ページずつ読んでいくと，18日間で読み終わりました。この本のページ数は，全部で何ページですか。（10点）

【式】

答え □

8 1本30円のえん筆を3ダース買いました。お金は，全部で何円はらえばよいですか。（10点）

【式】

答え □

テスト 50 標準レベル 2

⑬かけ算 (3)

時間 10分 合格点 80点 点

1 次のかけ算をしなさい。(1つ5点・40点)

① 86×40

② 78×50

③ 306×18

④ 509×26

⑤ 93×62

⑥ 34×87

⑦ 462×50

⑧ 874×63

2 97×8＝776を使って，次のかけ算の答えを書きなさい。(1つ5点・10点)

① 97×80

② 970×80

3 1本の長さが75cmのひもを32本作ります。ひもは，全部で何mあればよいですか。(10点)

【式】

答え

4 ガソリン1Lで15km進む自動車は，60Lのガソリンがあれば，何km進むことができますか。(10点)

【式】

答え

5 1さつ70円のノートを34人のクラス全員に，1人に1さつずつ配ります。ノートを買うお金は，全部で何円いりますか。(10点)

【式】

答え

6 1回250円の金魚すくいを27人でしました。お金は，いくらはらえばよいですか。(10点)

【式】

答え

7 1本250mLのジュースを1ダース買いました。ジュースは，全部で何Lありますか。(10点)

【式】

答え

テスト51 ハイレベル

⑬かけ算（3）

時間 15分 合格点 70点 　点

1 次のかけ算をしなさい。（1つ5点・30点）

① 204×382

② 356×218

③ 876×759

④ 402×193

⑤ 217×425

⑥ 984×836

2 1本36cmのリボンを7人の子どもに12本ずつ配ります。リボンは，何m何cmいりますか。（10点）

【式】

答え

3 1さつ125円のノートを12さつと，1さつ175円のノートを12さつ買うと，代金は全部で何円になりますか。（10点）

【式】

答え

4 右の図のような小学校のまわりを50mのまきじゃくではかりました。1まわりすると，16回分と30mありました。小学校のまわりは，何mですか。（10点）

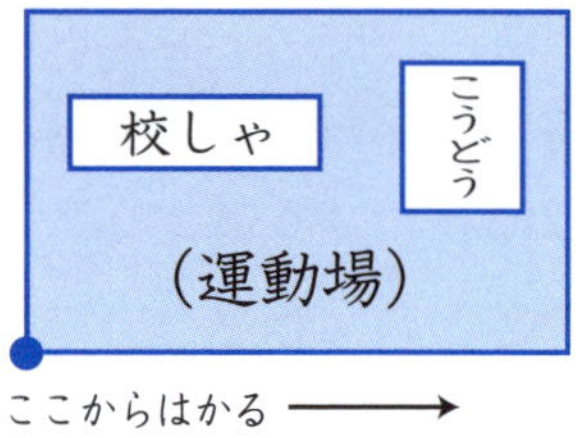

【式】

答え

5 なわとびを毎日練習しています。月曜日から金曜日までは1日に30回ずつ，土曜日は50回，日曜日は75回練習しました。13週間では，何回なわとびの練習をしたことになりますか。（10点）

【式】

答え

6 下の図のように，25cmのテープをのりしろを3cmにして63まいつなぎました。はしからはしまでの長さは，何m何cmになりますか。（10点）

【式】

答え

7 へいの長さを1m20cmのぼうではかりました。へいがあと40cm長かったら，ぼうの長さの13倍でした。へいの長さは，何m何cmありますか。（10点）

【式】

答え

8 ある人が木を1本切るのに45秒かかります。この人は，木を1本切るごとに15秒ずつ休みます。この人が1本目の木を切り始めてから13本目を切り終わるのに，何分何秒かかりますか。（10点）

【式】

答え

テスト52 最レベ 最高レベルにチャレンジ!!

⑬かけ算（3）

時間 10分　合格点 60点　　点

1 次の□にあてはまる数を書きなさい。（1つ20点・60点）

①

		□	3
×		4	6
	□	□	8
2	□	2	
3	□	5	□

②

		2	□	3
×			□	8
	□	□	4	4
1	2	1	5	
□	□	0	9	4

③

		□	□	3
×			9	□
	□	0	□	□
□	□	2	7	
7	6	□	8	□

2 1から555までの数をカードに書きました。0から9までの数字を全部でいくつ書きましたか。（555は，3つの数字を使っています。）（20点）

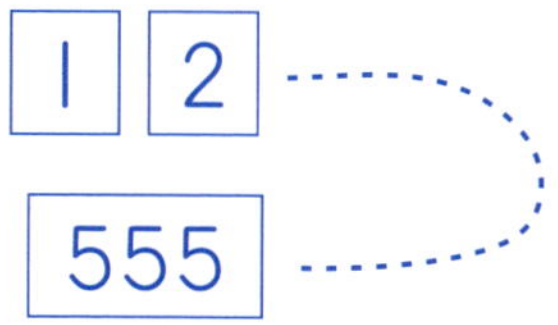

答え

3 同じ長方形の紙を12まい重ねて，そのいちばん上の紙に，たて13本，よこ15本の直線を引きました。これらの直線の上をカッターで切ると，紙は，何まいになりますか。（20点）

【式】

【答え】

答え

テスト53 標準レベル Ⅰ ⑭箱の形

時間 10分 合格点 80点 　点

●平面図形と立体図形における,「辺」や「面」の関係を理解させます。
●展開図から立体を想像し，重なり合う辺や向かい合う面を正しく見わけられるようにします。

1 下の形は，さいころの形です。□の中にあてはまる言葉や数を下の□からえらんで，記号で書きなさい。（1つ8点・32点）

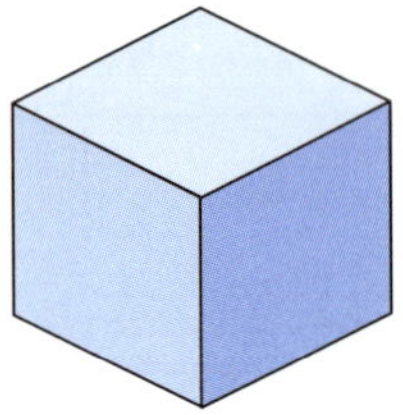

① ちょう点は，□つあります。
② 平らな面は，□つあります。
③ 平らな面の形は，□です。
④ 辺の数は，□本あります。

㋐ 4　㋑ 6　㋒ 8　㋓ 12　㋔ 長方形　㋕ 正方形

2 下のような箱を開いた図をかきました。

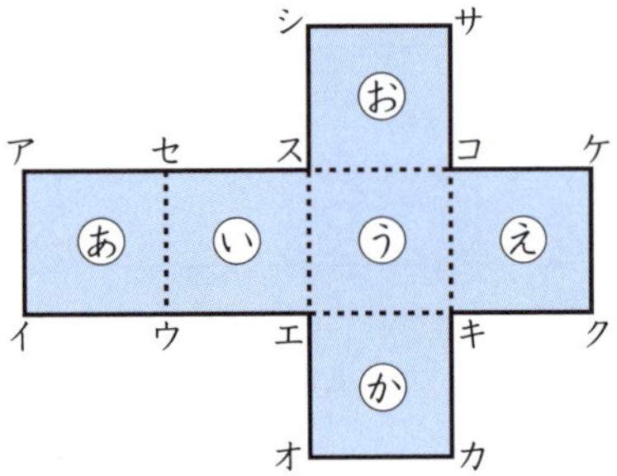

(1) (あ)～(か)のそれぞれの面は，たてもよこも同じ長さです。このような面の形を何といいますか。（6点）

答え □

(2) 組み立てたとき，次の面と向かい合う面は，どれですか。（1つ8点・16点）

答え (い)→　(う)→

(3) 組み立てたとき，次の辺は，どの辺と重なりますか。（1つ8点・16点）

① 辺アイ→辺□　② 辺イウ→辺□

3 下のような箱があります。組み立てる前は，それぞれ□のどの形でしたか。（1つ10点・30点）

①

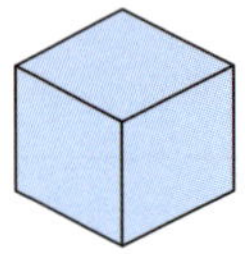

答え □

②

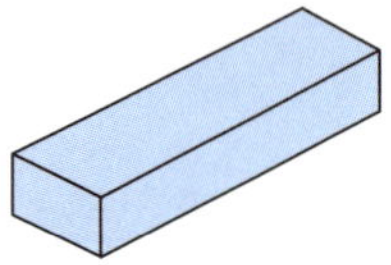

答え □

③

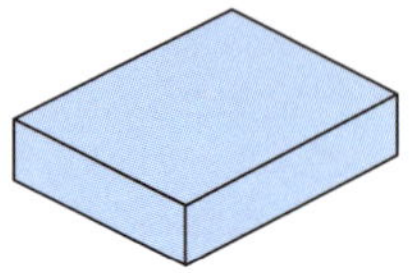

答え □

(あ)

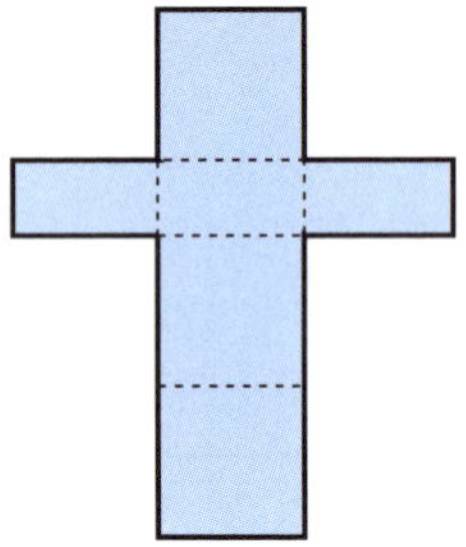

(い)

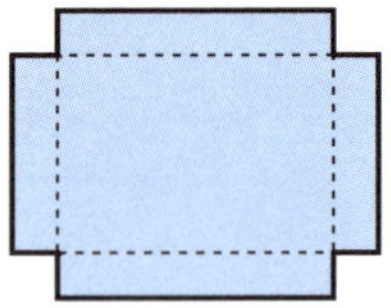

(う)

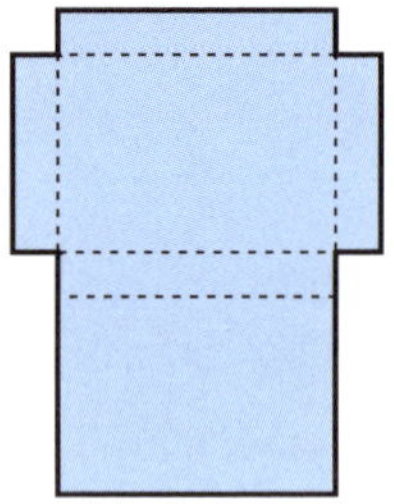

(え)

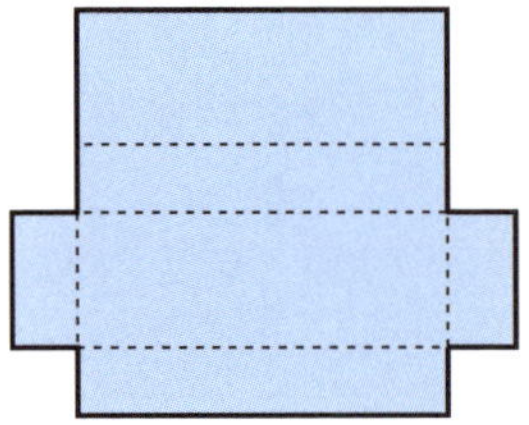

(お)

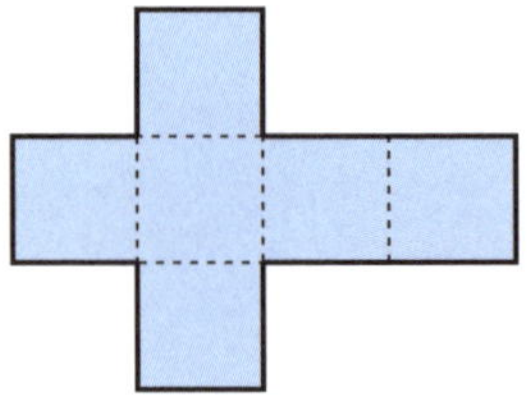

⑭ 箱（はこ）の形

時間 10分　合格点 80点　点

1 次（つぎ）の図の中で，組み立てたときにさいころの形になるのは，どれとどれですか。（1つ10点・20点）

①

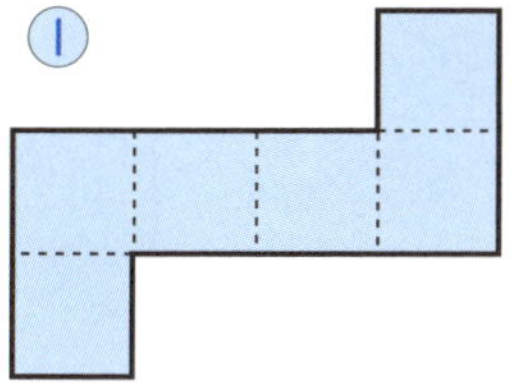

②

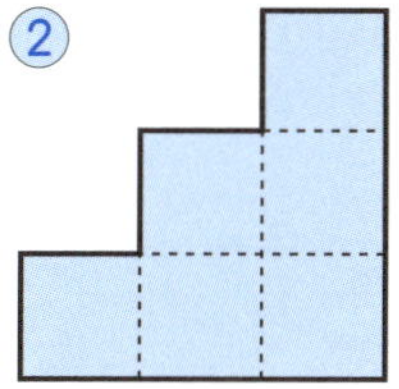

③

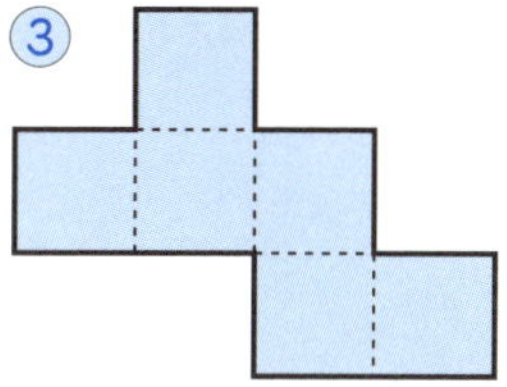

答え

2 下のような形をした箱（はこ）があります。これを切って開（ひら）くと，下のどの形になりますか。（10点）

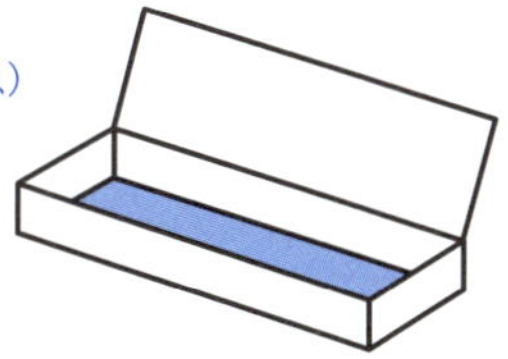

あ

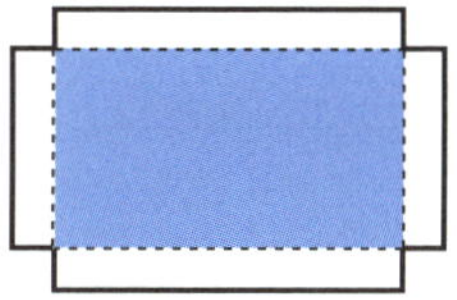

い

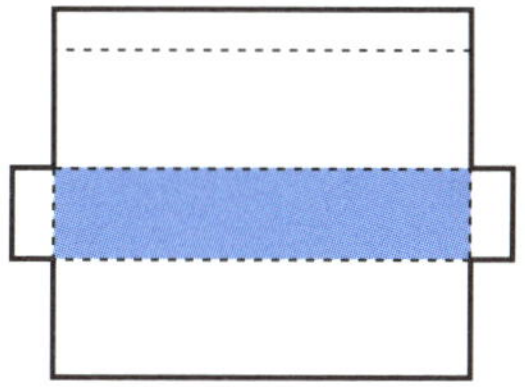

う

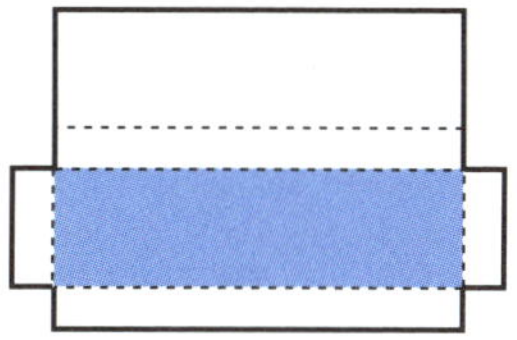

え

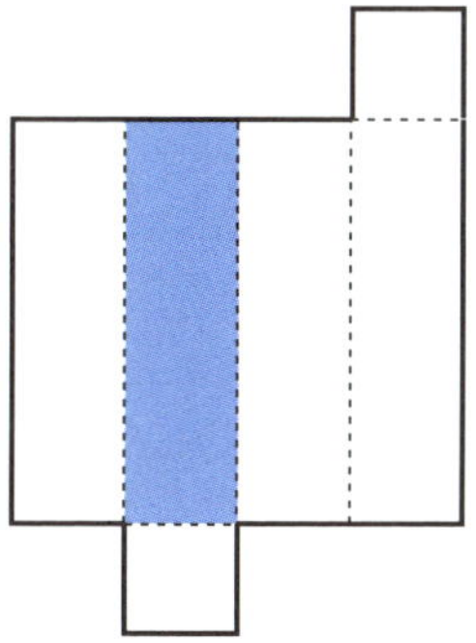

お

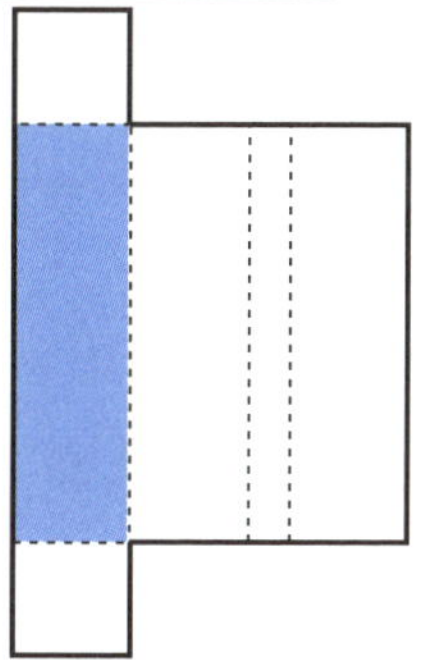

答え

3 ねん土とひごで，右の形を作りました。それぞれいくつずつ使（つか）いましたか。（1つ10点・40点）

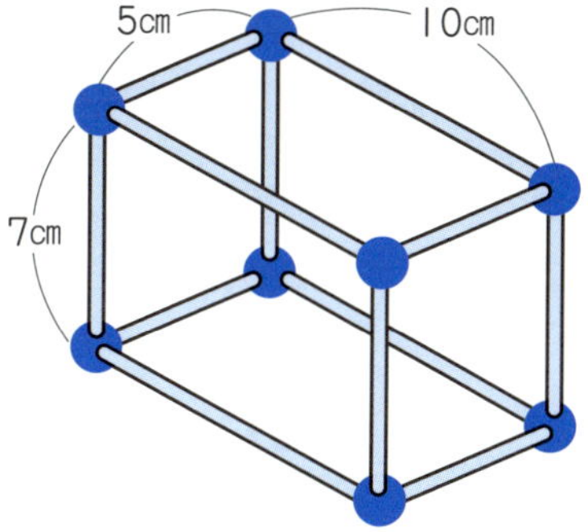

① ねん土 → □ つ

② ひご

● 10cm → □ 本

● 7 cm → □ 本

● 5 cm → □ 本

4 右の箱（はこ）の形について答えなさい。（1つ6点・30点）

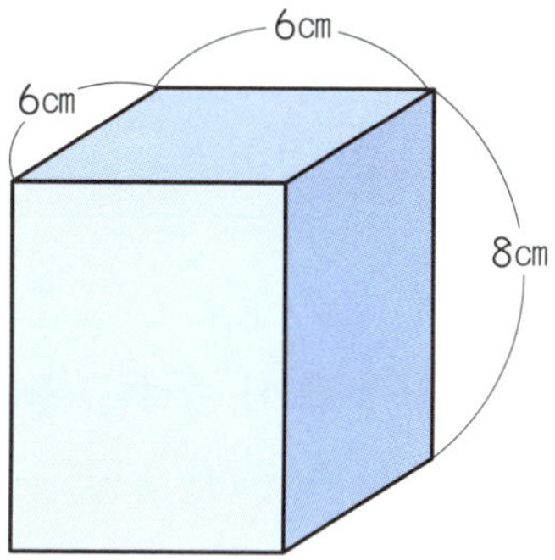

(1) 辺（へん），面（めん），ちょう点は，それぞれいくつありますか。

① 辺（へん）……… □

② 面（めん）……… □

③ ちょう点… □

(2) 面（めん）はどのような形がいくつありますか。□ に数を，〔　〕に形の名前を書きなさい。

・1辺（ぺん）6cmの〔　　　〕が □ つ

・たて6cm，横 □ cmの長方形が □ つ

⑭箱(はこ)の形

時間 15分 合格点 70点 　点

1 次(つぎ)の図はさいころを切って開いた図です。さいころは向かい合った面(めん)の数をたすと，7になります。㋐～㋕の面(めん)の数を数字で書きなさい。（1つ4点・24点）

①

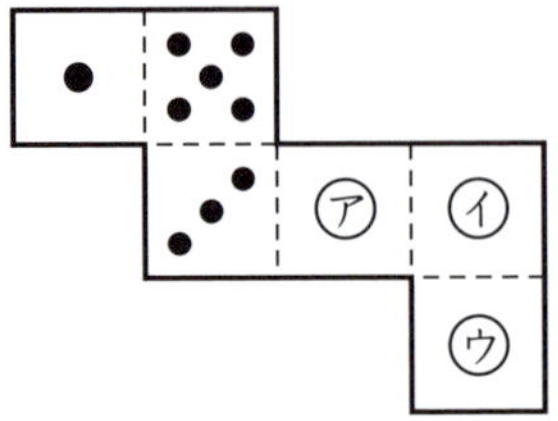

答え ㋐…

答え ㋑…

答え ㋒…

②

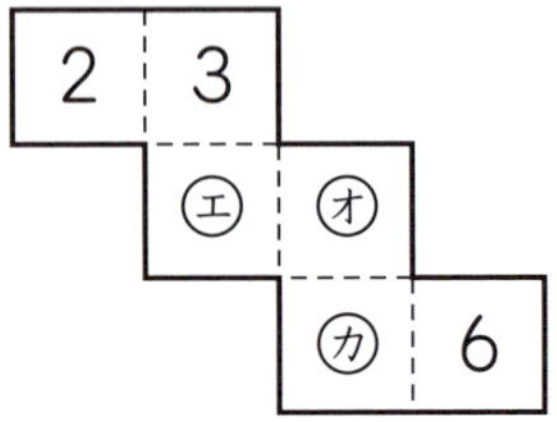

答え ㋓…

答え ㋔…

答え ㋕…

2 ねん土の玉とひごを使って右の形を作ります。それぞれあといくついりますか。（1つ4点・16点）

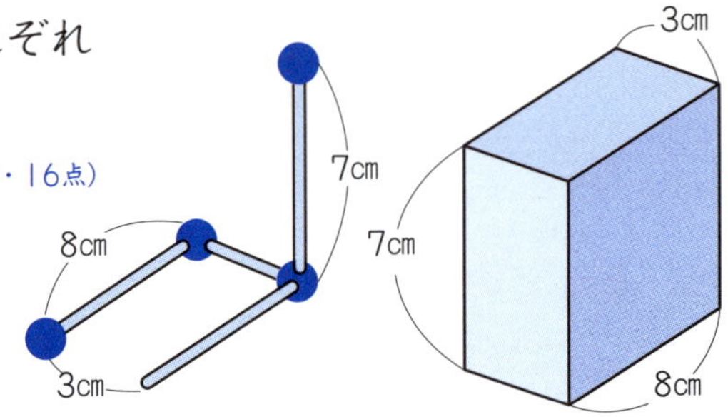

① ねん土の玉

答え 　こ

② ひご

・3cm 答え 　本　・7cm 答え 　本　・8cm 答え 　本

3 下の図を組み立てて，箱(はこ)の形を作ります。（1つ6点・36点）

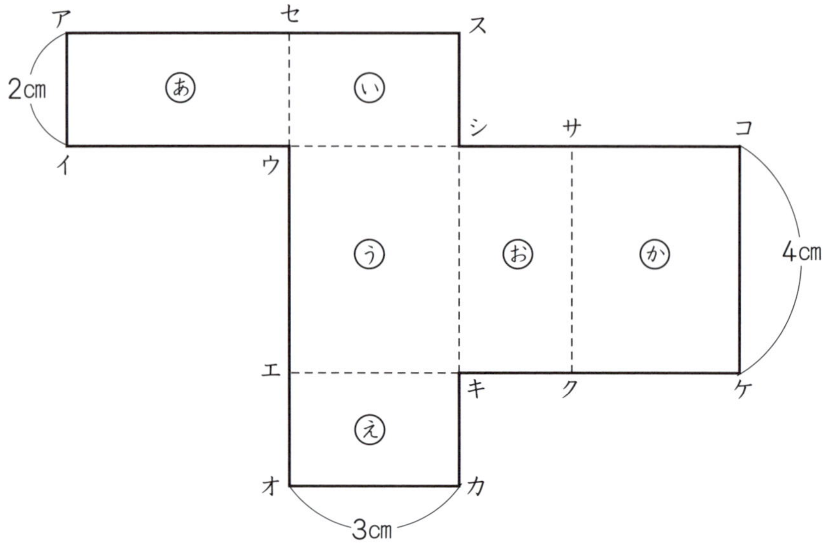

(1) 組み立てたとき，次(つぎ)の面(めん)と向かい合う面(めん)は，どれですか。

答え あ→ 　い→

(2) 辺(へん)サコの長さは何cmですか。

答え 　cm

(3) 組み立てたとき，ちょう点イと重(かさ)なるちょう点を答えなさい。

答え

(4) 組み立てたとき，ちょう点クからいちばん遠いちょう点はどれですか。

答え

(5) 組み立てた箱(はこ)の形の辺(へん)の長さを合計すると，何cmになりますか。

答え 　cm

4 たて11cm，横20cm，高さ10cmの箱があります。この箱に下の図のようにひもをかけると，それぞれひもは何cmいりますか。それぞれ結び目に14cm使っています。（1つ8点・16点）

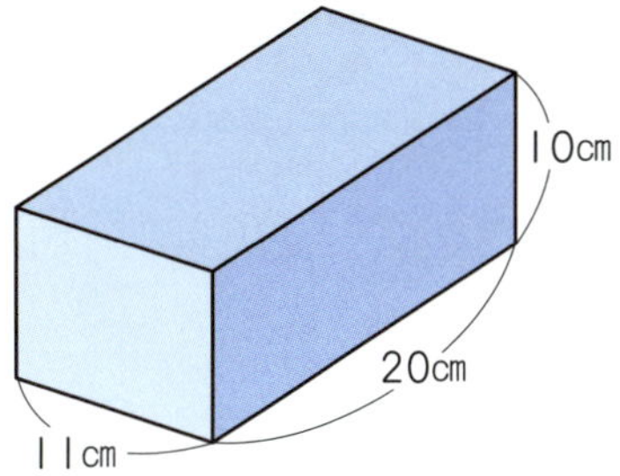

①

答え　　　cm

②

答え　　　cm

5 右のように同じ大きさのさいころを2つならべ，ひもをかけると，ひもの長さが54cmになりました。結び目に12cm使っています。このさいころの1辺の長さは，何cmですか。（8点）

答え　　　cm

テスト 56　最レベ　最高レベルにチャレンジ!!

⑭箱の形

時間 10分　合格点 60点　　点

● 右の図のようにさいころの形にテープを1まわりかけました。これを下の図のように切って開きました。それぞれのこりのテープを書き入れなさい。

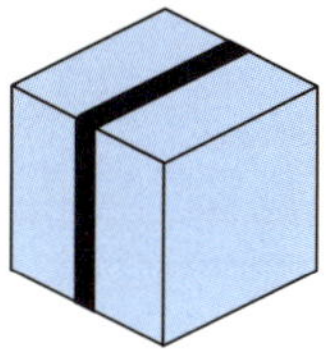

（30点）

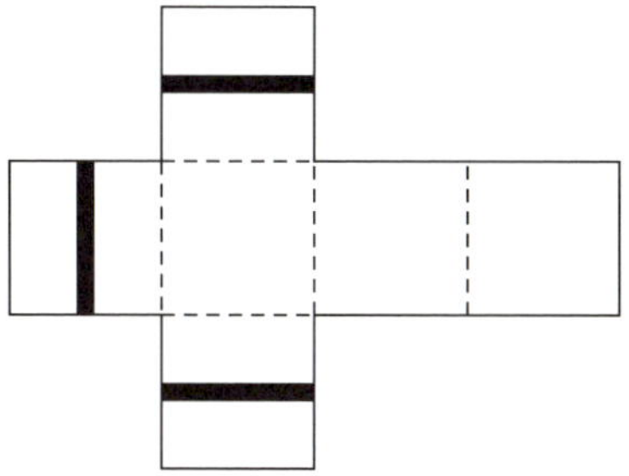

（30点）

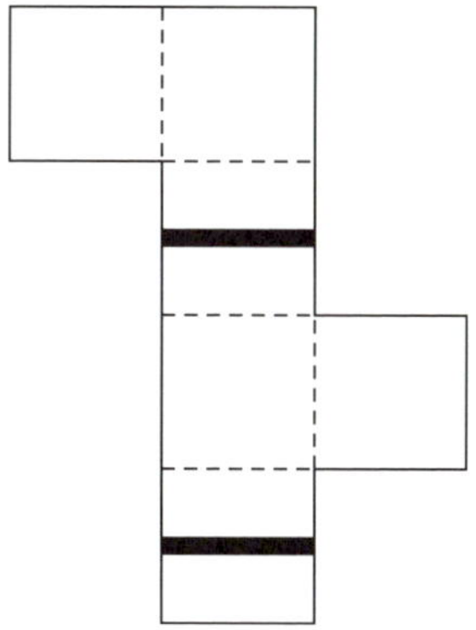

（20点）

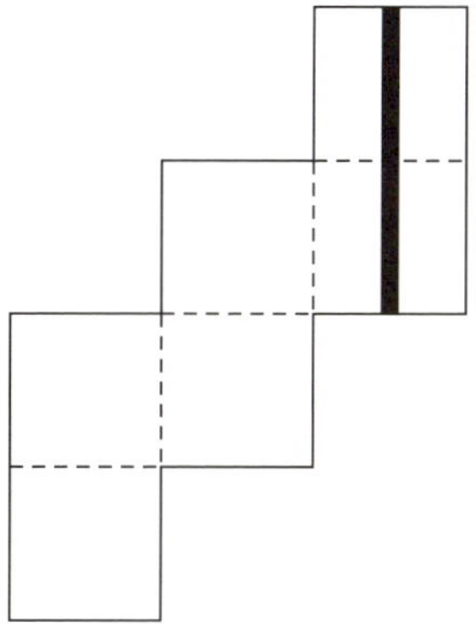

（20点）

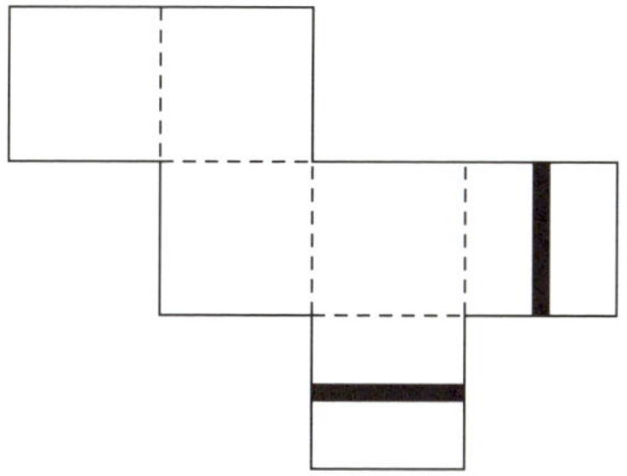

テスト 57 標準レベル 1

⑮角　度

時間 10分　合格点 80点　　点

- 角と角度の表し方について知ります。
- 分度器を用いて角度をはかります。
- 計算で角度をもとめます。

1 下の図の㋐，㋑，㋒の名前を書きなさい。（1つ8点・24点）

答え ㋐…

答え ㋑…

答え ㋒…

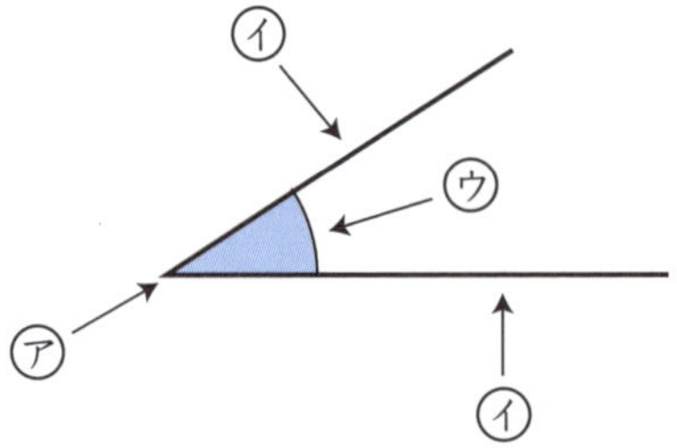

2 □にあてはまる言葉を[ ]の中からえらび，記号で答えなさい。（1つ6点・36点）

(1) 1つの点から出る2本の直線が作る形を□といいます。この1つの点を□といい，2本の直線を□といいます。

(2) 角の大きさを□といいます。角の大きさは，辺の□できまります。

(3) 角の大きさを表すたんいには□や直角があります。

㋐ 角度	㋑ 辺	㋒ 開きぐあい
㋓ 角	㋔ 度（°）	㋕ ちょう点

3 角㋐と，角㋑は，何度ですか。（1つ10点・20点）

㋑ □度

㋐ □度

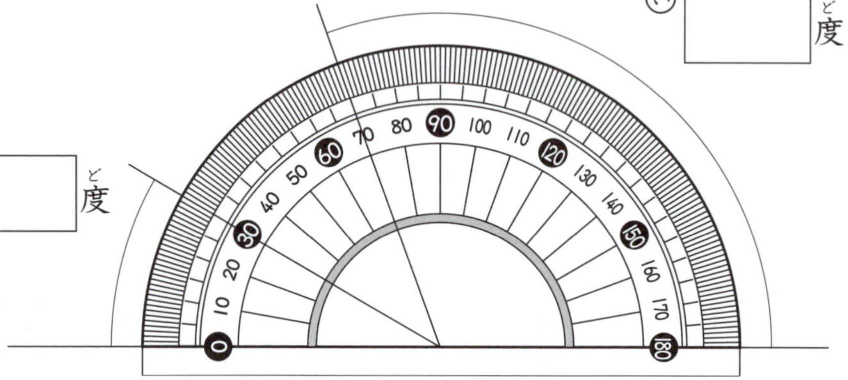

4 次の角の大きさを分度器ではかりなさい。（1つ5点・20点）

①

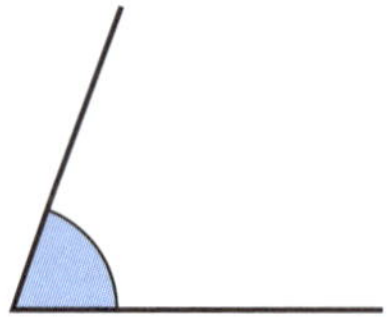

答え □度

②

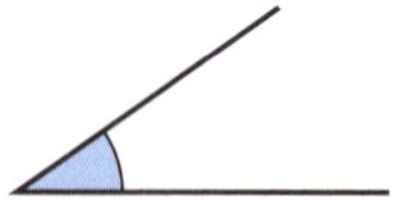

答え □度

③

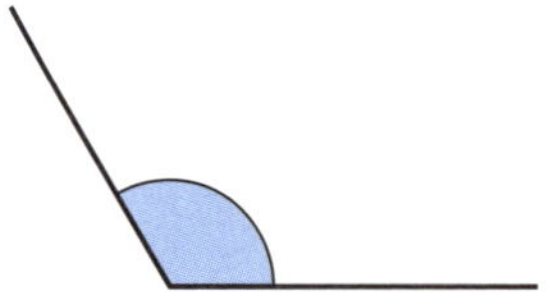

答え □度

④

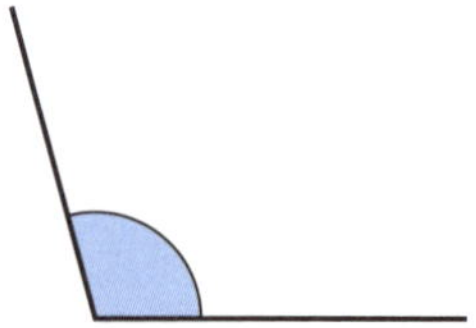

答え □度

テスト 58 標準レベル 2

⑮角度

時間 10分　合格点 80点　　点

1 下の図を見て，記号で答えなさい。（1つ6点・36点）

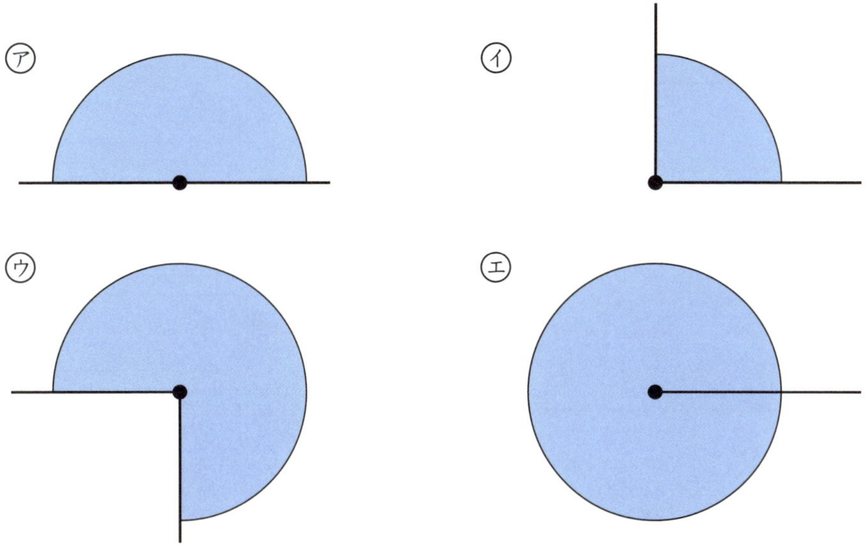

(1)　直角はどれですか。　答え

(2)　180度の大きさの角はどれですか。　答え

(3)　2直角の大きさの角はどれですか。　答え

(4)　3直角の大きさの角はどれですか。　答え

(5)　半回転の大きさの角はどれですか。　答え

(6)　1回転の大きさの角はどれですか。　答え

2 次の角を大きいじゅんに記号で答えなさい。（1つ5点・20点）

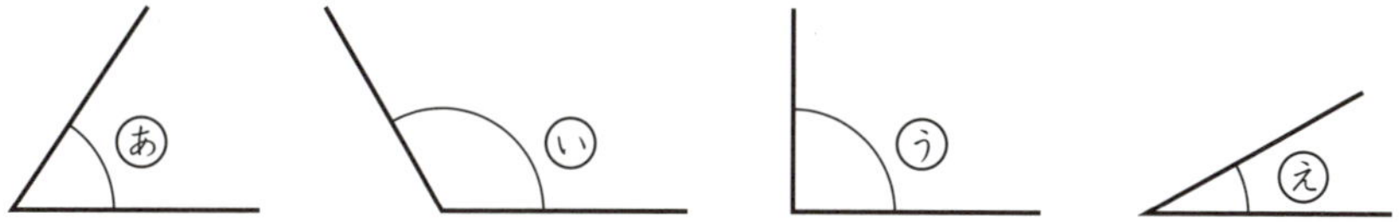

答え　□ → □ → □ → □

3 □にあてはまる数を書きなさい。（1つ6点・24点）

(1)　1直角は□度です。

(2)　1回転の角の大きさは，□度です。

(3)　3直角は□度です。

(4)　半回転の角の大きさは，□度です。

4 次の大きさの角を●をちょう点として書きなさい。（1つ10点・20点）

① 30°

② 135°

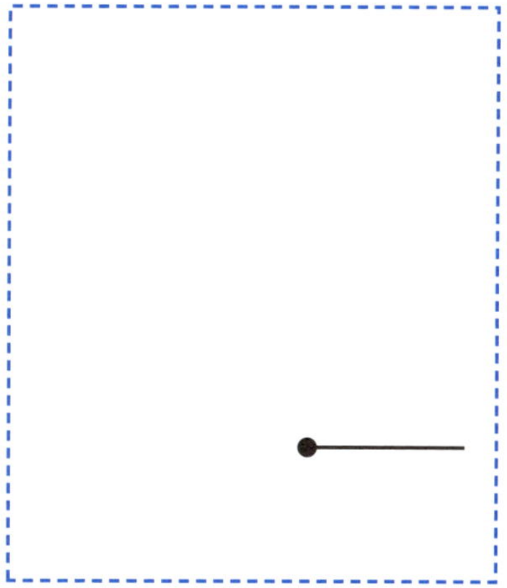

⑮ 角　度

時間 15分　合格点 70点　　点

1 次の㋐～㋓の角度を計算でもとめなさい。（1つ4点・16点）

①
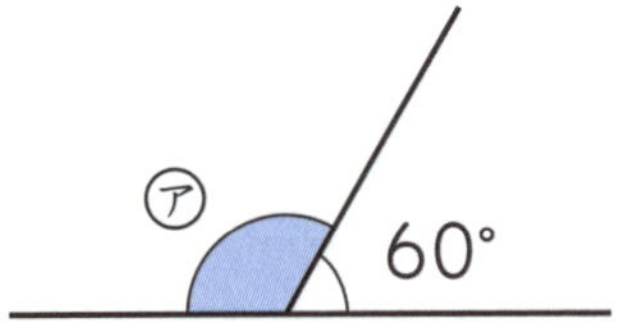

答え　°

②
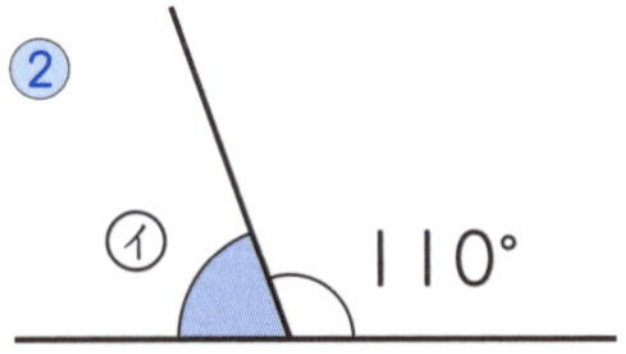

答え　°

③
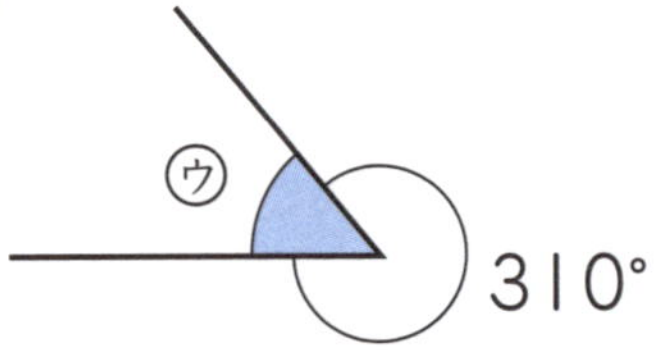

答え　°

④
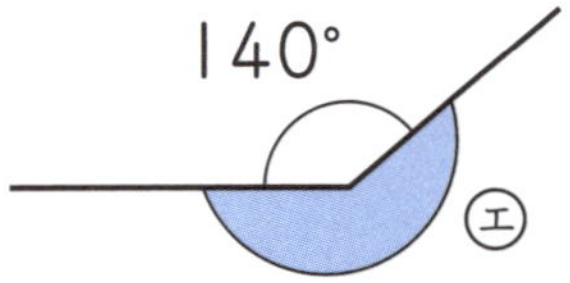

答え　°

2 次の大きさの角を●をちょう点として書きなさい。（1つ5点・10点）

① 60°

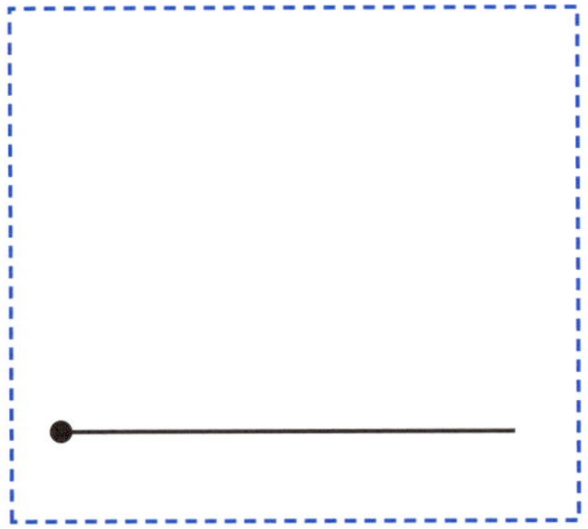

② 315°

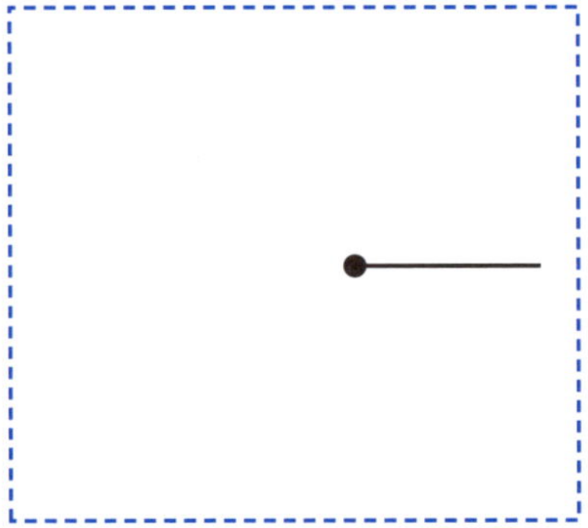

3 三角定規の㋐～㋕の角度を分度器ではかりなさい。（1つ4点・24点）

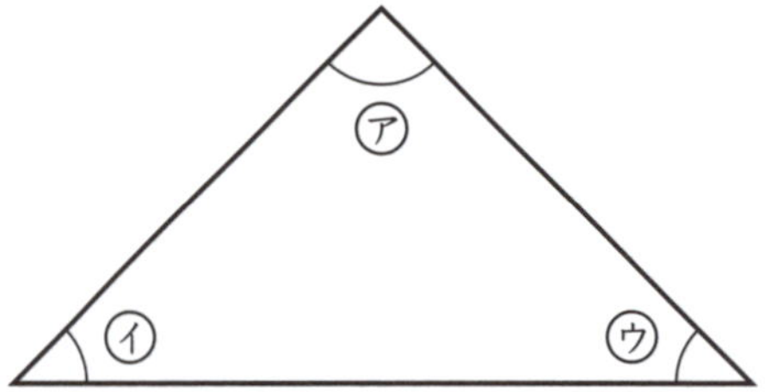

答え ㋐…　度

答え ㋑…　度

答え ㋒…　度

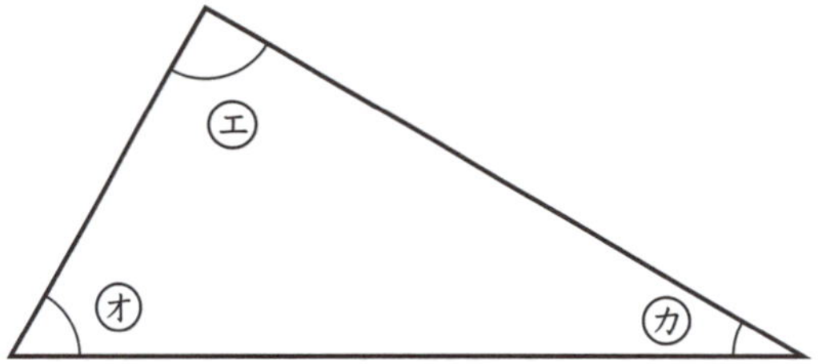

答え ㋓…　度

答え ㋔…　度

答え ㋕…　度

4 同じ三角定規を2まいずつ組み合わせました。㋐～㋓の角度を計算でもとめなさい。（1つ5点・20点）

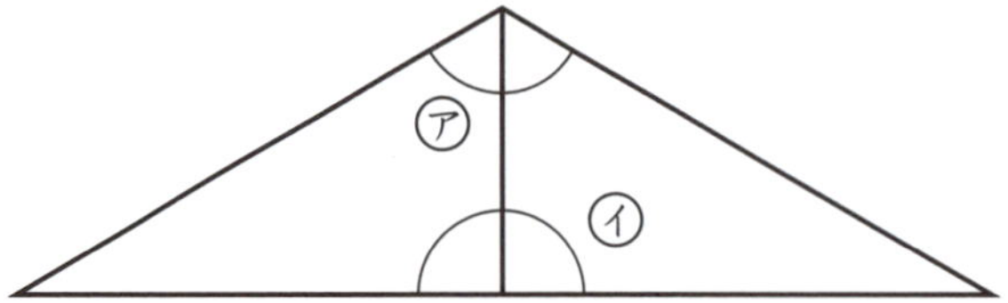

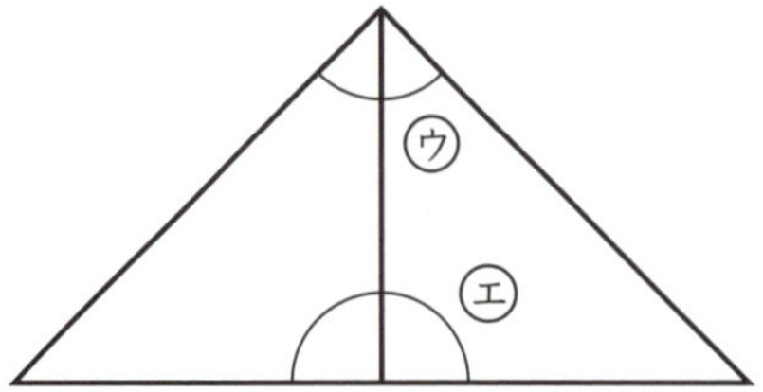

答え ㋐…　度

答え ㋑…　度

答え ㋒…　度

答え ㋓…　度

5 次(つぎ)の大きさの角を●をちょう点として書きなさい。(1つ5点・10点)

① 290°

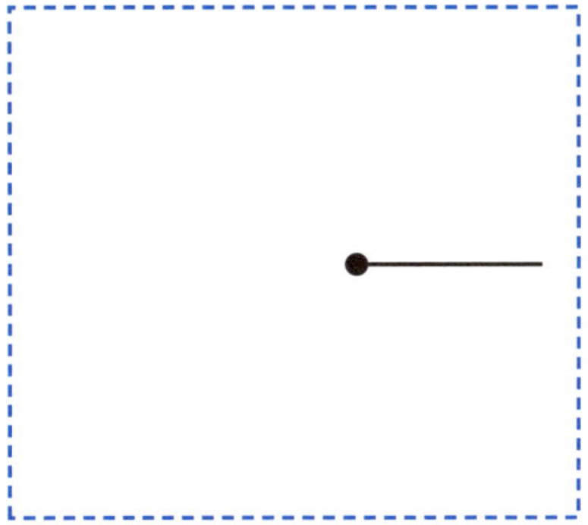

② 230°

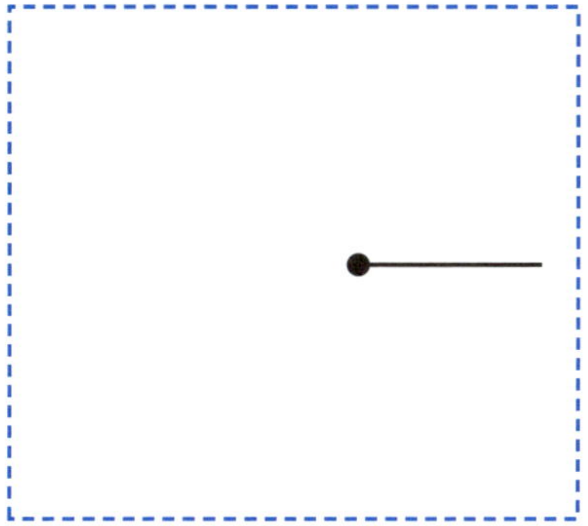

6 1組の三角定規(じょうぎ)を下のように組み合わせました。㋐～㋓の角度(ど)を計算でもとめなさい。(1つ5点・20点)

①

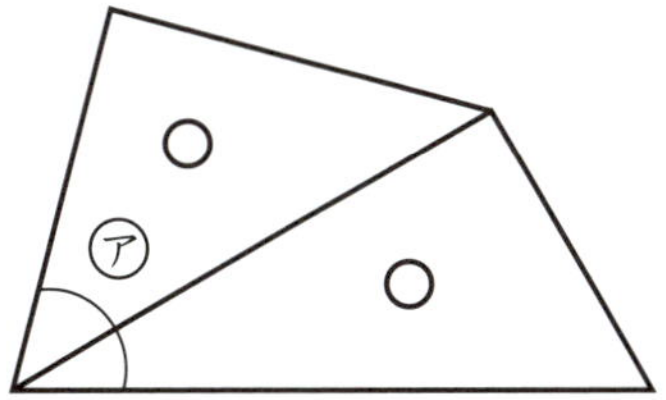

答え　　°

②

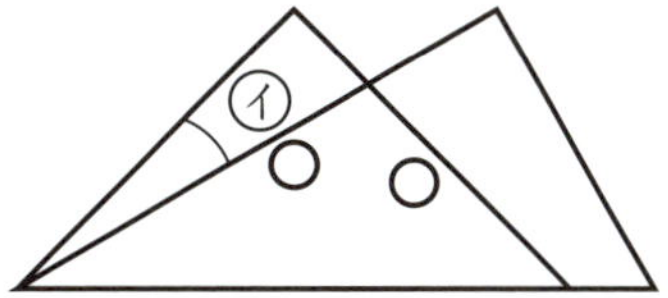

答え　　°

③

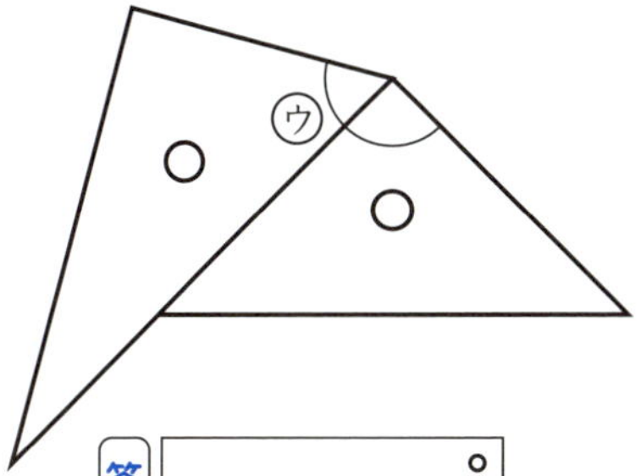

答え　　°

④

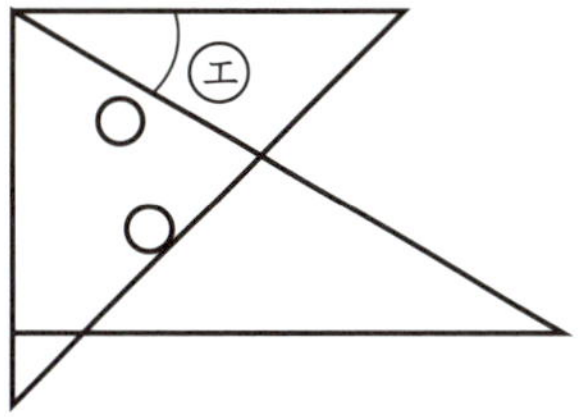

答え　　°

テスト 60　最レベ　最高レベルにチャレンジ!!

⑮角度(ど)

時間 10分　合格点 60点　　点

● 右の図は，1回転(てん)の大きさの角を㋐，㋑，㋒の3つの角に分けたものです。次(つぎ)のとき，㋐の角度(ど)を計算でもとめなさい。

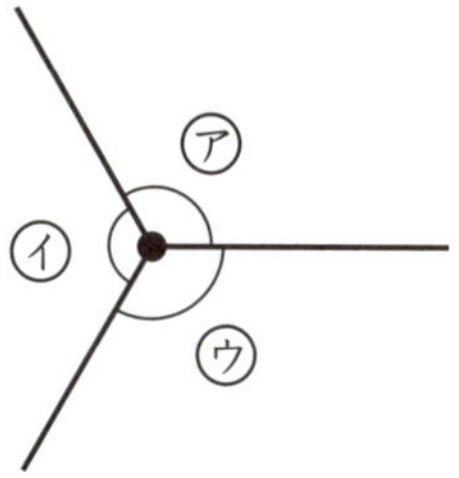

(1)　角㋑が130度(ど)，角㋒が120度(ど)のとき。(20点)

答え　　°

(2)　3つの角の大きさがすべて同じとき。(20点)

答え　　°

(3)　角㋐と角㋑を合わせた角度(ど)が270度(ど)，角㋐と角㋒を合わせた角度(ど)が190度(ど)のとき。(30点)

答え　　°

(4)　角㋐が，角㋑の2倍(ばい)の大きさで，角㋒が，角㋑の3倍(ばい)の大きさのとき。(30点)

答え　　°

リビューテスト3-①

（ふくしゅうテスト）

時間 10分　合格点 70点　点

1 次のかけ算をしなさい。（1つ4点・16点）

① 37 × 26

② 58 × 60

③ 426 × 24

④ 804 × 493

2 □にあてはまる数を入れなさい。（1つ4点・24点）

① 2kg=□g

② 8000g=□kg

③ 10kg700g=□g

④ 15000g=□kg

⑤ 950g+460g=□g=□kg□g

⑥ 4kg−1kg200g=□g=□kg□g

3 次の形の名前を答えなさい。（1つ4点・16点）

①

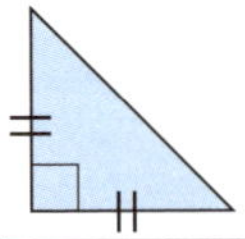

答え

②

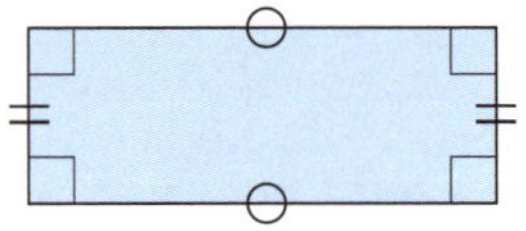

答え

③

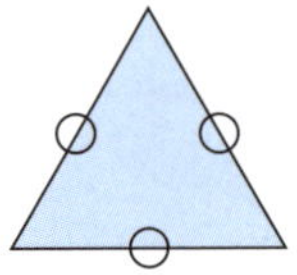

答え

④

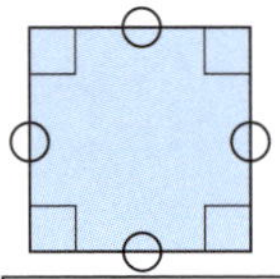

答え

4 640×50=32000を使って，次のかけ算の答えを書きなさい。（1つ4点・16点）

① 64×50

② 640×500

③ 64×500

④ 64×5

5 動物園に入るのに，子どもは1人250円，大人は1人500円かかります。では子ども12人と大人7人では，いくらかかりますか。（8点）

【式】

答え

6 1組の三角定規を右のように組み合わせました。㋐と㋑の角度を計算でもとめなさい。（1つ5点・10点）

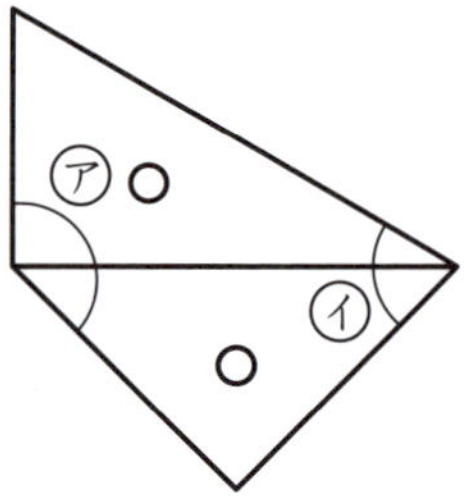

【式】

答え　㋐…　㋑…

7 右の図のように，それぞれの辺の長さをじゅんに半分ずつにした正方形が3つあります。アの長さを56cmとすると，3つならべた正方形のまわりの長さは，何cmですか。（10点）

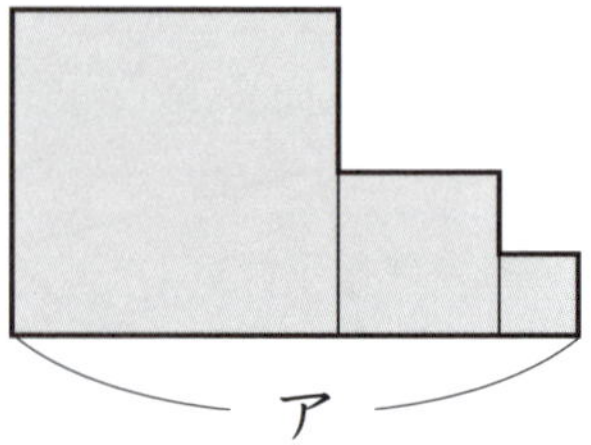

【式】

答え

リビューテスト 3-②
（ふくしゅうテスト）

時間 10分　合格点 70点　点

1 下の図には，次の形は，全部でいくつありますか。（1つ6点・24点）

①
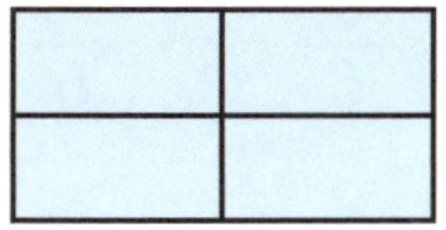

②
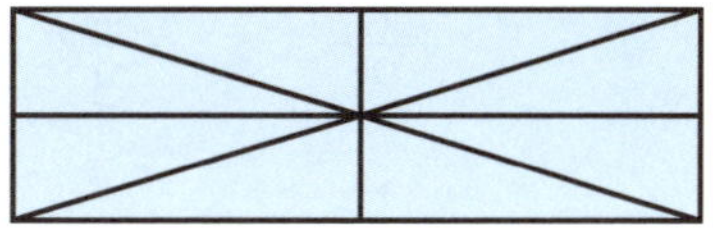

正方形…□こ　　二等辺三角形…□こ

長方形…□こ　　直角三角形……□こ

2 □にあてはまる数を入れなさい。（1つ5点・10点）

① 30×90=□×□×10×10=□×100

② 400×70=□×□×100×10=28×□

3 右のような箱を開いた図をかきました。

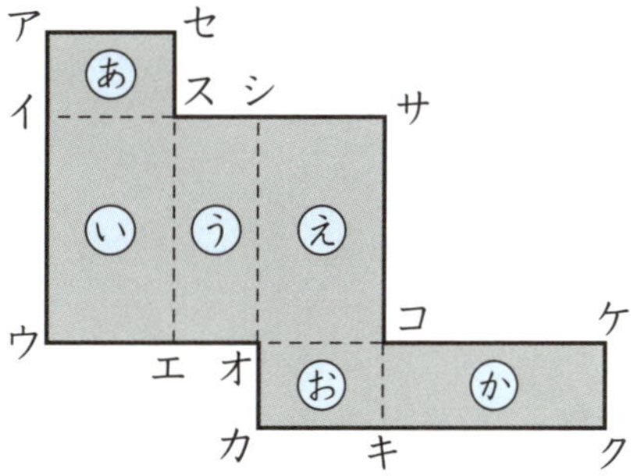

(1) 組み立てたとき，次の面と向かい合う面は，どれですか。（1つ4点・12点）

あ→□　い→□　う→□

(2) 組み立てたとき，次のちょう点と重なるちょう点を答えなさい。（1つ6点・12点）

ウ→□　ア→□

4 次のアとイの角度を計算でもとめなさい。（1つ5点・10点）

①
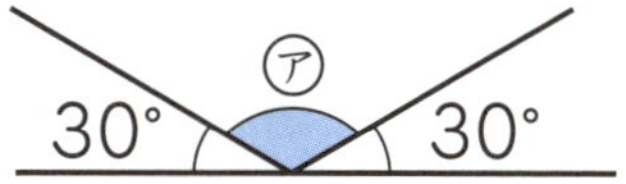

答え □°

②
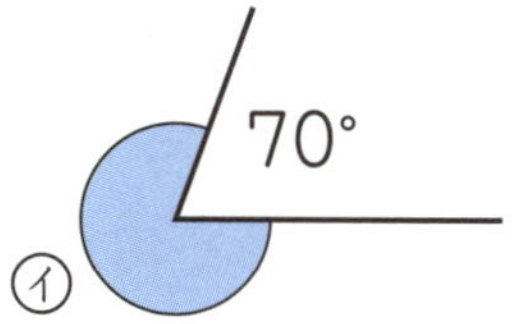

答え □°

5 次の3つの長さは，三角形の3辺の組を表しています。三角形がかけるものには○を，かけないものには×をつけなさい。（1つ3点・12点）

① □ 3cm，4cm，5cm　② □ 7cm，7cm，7cm

③ □ 9cm，4cm，5cm　④ □ 12cm，18cm，5cm

6 同じ重さのえん筆10本を，筆箱に入れて重さをはかると，240gでした。筆箱からえん筆を7本ぬいて，筆箱の重さをはかると，177gでした。筆箱だけの重さは，何gですか。（10点）

【式】

答え □

7 右の図で，□の部分に，あ～けのどの正方形を1つくわえると，さいころの開いた図になりますか。正しいものをすべてえらび，記号で答えなさい。（10点）

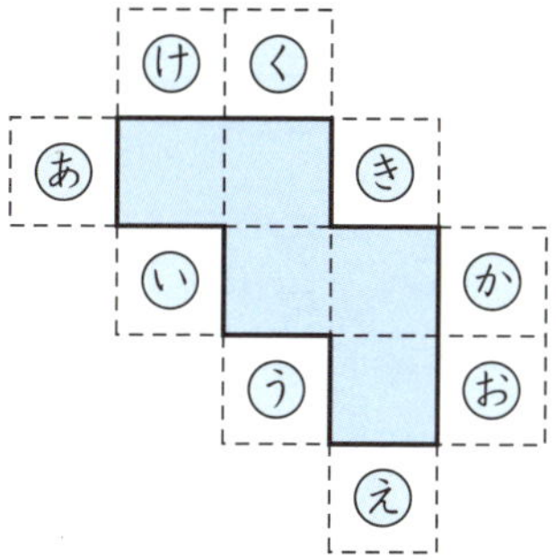

答え □

テスト 61 標準レベル Ⅰ

⑯分　数

時間 10分　合格点 80点　点

もとにする大きさ(Ⅰとして)を，△等分したⅠつを$\frac{1}{\triangle}$，2つ，3つあつめたものを$\frac{2}{\triangle}$，$\frac{3}{\triangle}$というように表します。分子や分母が同じ分数の大小関係やたし算・ひき算ができるようにします。

1 次(つぎ)の長方形や円などは，Ⅰを表(あらわ)しています。青くぬったところの大きさを分数で表(あらわ)しなさい。（Ⅰつ4点・24点）

①
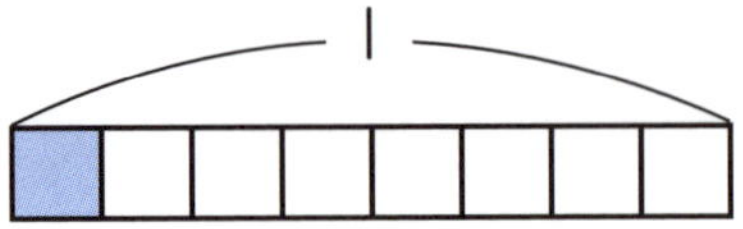

答え［　　］

②
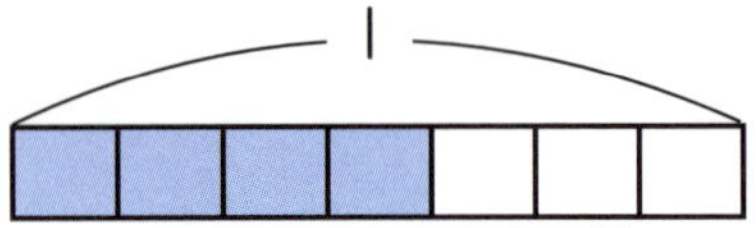

答え［　　］

③
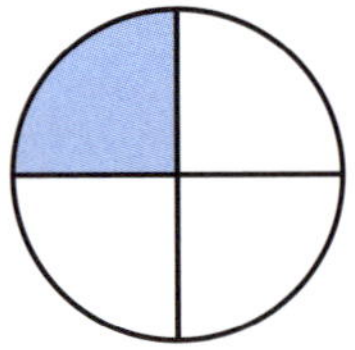
答え［　　］

④
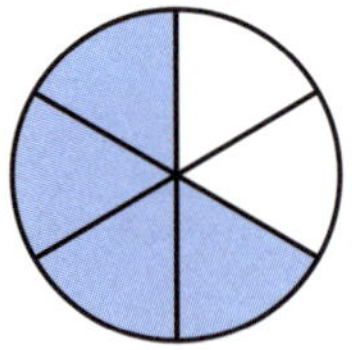
答え［　　］

⑤
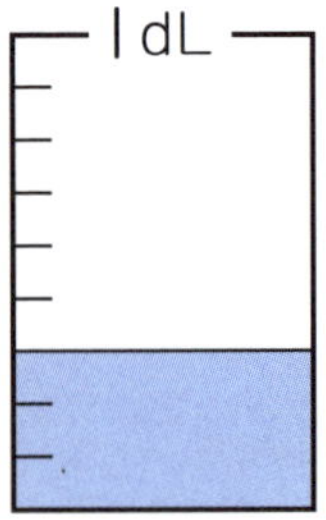

答え［　　］dL

⑥
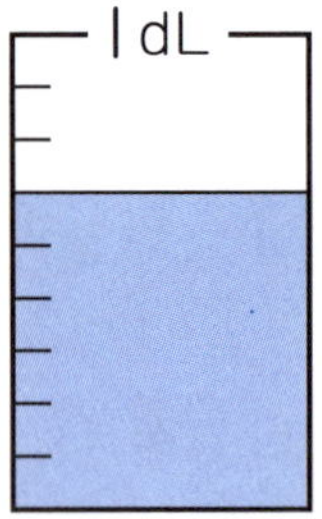

答え［　　］dL

2 次(つぎ)の［　　］にあてはまる数を書きなさい。（Ⅰつ4点・12点）

① $\frac{2}{3}$は，$\frac{1}{3}$を［　　］つ集(あつ)めた数です。

② $\frac{5}{5}$mは，ちょうど［　　］mです。

③ ⅠdLを6つに等(ひと)しく分けたⅠつ分は，［　　］dLです。

3 大きい方を○でかこみなさい。（Ⅰつ5点・20点）

① ($\frac{1}{3}$ ・ $\frac{2}{3}$)　② ($\frac{5}{6}$ ・ $\frac{4}{6}$)

③ ($\frac{1}{6}$ ・ 0)　④ ($\frac{9}{10}$ ・ Ⅰ)

4 次(つぎ)の計算をしなさい。（Ⅰつ4点・24点）

① $\frac{1}{4}+\frac{2}{4}$　② $\frac{4}{7}+\frac{2}{7}$　③ $\frac{6}{9}+\frac{3}{9}$

④ $\frac{6}{8}-\frac{5}{8}$　⑤ $\frac{9}{10}-\frac{6}{10}$　⑥ $1-\frac{1}{5}$

5 ⅠLのジュースを5つのコップに等(ひと)しいかさになるように分けました。Ⅰつのコップに入っているジュースは，何Lですか。（10点）

答え［　　］

6 まさ子さんは，Ⅰmのひものうち，$\frac{8}{10}$mを使(つか)いました。のこったひもの長さは，何mですか。（10点）

【式(しき)】

答え［　　］

テスト 62 標準レベル 2

⑯ 分　数

時間 10分　合格点 80点　　点

1 次の分数の大きさをえん筆でぬりなさい。（1つ4点・24点）

① $\frac{2}{6}$

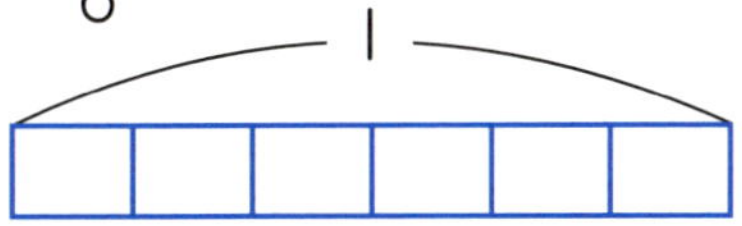

② $\frac{5}{9}$m

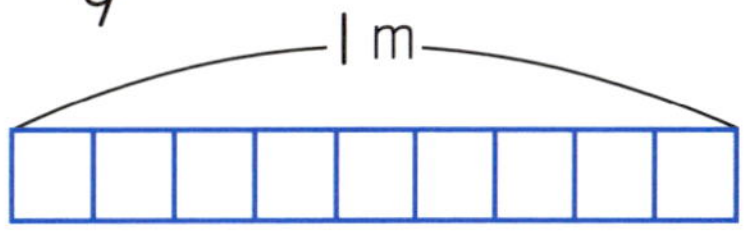

③ $\frac{2}{5}$　④ $\frac{7}{8}$　⑤ $\frac{4}{5}$L　⑥ $\frac{3}{10}$L

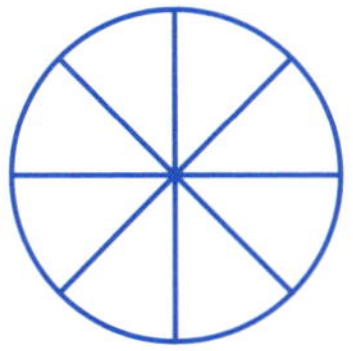

〔全体を1とします。〕

2 次の□にあてはまる数を書きなさい。（1つ4点・12点）

① □を5つ集めた数は，$\frac{5}{6}$です。

② $\frac{1}{8}$を□つ集めると，1になります。

③ 1mを□つに等しく分けた1つ分は，$\frac{1}{5}$mです。

3 長い方を○でかこみなさい。（1つ4点・16点）

① （ $\frac{7}{8}$m・$\frac{3}{8}$m ）　② （ $\frac{5}{9}$L・1L ）

③ （ 1m・$\frac{4}{5}$m ）　④ （ $\frac{3}{10}$dL・$\frac{5}{10}$dL ）

4 次の計算をしなさい。（1つ4点・24点）

① $\frac{2}{5}+\frac{3}{5}$　② $\frac{5}{8}+\frac{2}{8}$　③ $\frac{1}{3}+\frac{2}{3}$

④ $\frac{5}{7}-\frac{4}{7}$　⑤ $1-\frac{7}{8}$　⑥ $\frac{3}{6}-\frac{3}{6}$

5 ジュースを$\frac{2}{8}$dL飲みましたが，まだ$\frac{5}{8}$dLのこっています。はじめにジュースは，何dLありましたか。（8点）

【式】

答え

6 $\frac{4}{10}$mの赤いテープと，$\frac{3}{10}$mの白いテープが1本ずつあります。（1つ8点・16点）

(1) 2本のテープを合わせると，何mになりますか。

【式】

答え

(2) 赤いテープは，白いテープより何m長いですか。

【式】

答え

テスト63 ハイレベル ⑯分　数

時間 15分　合格点 70点　点

1 次の数直線で，⇧にあたる数を分数で書きなさい。（1つ3点・18点）

①

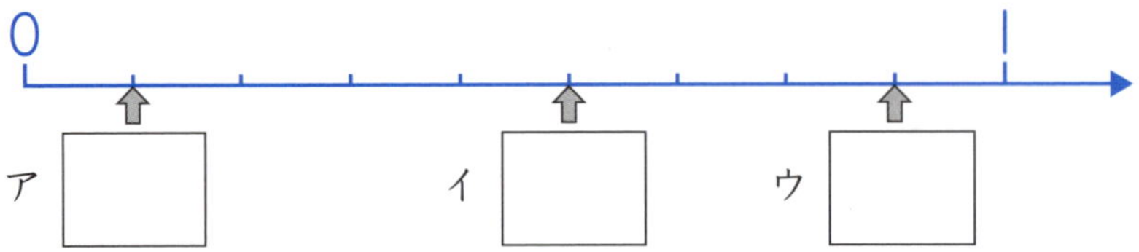

②

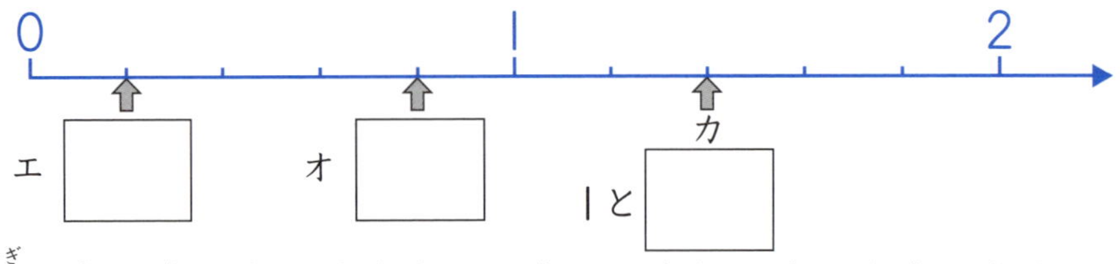

2 次の（　　）の中の数を大きいものからじゅんにならべなさい。（1つ3点・6点）

① $\left(\frac{9}{10}, \frac{3}{10}, \frac{5}{10}, \frac{1}{10}, 1 \right)$

□ ， ， ， ，

② $\left(\frac{1}{2}, \frac{1}{7}, \frac{1}{5}, \frac{9}{9}, \frac{1}{10} \right)$

□ ， ， ， ，

3 次の□にあてはまる数を書きなさい。（1つ3点・12点）

① $\frac{1}{7}$の4倍は□

② $\frac{9}{10}$mは□mの9倍

③ $\frac{1}{6}$Lの□倍は$\frac{5}{6}$L

④ □dLは$\frac{1}{8}$dLの3倍

4 次の計算をしなさい。（1つ3点・18点）

① $\frac{1}{8}+\frac{3}{8}+\frac{2}{8}$

② $\frac{3}{9}+\frac{5}{9}+\frac{1}{9}$

③ $\frac{9}{10}-\frac{3}{10}-\frac{5}{10}$

④ $1-\frac{1}{6}-\frac{3}{6}$

⑤ $\frac{2}{7}+\frac{5}{7}-\frac{3}{7}$

⑥ $\frac{6}{10}-\frac{2}{10}+\frac{4}{10}$

5 ようかんが1本あります。わたしは，1本の$\frac{3}{10}$を食べ，弟は，1本の$\frac{2}{10}$を食べました。（1つ5点・10点）

(1) わたしは，弟よりどれだけ多く食べましたか。

【式】

答え □

(2) 2人が食べたのこりは，どれだけになりましたか。

【式】

答え □

6 1mのテープをわたしは，右のはしから$\frac{1}{12}$mずつ3回切りとり，弟は，左のはしから$\frac{1}{12}$mずつ2回切りとりました。のこったテープは，何mですか。（8点）

【式】

答え

7 ペンキが1Lありました。先週，その$\frac{2}{8}$を使い，今週は，はじめの$\frac{5}{8}$を使いました。（1つ6点・12点）

(1) 今週は，先週より何L多く使いましたか。

【式】

答え

(2) 今のこっているのは，何Lですか。

【式】

答え

8 次のカードをそれぞれ1まいずつ分母か分子において分数をつくります。（1つ8点・16点）

1，2，3，4，5，6

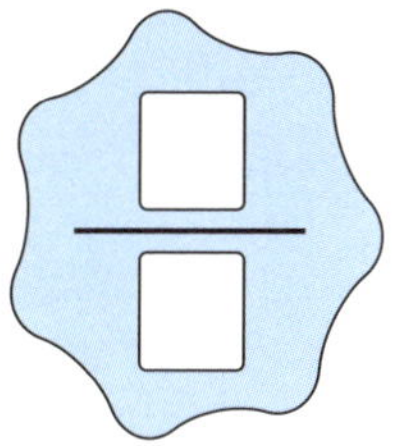

(1) いちばん小さい分数をつくりなさい。

答え

(2) $\frac{1}{2}$のほかに，$\frac{1}{2}$と同じ大きさになる分数をつくりなさい。

答え

テスト 64 最レベ 最高レベルにチャレンジ!! ⑯分　数　時間 10分　合格点 60点　点

1 （　）の中で，いちばん大きい数を答えなさい。（1つ20点・60点）

① $\left(\frac{3}{5},\ \frac{2}{5},\ \frac{3}{4}\right)$　答え

② $\left(\frac{4}{7},\ \frac{3}{8},\ \frac{3}{6}\right)$　答え

③ $\left(\frac{5}{9},\ \frac{6}{8},\ \frac{2}{5}\right)$　答え

2 長さが1mのぼうを同じ長さになるように4回切りました。1つ分のぼうの長さは，何mですか。分数で答えなさい。（20点）

答え

3 みよ子さんとたかお君の2人で，大きなケーキを全部食べました。みよ子さんは，たかお君の$\frac{2}{3}$を食べました。みよ子さんは，ケーキ全体の何分のいくつを食べましたか。図をかいて考えなさい。（20点）

答え

テスト65 標準レベル 1 ⑰小　数

時間 10分　合格点 80点　点

小数は，整数と同じように10ごとに位が上がる十進数です（分数は，十進数ではありません）。1を10等分した1つ分は，小数では0.1になります（分数では$\frac{1}{10}$です）。

1 次の数直線の↑にあたる数を小数で書きなさい。（1つ3点・12点）

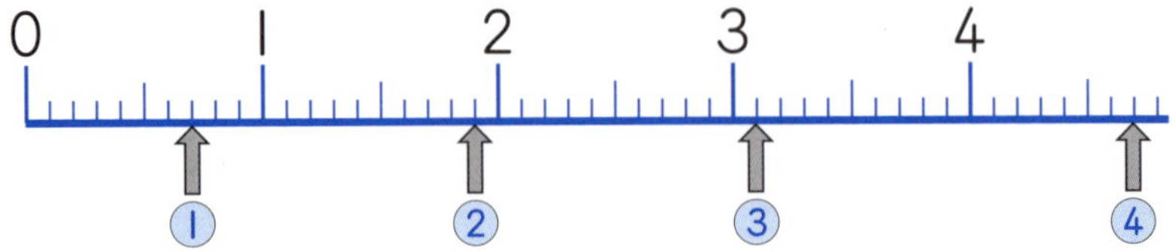

① □　② □　③ □　④ □

2 次の（　）のかさになるように色をぬりなさい。（1つ4点・12点）

①（0.1dL）　②（0.8dL）　③（1.4dL）

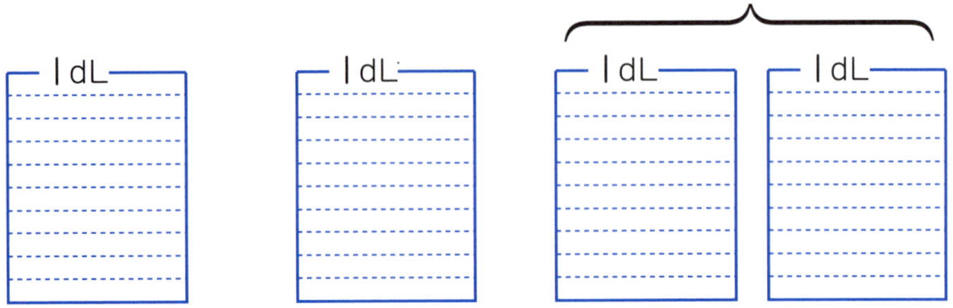

3 等しい間かくでならんでいる数があります。□にあてはまる数を書きなさい。（1つ2点・12点）

① 1.2 ― □ ― □ ― 0.9 ― 0.8 ― □

② 4.9 ― □ ― 5.1 ― □ ― 5.3 ― □

4 次の計算をしなさい。（1つ4点・24点）

① 0.1＋0.9　② 0.4＋0.5　③ 2.9＋1.7

④ 0.8−0.3　⑤ 1−0.3　⑥ 4.1−2.5

5 あつし君は，はばとびで3.1mとびました。弟は，あつし君より0.3m短かったそうです。弟は，何mとびましたか。（10点）

【式】

答え □

6 牛にゅうが，大きいコップに1.2L，小さいコップに0.5L入っています。合わせて何Lありますか。（10点）

【式】

答え □

7 算数のノートは，7.1mm，国語のノートは，5.6mmのあつさです。どちらがどれだけあついですか。（10点）

【式】

答え 　　のノートの方が　　　mmあつい。

8 5.9，3.6，6.5，3.9を大きい数からじゅんにならべかえなさい。（10点）

□ → □ → □ → □

テスト 66　標準レベル 2

⑰小　数

時間 10分　合格点 80点　　点

1 次の数直線の↓にあたる数を小数で書きなさい。（1つ4点・16点）

① (　　　)　② (　　　)　③ (　　　)　④ (　　　)

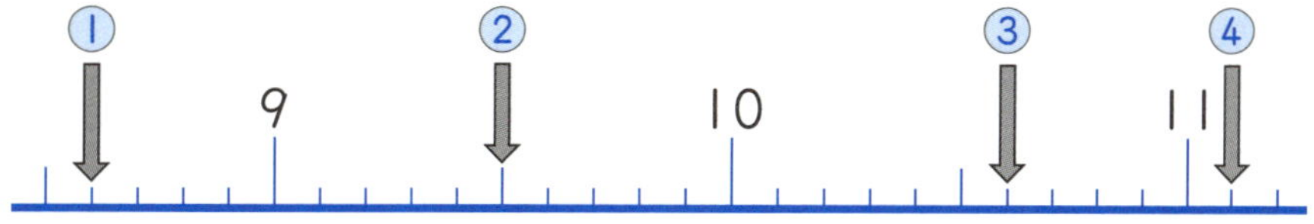

2 次の（　）のかさになるように色をぬりなさい。（1つ4点・12点）

① (0.2L)　② (0.5L)　③ (1.8L)

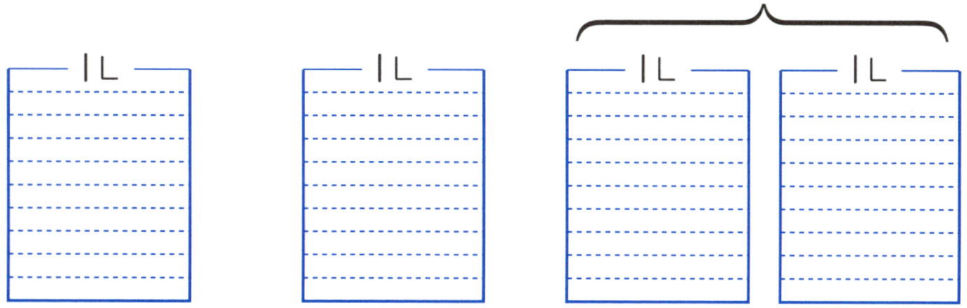

3 次の（　）にあてはまる数を書きなさい。（1つ5点・20点）

① 0.1を（　　　）倍すると，1になります。

② 0.1を（　　　）こ集めた数は，2になります。

③ 0.1を8こ集めた数は，（　　　）です。

④ 2.3は，2と（　　　）とを合わせた数です。

4 次の計算をしなさい。（1つ5点・20点）

① 0.3+1.7　② 4.4+3.8

③ 2−0.8　④ 3.1−1.5

5 まさ子さんの体重は，22.3kg，弟の体重は，18.2kgです。2人の体重を合わせると，何kgになりますか。（8点）

【式】

答え

6 12.5cmのえん筆をけずると，10.8cmになりました。けずった分の長さは，何cmですか。（8点）

【式】

答え

7 油が3.3L入ったかんがあります。1.5L使った後，0.6Lたしました。かんの中に入っている油は，何Lですか。（8点）

【式】

答え

8 長さが1.7cmずつちがうえん筆が，3本あります。いちばん長いえん筆の長さが9.3cmだとすると，いちばん短いえん筆の長さは，何cmですか。（8点）

【式】

答え

テスト 67 ハイレベル

⑰小　数

時間 15分　合格点 70点　　点

1 次(つぎ)の数直線で，⬆にあたる数を小数で書きなさい。（1つ3点・12点）

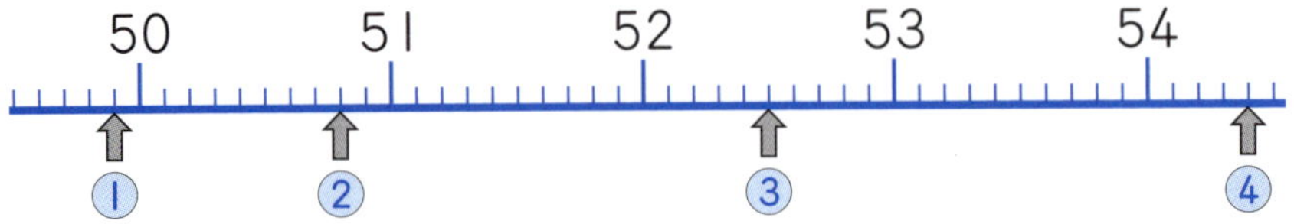

① □　② □　③ □　④ □

2 下の図は，ものさしの一部(ぶ)です。黒い線の長さは，何cmですか。（1つ3点・9点）

① □ cm

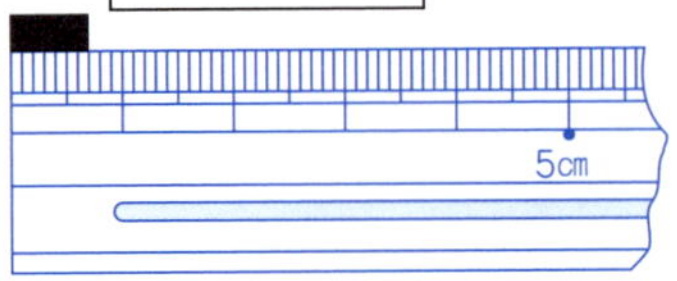

② □ cm

③ □ cm

3 大きい方を○でかこみなさい。（1つ2点・6点）

① (5.9 , 6.1)　② (1.1 , 1)　③ (0.9 , 0)

4 (　　) の数を大きいものからじゅんに書きならべなさい。（1つ4点・8点）

① (0.3 , 2.1 , 1 , 0.8) ➡ (　　,　　,　　,　　)

② ($\frac{3}{10}$, 0.1 , $\frac{9}{10}$, 0.5) ➡ (　　,　　,　　,　　)

5 次(つぎ)の計算をしなさい。（1つ4点・16点）

① 0.3+0.4+0.5　② 5.2+0.8+3.4

③ 6.5−5.6+0.9　④ 8−6.6−0.6

6 □にあてはまる数を書きなさい。（1つ3点・15点）

① 0.6 — □ — 1 — □ — 1.4 — 1.6

② 11.5 — □ — □ — □ — 9.5 — 9

③ 4.6 — □ — 4.8 — □ — 5 — 5.1

④ 1 — 1.5 — □ — □ — 3 — □

⑤ 21 — □ — □ — □ — 19 — 18.5

7 次の□にあてはまる数を書きなさい。（1つ4点・16点）

① 0.1を200こ集めた数は，□です。

② 1.9は，0.1を□こ集めた数です。

③ 5cmより0.7cm短い長さは，□mmです。

④ 1.4Lの10倍は，□dLです。

8 テープが2本あり，1本は46mmで，もう1本は5.2cmです。この2本を合わせた長さは，何cmですか。（6点）

【式】

答え □

9 きよし君の体重は，あと1.8kgで25kgになります。まさ子さんの体重は，きよし君の体重より2.2kg重いそうです。まさ子さんの体重は，何kgありますか。（6点）

【式】

答え □

10 8dL入りのジュースのびんが15本と，2.4L入りのジュースのびんが1本あります。全部合わせると，何Lになりますか。（6点）

【式】

答え □

テスト 68　最レベ　最高レベルにチャレンジ!!

⑰小　数

時間 10分　合格点 60点　□点

1 下のように，2mのテープを5まいに切り分けました。イのテープの長さは何mですか。（図は正しくはありません。）（40点）

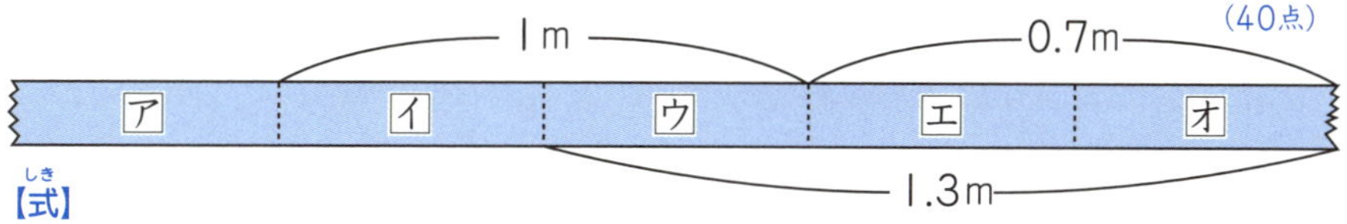

【式】

答え □

2 AとBは，10mはなれた所にあり，Aには5m30cm，Bには4m10cmのなわがついています。（1つ30点・60点）

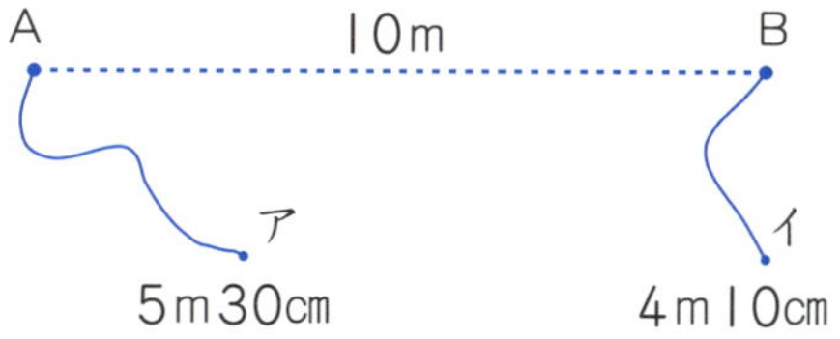

(1) なわのはしア，イがいちばんはなれたときの，アからイまでの長さは，何mですか。

【式】

答え □

(2) なわのはしア，イがいちばん近づいたときの，アからイまでの長さは，何mですか。

【式】

答え □

テスト 69 標準レベル 1

⑱円と球

時間 10分　合格点 80点　　点

●円の中心，直径，半径などの言葉を知り，円の性質を調べます。
●球の中心，直径，半径などの言葉を知り，球の性質を調べます。
●コンパスの利用の仕方を学びます。

1 □にあてはまる言葉を書きなさい。（1つ5点・20点）

① コンパスで円をかくとき，はりを立てる所は，円の □ になります。

② コンパスの開くはばを3cmにすると，かいた円の □ は，3cmになり， □ は，6cmになります。

③ コンパスの開くはばを4cmにすると，かいた円の □ から中心までのきょりは，4cmになります。

2 下のおれ線と同じ長さの直線を，コンパスを使ってかきなさい。（8点）

3 次の円をかくときに,コンパスの開くはばの長さを書きなさい。（1つ8点・16点）

① 直けいが9cmの円 □ cm □ mm

② 一辺12cmの正方形の中にきちんとはまる円 □ cm

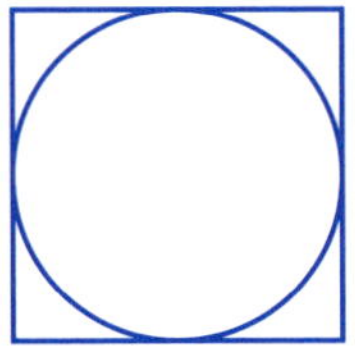

4 右の図で，いちばん長い直線はどれですか。記号で答えなさい。（8点）

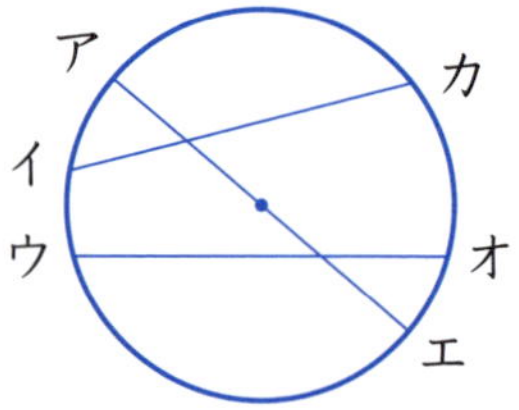

答え □

5 右の図で，正方形の一辺の長さは，いくらですか。（8点）

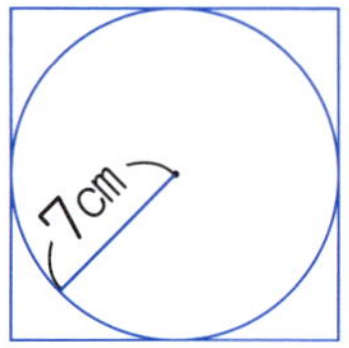

答え □

6 （　　）にあてはまる言葉を書きなさい。（1つ8点・40点）

① 球を平らに切ると，どこを切っても切り口の形は， □ になります。

② 直けい10cmの球を半分に切ると，切り口は， □ 5cmの □ になります。

③ 半けい8cmの球は，表面のどこからはかっても，球の □ までのきょりは，8cmです。

④ 球を平らに切るとき，球の中心を通るように切ったときの切り口が，いちばん □ なります。

テスト70 標準レベル 2 ⑱円と球（きゅう） 時間10分 合格点80点 　点

1 次の問題に答えなさい。（1つ10点・40点）

(1) 半けい5cmの円の直けいは，何cmですか。

答え

(2) 直けい8cmの円の半けいは，何mmですか。

答え

(3) 半けい7cm8mmの球の直けいは，何cm何mmですか。

答え

(4) 直けい1cm8mmの球の半けいは，何mmですか。

答え

2 円のまわり（円しゅう）は，直けいのおよそ3倍です。次の長さをもとめなさい。（1つ10点・20点）

① 直けい8cmの円の円しゅう

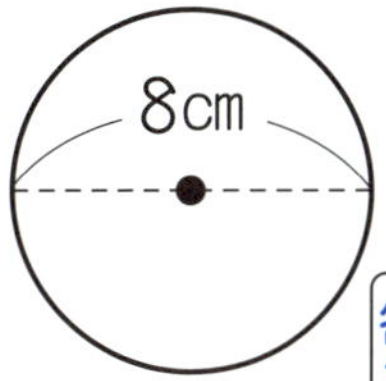

答え

② 半けい3mの円の円しゅう

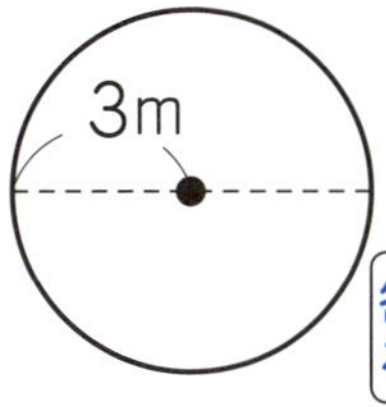

答え

3 右の図のように，大きな円の中に同じ大きさの小さな円が3つきっちりと入っています。（1つ8点・24点）

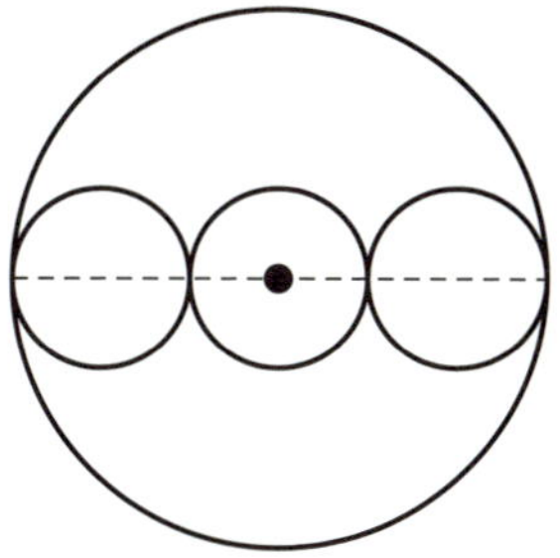

(1) 大きな円の直けいが12cmだとすると，小さな円の直けいは，何cmになりますか。

答え

(2) 小さな円の半けいが，3cmだとすると，大きな円の直けいは，何cmになりますか。

答え

(3) 小さな円の直けいが，2cmだとすると，大きな円の円しゅうは，何cmになりますか。円しゅうは，直けいのおよそ3倍としてもとめなさい。

答え

4 右の図は，直けい8cmの球をいろいろなところで切った切り口の形です。下の長さは直けいです。（1つ8点・16点）

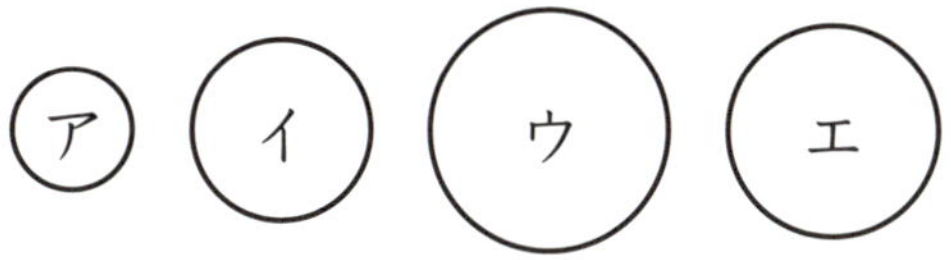

(1) 球の中心で切ったのは，どれですか。

答え

(2) 球の中心からいちばん遠いところで切ったのは，どれですか。

答え

テスト 71 ハイレベル

⑱円と球

時間 15分　合格点 70点　　点

1 右の図で，円の中心はアで，円の直けいは，14cmです。（1つ8点・16点）

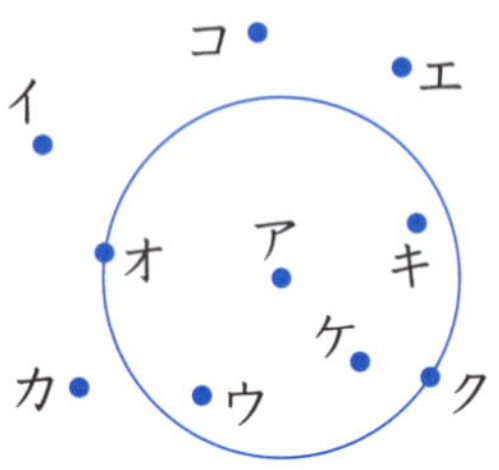

① アからのきょりが7cmより近い点を全部書きなさい。

答え

② アからのきょりが7cmより遠い点を全部書きなさい。

答え

2 右の図で，円は3つとも同じ大きさで，四角形は長方形です。（1つ8点・24点）

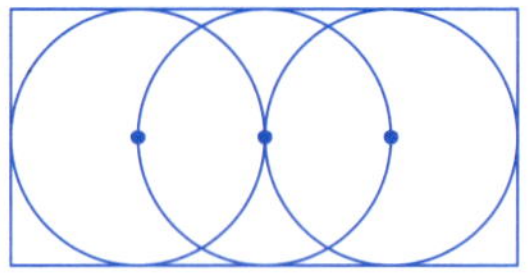

① 長方形の横の長さは，たての長さの何倍ですか。

答え

② 長方形の横の長さが12cmのとき，円の半けいは，何cmですか。

答え

③ 円の半けいが2cm5mmのとき，長方形のまわりの長さは，何cmですか。

答え

3 右の図のように，半けい5cmの4つの円がならんでいます。4つの円の中心をむすんでできる四角形のまわりの長さは，何cmですか。（10点）

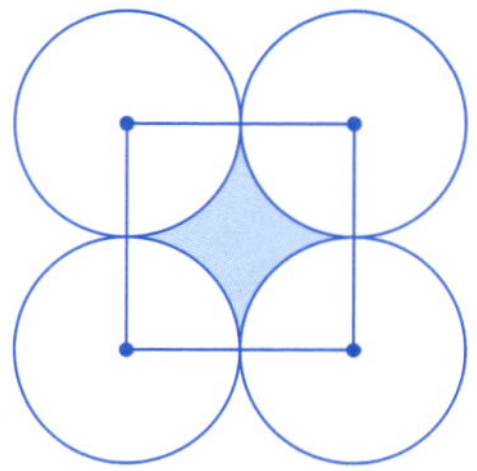

答え

4 図は，ア，イを中心とする半けい8cmの円が重なったものです。（10点）

エオの長さが4cmのとき，三角形ウアイのまわりの長さは，何cmですか。

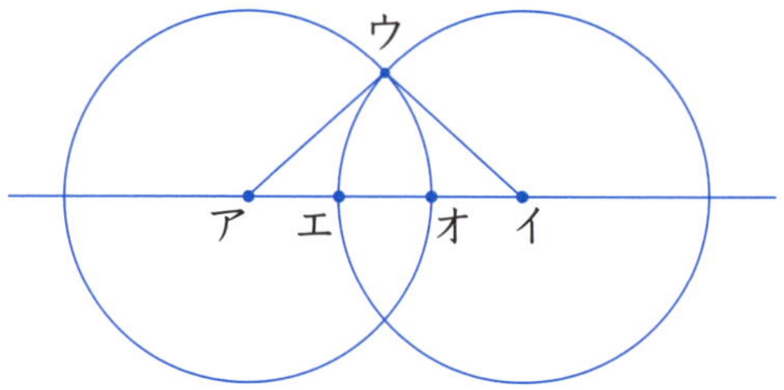

【式】

答え

5 円のまわり(円しゅう)の長さは，直けいのおよそ3倍です。では，右の図のまわりの長さは，何cmですか。（10点）
(アとイは，半けい3cmの円の中心です。)

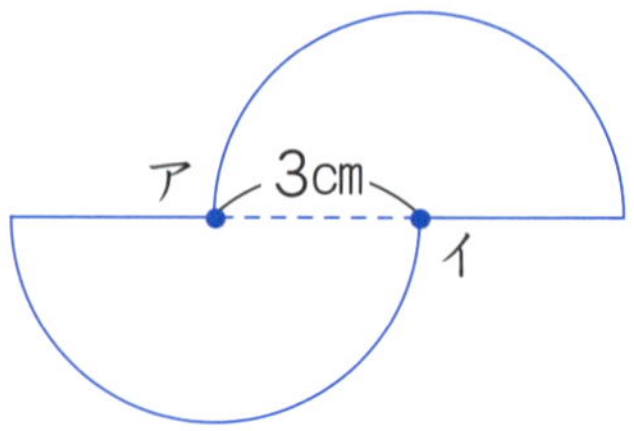

【式】

答え

6 右の図のようにまわりの長さが32cmの長方形の中に同じ大きさの円が，3つきっちりと入っています。

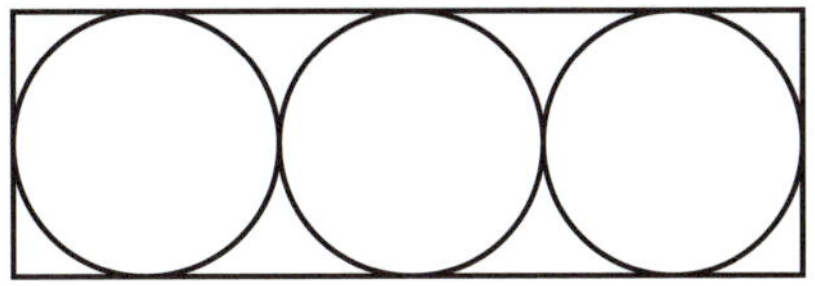

（1つ5点・10点）

(1) この円の直けいは何cmですか。

答え

(2) この円がきっちりと16こ入る正方形をかこうと思います。1辺を何cmにすればいいですか。

答え

7 直けい8cmの円から下の形を切り取りました。円しゅうは直けいのおよそ3倍として，切り取った形のまわりの長さをもとめなさい。・は円の中心です。（1つ10点・20点）

①

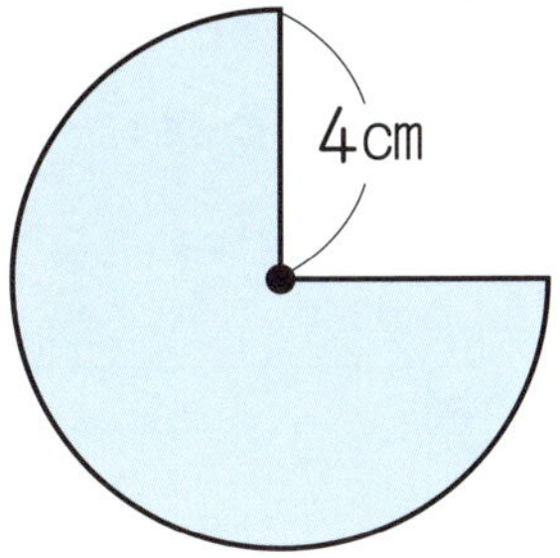

答え

②

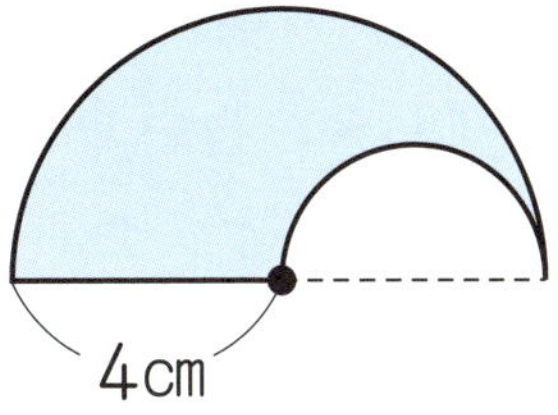

答え

テスト72 最レベ 最高レベルにチャレンジ!! ⑱円と球

時間 10分 合格点 60点 点

1 直けい8cmの大きな円にそって直けい2cmの小さな円を外がわと内がわで1しゅうさせました。このとき，小さな円の中心が，動いた長さはおよそ何cmですか。

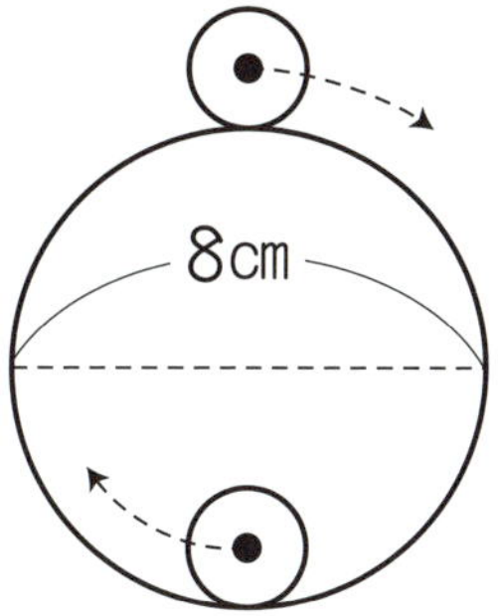

（1つ30点・60点）

(1) 外がわを1しゅうしたとき

答え

(2) 内がわを1しゅうしたとき

答え

2 直けい4cmのつつを4本下のようにならべて，ひもをかけました。結び目を考えないと，ひもの長さはおよそ何cmになりますか。（40点）

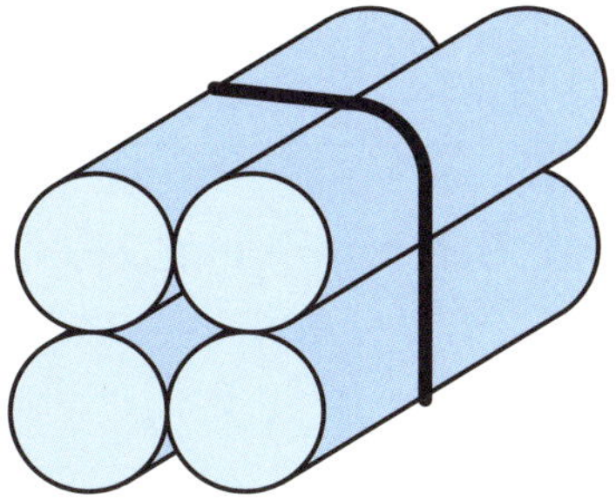

答え

テスト73　標準レベル1　⑲わり算（3）

時間 10分　合格点 80点　　点

2けたの数・3けたの数・4けたの数を1けたの数でわる計算ができるようにします。また，あまりのあるわり算ができ，その確かめもできるようにします。

1　次(つぎ)のわり算をしなさい。わり切れないときは，あまりも出しなさい。（1つ5点・30点）

① 2)74　② 3)59　③ 6)854

④ 4)300　⑤ 9)6741　⑥ 7)9985

2　98まいのおり紙があります。これを7人で同じ数ずつになるように分けます。1人分は，何まいになりますか。（10点）

【式(しき)】

答え

3　555cmのテープを3人で同じ長さになるように分けました。1人分は，何cmですか。（10点）

【式(しき)】

答え

4　3600gのお米を5人で同じ重(おも)さになるように分けました。1人分は，何gになりますか。（10点）

【式(しき)】

答え

5　1000円さつ2まいを5円玉ばかりにかえてもらうと，5円玉は，何まいになりますか。（10点）

【式(しき)】

答え

6　6240このクッキーがあります。1箱(はこ)に3こずつ入れていくと，何箱(はこ)いりますか。（10点）

【式(しき)】

答え

7　300台の自転(てん)車を1台の台車で運(はこ)びました。台車につめる自転(てん)車は，8台です。台車で何回運(はこ)びましたか。（10点）

【式(しき)】

答え

8　うるう年（366日）は，何週間と何日ありますか。（10点）

【式(しき)】

答え

テスト 74 標準レベル 2

⑲わり算（3）

時間 10分　合格点 80点　　点

1 次のわり算をしなさい。わり切れないときは，あまりも出しなさい。（1つ5点・30点）

① 3）81　　② 5）94　　③ 7）888

④ 4）700　　⑤ 6）8532　　⑥ 9）1635

2 同じボールを8こ買って，2920円はらいました。このボールは，1こ何円ですか。（10点）

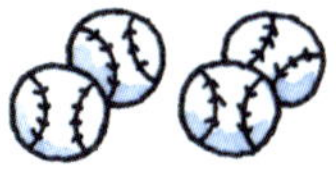

【式】

答え

3 430cmのひもから，7cmのひもをできるだけ多く取ろうと思います。7cmのひもが何本取れて，何cmあまりますか。（10点）

【式】

答え　　本取れて，　　cmある。

4 1980このみかんを6人で同じ数ずつに分けました。何こずつに分けましたか。（10点）

【式】

答え

5 たか子さんは，625円持っています。1こ5円のあめを何こ買えますか。（10点）

【式】

答え

6 ぼうが1000本あります。7本ずつたばにすると，何たばできて何本あまりますか。（10点）

【式】

答え　　たばできて，　　本あまる。

7 ひろき君の学校のせいとの数は，721人です。全部の人が4人がけのいすにすわります。4人がけのいすは，何きゃくいりますか。（10点）

【式】

答え

8 運動場で475人の小学生が，1列に8人ずつならんでいきました。でも，さい後の列だけは，3人でした。8人ずつならんでいる列は，何列ありますか。（10点）

【式】

答え

テスト75 ハイレベル

⑲わり算（3）

時間 15分 合格点 70点 　点

1 次のわり算をしなさい。わり切れないときは，あまりも出しなさい。（1つ6点・24点）

① 4）5004

② 3）2098

③ 8）7126

④ 9）6000

2 次のわり算で，□がどんな数のとき，答えが3けたになって，わり切れますか。（1つ6点・12点）

① 3）□932

② 7）□033

答え □＝

答え □＝

3 45mのテープを8cmずつに切って名ふだをつくると，名ふだは，何まいできますか。（8点）

【式】

答え

4 ジュースが3L6dLあります。9つのコップに同じかさになるように分けると，1つのコップに何mL入りますか。（8点）

【式】

答え

5 1まい4円の紙を750まい買えるお金で，1まい6円の紙を買うと，何まい買うことができますか。（8点）

【式】

答え

6 赤いテープと白いテープがあり，どちらも2m80cmです。赤いテープは8本に，白いテープは7本に，どちらも同じ長さずつになるように切りました。短くなった1本だけをくらべると，白いテープは，赤いテープよりどれだけ長いですか。（8点）

【式】

答え

7 7kg50gのねん土を，男の子5人と女の子4人で同じ重(おも)さずつに分けると，300gあまりました。1人に何gずつ分けましたか。

【式(しき)】 (8点)

答え

8 2m40cmのテープがあります。兄がその半分をもらったあと，のこりのテープの半分を弟がもらいました。そして，妹がさい後にのこったテープの半分をもらいました。妹がもらったテープは，何cmですか。 (8点)

【式(しき)】

答え

9 ある年の1月1日は日曜日でした。では，その年に日曜日は，何回ありましたか。（1年は，365日あります。） (8点)

【式(しき)】

答え

10 100円玉と50円玉と10円玉と5円玉が，30まいずつあります。このお金を9人で同じ金がくになるように分けると，1人分は，何円になりますか。 (8点)

【式(しき)】

答え

テスト76 最レベ 最高レベルにチャレンジ!!

⑲わり算（3）

時間 10分　合格点 60点　　点

1 □にどの数を入れると，わり切れますか。 (1つ15点・60点)

① 18□÷2

答え

② 273□÷5

答え

③ 7□2÷3

答え

④ 370□÷4

答え

2 兄は6800円，弟は2660円持(も)っています。兄が弟に何円あげると，2人のお金が同じになりますか。 (20点)

【式(しき)】

答え

3 白いテープが3mあります。はしから赤，青，緑(みどり)のじゅんに6cmずつ色をぬっていきます。さい後の6cmは，何色でぬりますか。 (20点)

【式(しき)】

答え

テスト 77　標準レベル 1

⑳ 等号・□を使った式

時間 10分　合格点 80点　　点

●等号の意味を理解し，正しく使えるようにします。
●未知数を□で表して，式がかけるようにします。
●□を使った式から，□の数を求めることができるようにします。

1 □の左と右の大きさが同じときは＝を，ちがうときは×を□に書きなさい。（1つ4点・32点）

① 7＋5 □ 13　　② 8 □ 15−7

③ 2×2 □ 2＋2　　④ 5÷5 □ 5−5

⑤ 8−2 □ 8÷2　　⑥ 9×0 □ 10×0

⑦ 9 □ 3×2＋3　　⑧ 8 □ 10−2×4

2 0から9までの数の中で，□にあてはまる数を全部書きなさい。（1つ8点・24点）

① □は，5より大きく，9より小さい数です。

答え

② □に3をかけると，10より小さい数になります。

答え

③ □に7をかけると，61より5小さい数になります。

答え

3 次の□にあてはまる数を書きなさい。（1つ3点・24点）

① 120＋□＝253　　② □＋58＝120

③ □−82＝98　　④ 105−□＝15

⑤ □×7＝56　　⑥ 6×□＝120

⑦ □÷5＝7　　⑧ 72÷□＝9

4 次の事がらを表す式を，□を使って書きなさい。（1つ5点・20点）

① えん筆が□本あります。6本もらったので，全部で18本になりました。

答え

② おこづかいが700円あります。□円使ったので，550円になりました。

答え

③ 紙が180まいあります。□人で分けると，1人20まいずつになりました。

答え

④ 1こ□円のりんごを7こ買って，1000円出すと，おつりが790円でした。

答え

テスト 78 標準レベル 2

⑳ 等号・□を使った式

時間 10分 合格点 80点 点

1 □にあてはまる数を書きなさい。（1つ4点・32点）

① □＋43＝59　　② 27＋□＝116

③ □－48＝17　　④ 921－□＝164

⑤ 7×□＝231　　⑥ □×8＝136

⑦ 56÷□＝8　　⑧ □÷4＝15

2 次の事がらを表す式で正しい方に○をつけなさい。（1つ10点・20点）

(1) 4に2をたした数に5をかけた答えは，8に4をかけて2をひいた答えと等しい。

㋐ □ 4＋2×5＝8×4－2

㋑ □ (4＋2) ×5＝8×4－2

(2) 48を8でわった数に2たした答えは，48を4と2をたした数でわった答えと等しい。

㋐ □ 48÷8＋2＝ (48＋4) ÷2

㋑ □ 48÷8＋2＝48÷ (4＋2)

3 図を見て，□を使った式を書き，□にあてはまる数を書きなさい。（1つ8点・16点）

①

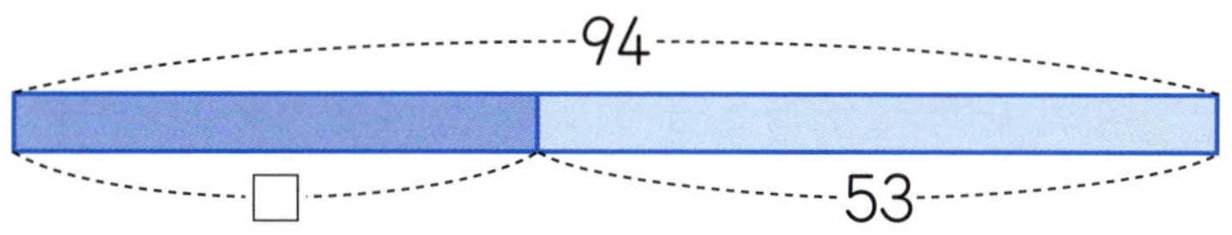

【式】

答え □

②

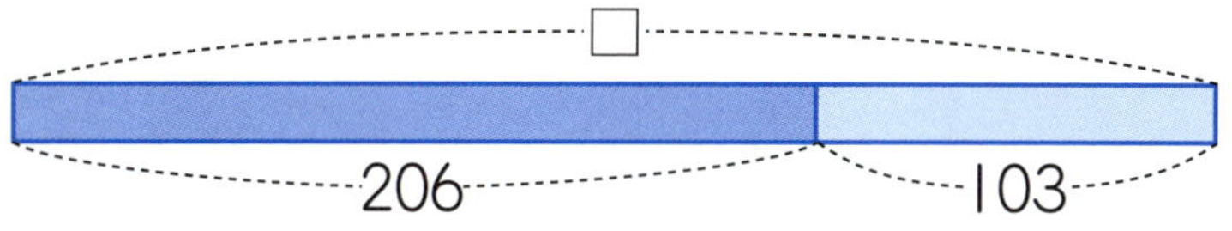

【式】

答え □

4 ある数を□として式を書き，ある数を書きなさい。（1つ8点・32点）

① ある数に32をたすと，68になります。

【式】

答え □

② 230からある数をひくと，79になります。

【式】

答え □

③ 6にある数をかけると，96になります。

【式】

答え □

④ ある数を8でわると，42になります。

【式】

答え □

⑳ 等号・□を使った式

時間 15分　合格点 70点　　点

1 □にあてはまる数を書きなさい。（1つ3点・12点）

① $134+28+\square=200$

② $373-17-\square=307$

③ $4+3\times\square=19$

④ $20-12\div\square=16$

2 □にあてはまる数を書きなさい。（1つ3点・18点）

① $\square+301=295+46$　② $1236-95=48+\square$

③ $\square-76=28\times3$　④ $102\div3=54-\square$

⑤ $\square\times5=3600-400$　⑥ $2560\div4=8\times\square$

3 □の左と右の大きさが同じときは＝を，ちがうときは×を□に書きなさい。（1つ3点・12点）

① $50-19+7\ \square\ 40-13+11$

② $2\times3\times4\ \square\ 3\times3\times3$

③ $8\times2\times3\ \square\ 2\times3\times8$

④ $81\div9\div3\ \square\ 64\div8\div4$

4 次の□にあてはまる＋，－，×，÷の記号を書きなさい。（1つ4点・24点）

① $10\ \square\ 2=8$　② $10\ \square\ 2=12$

③ $2\ \square\ 10=20$　④ $10\ \square\ 2=5$

⑤ $10\ \square\ 2\ \square\ 2=40$　⑥ $10\ \square\ 2\ \square\ 2=3$

5 □にあてはまる数をもとめなさい。（1つ4点・8点）

① $46+\square\div9=53$　　□＝（　　　）

② $\square\div7\times6=12$　　□＝（　　　）

6 図を見て，□を使った式を書き，□の数を書きなさい。（1つ3点・6点）

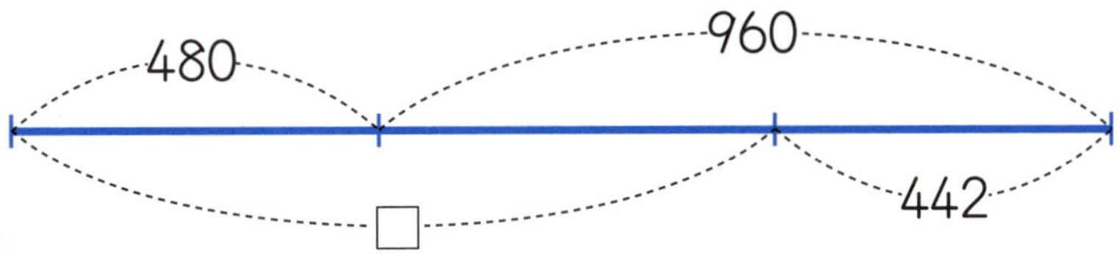

【式】

答え

7 □にあてはまる数を書きなさい。（1つ3点・12点）

① 2×□−2=10　　□＝（　　　）

② 3×□+3=15　　□＝（　　　）

③ 24÷□+1=7　　□＝（　　　）

④ 5+7×□=61　　□＝（　　　）

8 次の事がらを等号(=)を使った式で書きなさい。（1つ4点・8点）

① 13から7をひいた答えと，2に3をかけた答えは，等しい。

答え

② 3に5をかけた答えと，6に9をたした答えは，等しい。

答え

テスト 80　最レベ　最高レベルにチャレンジ!!

⑳ 等号・□を使った式

時間 10分　合格点 60点　点

1 次の左と右の□には同じ数が入ります。1から9までの数の中で，□にあてはまる数を書きなさい。（1つ10点・40点）

① 4×□=9+□　　□＝（　　　）

② 2×□=□+4　　□＝（　　　）

③ 12−□=4+□　　□＝（　　　）

④ 2×□=24−2×□　　□＝（　　　）

2 次の式が正しい式になるように（　）を1つつけなさい。（1つ20点・60点）

① 85 + 15 − 74 − 70 = 96

② 90 − 3 + 5 × 6 = 57

③ 53 − 35 − 20 ÷ 5 × 2 = 26

リビューテスト 4-①
（ふくしゅうテスト）

時間 10分　合格点 70点　　点

1 次の計算をしなさい。（1つ3点・18点）

① $\frac{2}{5}+\frac{1}{5}$　② $\frac{3}{10}+\frac{4}{10}$　③ $\frac{7}{15}+\frac{8}{15}$

④ $\frac{6}{7}-\frac{2}{7}$　⑤ $1-\frac{5}{12}$　⑥ $\frac{7}{9}-\frac{1}{9}$

2 □にあてはまる数を入れなさい。（1つ3点・18点）

① □＋124＝356　② 428－□＝164

③ □－434＝773　④ 42÷□＝7

⑤ □×9＝108　⑥ □÷4＝16

3 □にあてはまる数を入れなさい。（1つ3点・12点）

① 0.5 ― 0.9 ― □ ― 1.7 ― □ ― 2.5

② 13 ― □ ― 9.6 ― 7.9 ― □ ― 4.5

4 次の事がらを，等号（＝）を使った式で書きなさい。（10点）

12から7をひいた数を7倍した答えと，26に9をたした答えは等しい。

答え

5 右の図のように，正方形の中にきっちり入る円をかきました。正方形のまわりの長さが36cmだとすると，円の円しゅうは，何cmになりますか。（10点）

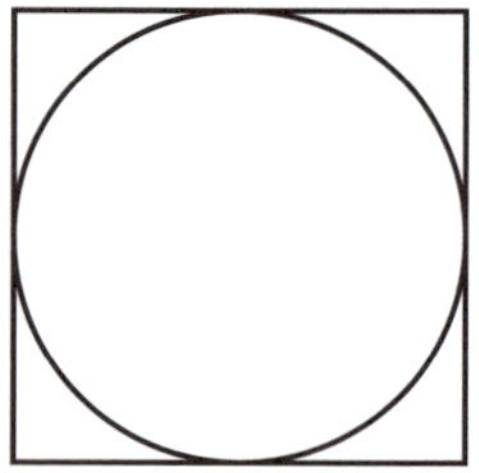

【式】

答え

6 1562人の生とが，4人がけの長いすにすわっていきます。みんながすわるには，長いすは何きゃくいりますか。（10点）

【式】

答え

7 次のわり算で，□がどんな数のとき，答えが3けたで，わり切れますか。あてはまる数をすべて書きなさい。（10点）

6）□734

□＝

8 全体を1とすると，■のところを分数で表しなさい。（1つ6点・12点）

①

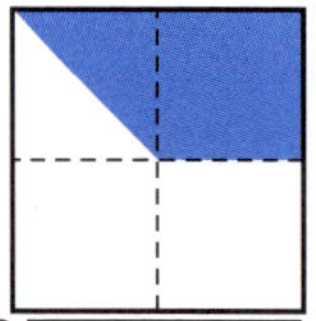

答え

②

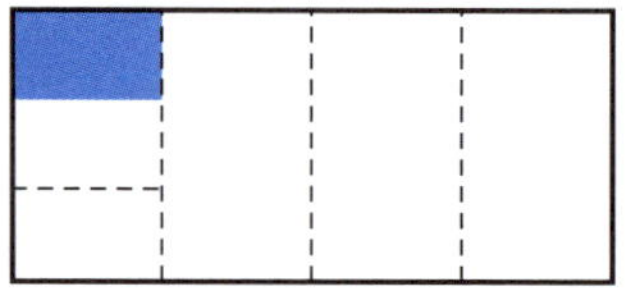

答え

リビューテスト 4-②
（ふくしゅうテスト）

時間 10分　合格点 70点　　点

1 次(つぎ)の計算をしなさい。（1つ4点・24点）

① 0.5＋0.9　② 1.7＋2.8　③ 7.5＋6.4

④ 0.9－0.4　⑤ 2－1.6　⑥ 12.1－5.6

2 次(つぎ)のわり算をしなさい。わり切れないときは，あまりも出しなさい。（1つ4点・12点）

① 4）76　② 6）629　③ 3）7254

3 カステラが1本あります。朝に$\frac{1}{8}$を食べ，昼に$\frac{2}{8}$を食べました。のこりは，どれだけですか。（10点）

【式(しき)】

答え

4 $\frac{4}{7}$より大きい分数を，○でかこみなさい。（10点）

$\frac{1}{7}$，$\frac{4}{5}$，$\frac{4}{8}$，$\frac{5}{7}$，$\frac{4}{9}$，$\frac{4}{10}$

5 次(つぎ)のカードをそれぞれ1まいずつ分母か分子において，分数をつくります。（1つ8点・16点）

［1］［2］［3］［6］［8］［9］　　$\frac{?}{?}$

(1) いちばん小さい分数をつくりなさい。　答え

(2) $\frac{1}{3}$のほかに，$\frac{1}{3}$と同じ大きさになる分数をつくりなさい。

答え

6 次(つぎ)の□にあてはまる＋，－，×，÷の記号(きごう)を入れなさい。（1つ4点・16点）

① 3□10＝30　② 15□3＝5

③ 20□5□2＝10　④ 6□3□2＝4

7 下の図のまわりの長さをもとめなさい。●は円の中心です。（1つ6点・12点）

①

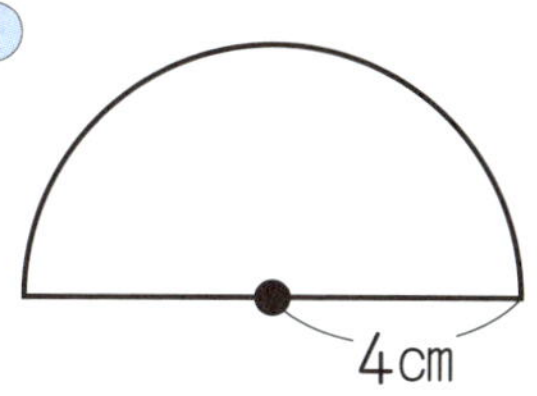

答え　cm

②

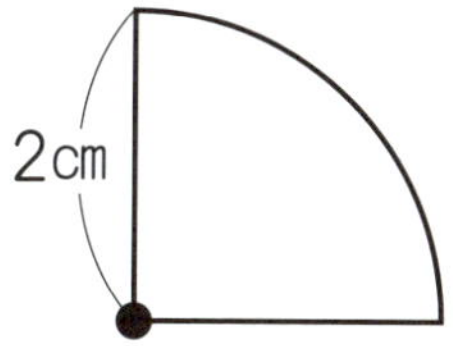

答え　cm

テスト81 標準レベル 1

㉑文章題特訓（1）

時間 10分　合格点 80点　　点

●植木算・消去算について様々な文章題の練習をします。

1 りんごを1こととみかんを2こ買うと，330円で，りんごとみかんを2こずつ買うと，540円だそうです。
りんごとみかんは，それぞれ1こ何円ですか。

（1つ10点・20点）

【式】

答え
りんご…
みかん…

2 算数の教科書4さつと国語の教科書2さつの重さを計ると，全部で1738gになりました。算数の教科書を1さつへらして重さを計ると，1466gになりました。それぞれの教科書1さつの重さは，何gですか。（1つ10点・20点）

【式】

答え
算数…
国語…

3 じゃがいもを5こと玉ねぎを3こ買うと，584円です。玉ねぎをあと2こ多く買うと，全部で780円になりました。じゃがいもと玉ねぎは，それぞれ1こ何円ですか。（1つ10点・20点）

【式】

答え
じゃがいも…
玉ねぎ……

4 川にそって3mおきに28本の木が植えてあります。木のはしからはしまでは，何mありますか。（10点）

【式】

答え

5 白いハンカチが35まい重ねてあります。この白いハンカチ1まい1まいの間に黄色いハンカチを10まいずつはさんでいくと，ハンカチは全部で何まいになりますか。（15点）

【式】

答え

6 道にそって0.8mおきに50本のくいがうってあります。くいのはしからはしまでは，何m何cmありますか。（15点）

【式】

答え

テスト 82　標準レベル 2

㉑ 文章題特訓（1）

時間 10分　合格点 80点　　点

1 赤，青，白，黄色のボールがあります。同じ色のボールは，すべて同じ重さです。（1つ15点・60点）

(1) 赤いボール8こと青いボール9こを100gの箱に入れて重さを計ると，502gになりました。次に，赤いボールを1こへらして重さを計ると，472gになりました。赤と青のボールは，それぞれ1こ何gですか。

【式】

答え　赤いボール…

青いボール…

(2) 白いボール5こと黄色いボール8こを150gの箱に入れて重さを計ると，563gになりました。次に，黄色いボールを4こふやして重さを計ると，667gになりました。白と黄色のボールは，それぞれ1こ何gですか。

【式】

答え　白いボール……

黄色いボール…

2 部屋のかべにそって，横の長さが0.3mの紙を，下のようにはっていきました。紙と紙の間と紙とかべのはしの間を18cmずつあけてはると，ちょうど10まいはることができました。かべのはしからはしまでは，何cmありますか。（20点）

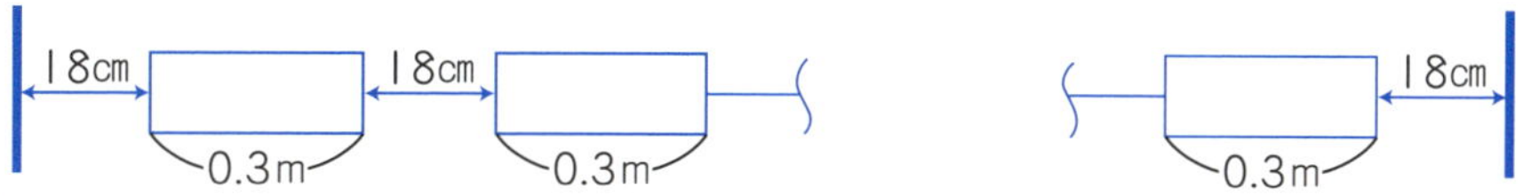

【式】

答え

3 長さ6cmのテープを，下のようにのりしろを1cmずつにしてつなぎます。（1つ10点・20点）

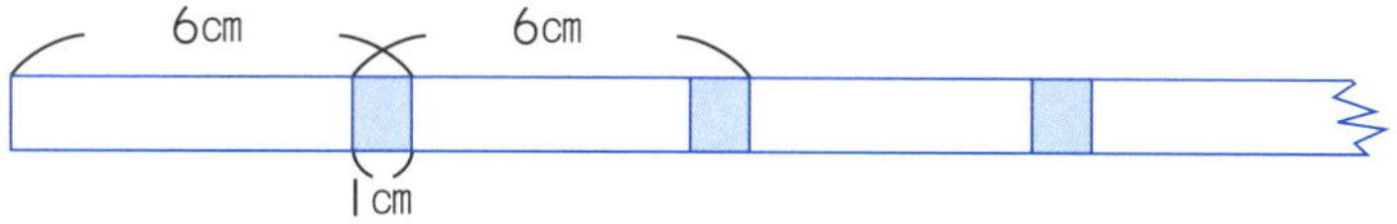

(1) テープを8まいつなぐと，全体の長さは，何cmになりますか。

【式】

答え

(2) つないだテープの長さが56cmになるのは，何まいつないだときですか。

【式】

答え

テスト83 ハイレベル

㉑文章題特訓（1）

時間 15分　合格点 70点　点

1 みかん5ことりんご2こで310円で，同じみかん3ことりんご2こで250円です。みかん1ことりんご1このねだんをそれぞれもとめなさい。（10点）

【式】

答え　みかん…　りんご…

2 長さ9cmのテープ8まいをのりしろを何cmずつかにしてつなぐと，58cmになりました。のりしろを何cmずつにしてつなぎましたか。（10点）

【式】

答え

3 たて100m，横200mの長方形の土地があります。この土地のまわりに5mおきに木を植えます。木は全部で何本いりますか。ただし，かどにはかならず木を植えます。（15点）

【式】

答え

4 水が入った水そうの重さは2.6kgありました。水そうの水を半分すてて重さを計ると，1800gでした。（1つ10点・20点）

(1)　はじめに何gの水が入っていましたか。

【式】

答え

(2)　水そうだけの重さは，何gですか。

【式】

答え

5 はばが8mのかべがあります。このかべにはばが80cmのがくを7まいかけます。かべのりょうはしとがくの間，がくとがくの間を全部同じ長さにするには何cmずつにすればよいですか。（15点）

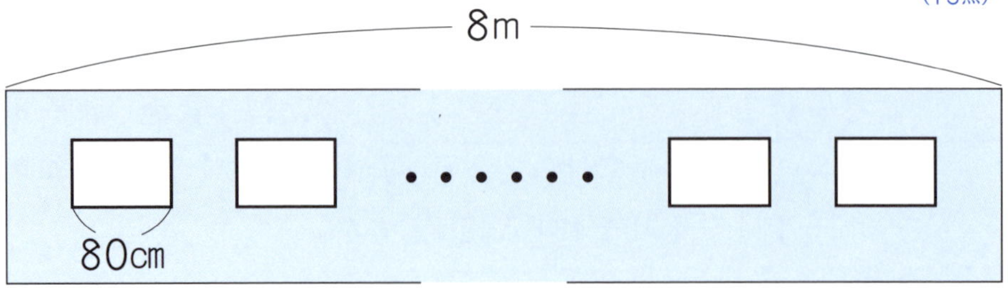

【式】

答え

6 5mずつ間をあけて20本のはたを|列に立てました。

（|つ10点・30点）

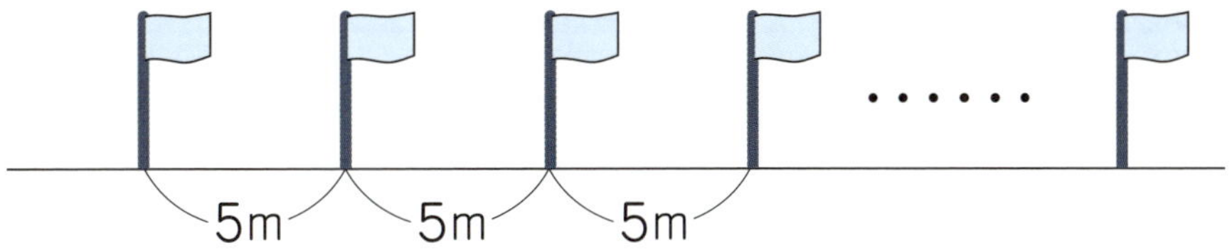

（|） 左から3番目のはたと左から|2番目のはたの間は，何mありますか。

【式】

答え

（2） 左はしのはたから35mはなれたところにあるはたは，左から数えて何番目のはたですか。

【式】

答え

（3） 左から6番目のはたと右から4番目のはたの間は，何mありますか。

【式】

答え

テスト84 最レベ 最高レベルにチャレンジ!!

㉑文章題特訓（1）

時間 10分　合格点 60点　点

1 えん筆5本のねだんは，筆箱|つのねだんより80円安く，えん筆|本と筆箱|つのねだんを合わせると，560円です。えん筆|本，筆箱|つのねだんをそれぞれもとめなさい。

（|つ30点・60点）

【式】

答え　えん筆…　筆箱…

2 長さ3mの木を50cmずつに切り分けます。|回切るのに8分かかり，毎回切り終わるごとに2分ずつ休みます。切り始めてから全部を切り終わるまで何分かかりますか。（40点）

【式】

答え

テスト85 標準レベル I

㉒文章題特訓（2）

時間 10分　合格点 80点　　点

●様々な文章題を練習をします。

1 あめをみゆきさんは92こ，さと子さんは64こもっています。みゆきさんからさと子さんに何こあげると，2人のあめの数は同じになりますか。（15点）

【式】

答え

2 たか子さんは3600円，妹は2200円のおこづかいを持っています。たか子さんが妹より400円多くなるようにするには，たか子さんは妹に何円わたせばよいですか。（20点）

【式】

答え

3 駅に，荷物が3000こ着きました。1回に，2人が4こずつ運びます。全部を運び終わるには，何回かかりますか。（15点）

【式】

答え

4 辺の長さが6cmずつちがう三角形があります。そのまわりの長さが78cmです。いちばん長い辺の長さは何cmですか。（20点）

【式】

答え

5 白と黒のご石が合わせて400こあります。白いご石は黒いご石の7倍あります。それぞれのご石の数は何こですか。（15点）

【式】

答え　白…

黒…

6 5人の子どもに，カステラを2つずつわたします。1つ何円のカステラにすれば，全部で1900円になりますか。（15点）

【式】

答え

テスト86 標準レベル2

㉒文章題特訓（2）

時間 10分 合格点 80点 　点

1 まり子さんは10000円持ってくだもの屋に行き，１こ300円のりんごと１こ500円のメロンを買いました。りんごの数はメロンよりも6こ多く，両方で20こでした。（1つ10点・30点）

(1) まり子さんは，りんごとメロンをそれぞれ何こ買いましたか。

【式】

答え りんご…
メロン…

(2) おつりはいくらですか。

【式】

答え

2 4まい30円の色紙があります。この色紙120まいの代金は，何円ですか。（10点）

【式】

答え

3 50人の子どもがマラソンをしています。けんた君は前から12番目でしたが，6人にぬかされました。今，後ろから何番目ですか。（15点）

【式】

答え

4 4，4，5，7，4，4，5，7，4，4……のように，数字があるきまりでならんでいます。（1つ15点・30点）

(1) 50番目の数字は何ですか。

【式】

答え

(2) 90番目までの数字を全部たすと，いくつになりますか。

【式】

答え

5 1時間で30秒おくれる時計があります。この時計を正午の時ほうに合わせました。その日の午後6時になったとき，この時計は何時何分をさしていますか。（15点）

【式】

答え

テスト 87 ハイレベル

㉒ 文章題特訓 (2)

時間 15分　合格点 70点　点

1 兄は1000円，弟は400円持っていました。お母さんから同じだけのお金をもらったので，兄は弟の2倍になりました。2人はお母さんから何円ずつもらいましたか。 (10点)

【式】

答え

2 赤，青，白のリボンがあります。赤の長さは4mです。青の長さは赤の長さの3倍，白の長さは青の長さの5倍です。白の長さは何mありますか。 (10点)

【式】

答え

3 今日は水曜日です。40日後は何曜日ですか。

(10点)

【式】

答え

4 兄のちょ金は弟のちょ金の3倍より1000円少なく，2倍より2000円多いそうです。兄と弟のちょ金はそれぞれ何円ですか。

(10点)

【式】

答え 兄…　弟…

5 たかし君のクラスのせいとみんなに，夏休みに山や海に行ったかをたずねました。山へ行った人は14人で，海へ行った人は21人でした。また，どちらも行った人は5人で，どちらも行かなかった人は8人でした。たかし君のクラスのせいとは，みんなで何人ですか。 (10点)

【式】

答え

6 45人の子どもに，AとBの2つのクイズをしました。Aができた人は26人，Bができた人は29人で，どちらもできなかった人はいませんでした。AかBかどちらか1つだけできた人にはクッキーを2まい，AもBもできた人にはクッキーを5まいくばることにしました。クッキーは全部で何まいいりますか。

(10点)

【式】

答え

7 右の図のようにご石を1辺が6この正方形の形にすき間なくならべました。

（1つ10点・30点）

(1) ご石は全部で何こありますか。

【式】

答え

(2) いちばん外がわには，ご石は何こありますか。

【式】

答え

(3) たて，横1列ずつふやすには，ご石はあと何こいりますか。

【式】

答え

8 同じ大きさの正方形のタイルがたくさんあります。このタイルをすきまなくならべて大きな正方形を作ると，タイルは11まいありました。そこでたて，横1列ずつふやした大きな正方形を作ろうとしたら，6まいたりませんでした。タイルは全部で何まいありますか。（10点）

【式】

答え

テスト 88　最レベ　最高レベルにチャレンジ!!

㉒文章題特訓（2）

時間 10分　合格点 60点　点

1 赤いボールが420こ，白いボールが190こ箱に入っています。1回に，それぞれのボールを5こずつ取り出していきます。何回取り出すと，赤いボールが白いボールの3倍になりますか。

【式】（40点）

答え

2 整数1，2，3，4…を，右の表のように書いていきます。

（1つ20点・60点）

1	2	4	7	11	16		
3	5	8	12	17			
6	9	13	18				
10	14						
15							
		★					

(1) いちばん左の列で，上から6番目の数は何ですか。

答え

(2) いちばん上の列で，左から9番目の数は何ですか。

答え

(3) ★の数をもとめなさい。

答え

テスト 89 標準レベル Ⅰ

㉓算術特訓(1)(場合の数)

時間 10分 合格点 80点 　点

●積の法則を用いて場合の数をもとめます。
●条件に応じて,立式できるようにします。
●場合分けをして,積の法則を使えるようにします。

1 赤・青・白の3このボールを1列にならべます。ならべ方は,全部で何通りありますか。(10点)

【式】

答え

2 A・B・C・Dの4人が,チームとなってリレーに出ます。4人が走るじゅんじょは全部で何通りありますか。(10点)

【式】

答え

3 [3],[4],[5],[6],[7]の数字を書いたカードが1まいずつあります。(1つ10点・20点)

(1) この中から2まいを使って,2けたの整数を作ります。全部で何通りできますか。

【式】

答え

(2) この中から3まいを使って,3けたの整数を作ります。全部で何通りできますか。

【式】

答え

4 大・小2つのさいころがあります。この2つのさいころを同時にふります。目の出方は,全部で何通りありますか。(⚀⚁と⚁⚀はべつと考えます。)(15点)

【式】

答え

5 4人で1回だけじゃんけんをします。4人のじゃんけんの出し方(グー・チョキ・パー)は,全部で何通りありますか。(15点)

【式】

答え

6 [1],[2],[3],[4]の数字を書いたカードが,それぞれたくさんあります。(同じ数字のカードをくり返し使えます。)

(1) この中から2まいを使って,2けたの整数を作ります。全部で何通りできますか。(15点)

【式】

答え

(2) この中から3まいを使って,3けたの整数を作ります。全部で何通りできますか。(15点)

【式】

答え

㉓算術特訓(1)(場合の数)

時間 10分 合格点 80点 　点

1 さとし君の家からたくや君の家までには，2通りの行き方があります。たくや君の家から公園までには，3通りの行き方があります。さとし君がたくや君をさそって公園に行くには，全部で何通りの行き方がありますか。（15点）

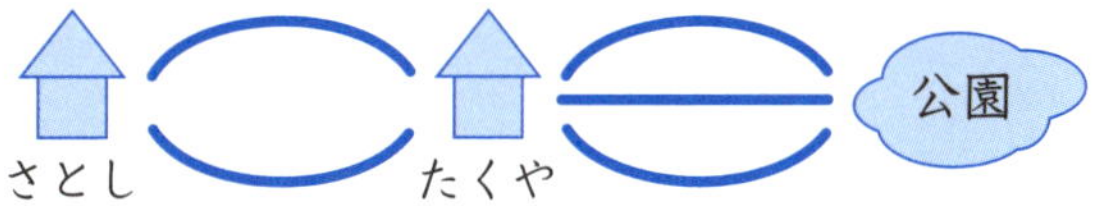

【式】

答え

2 下のカードのうち3まいを使って，3けたの整数をつくります。全部で何通りのつくり方がありますか。□にあてはまる数を書きなさい。（1つ10点・40点）

(1) 百のくらいに使うカードは，□をのぞいた□通りのえらび方ができます。

(2) 十のくらいに使えるカードは，百のくらいに使ったカードをのぞいた□通りがあります。

(3) 一のくらいに使えるカードは，百のくらいと十のくらいに使ったカードをのぞいた□通りです。

(4) 全部で□×□×□＝□　答え 　通り

3 あゆみさんの家からよしえさんの家まで行く道は，3つあり，よしえさんの家から学校まで行く道は，5つあります。（1つ15点・45点）

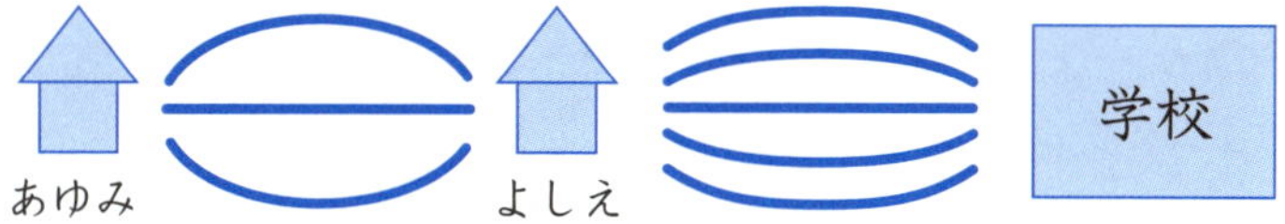

(1) あゆみさんがよしえさんをさそって学校へ行くには，全部で何通りの行き方がありますか。

【式】

答え

(2) あゆみさんの家からよしえさんの家までおうふく（行って帰ること）する行き方は，全部で何通りありますか。

【式】

答え

(3) あゆみさんがよしえさんをさそって学校へ行き，また，よしえさんの家の前を通って家に帰ります。あゆみさんが学校まで行って帰る道は，全部で何通りありますか。

【式】

答え

テスト91 ハイレベル

㉓算術特訓(1)(場合の数)

時間 15分 合格点 70点 点

1 下のカードのうち3まいを使って，3けたの整数をつくります。何通りできますか。(10点)

1 3 5 7

【式】

答え

2 下の図のように，㋐～㋓の町をつなぐ道があります。(1つ10点・20点)

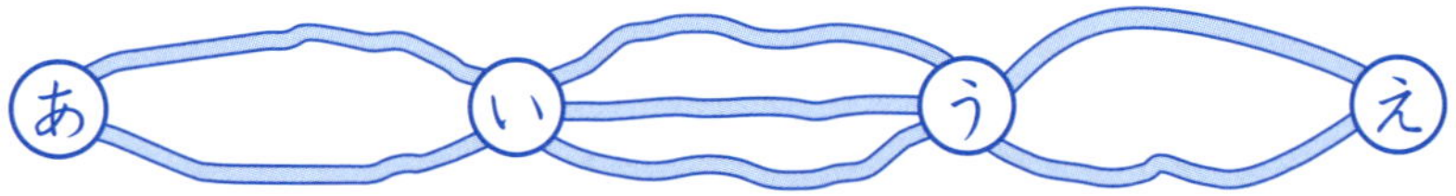

(1) ㋐から㋓まで行く道は，全部で何通りありますか。

【式】

答え

(2) ㋐から㋓まで行き，㋓から㋐までもどる行き方は，全部で何通りありますか。

【式】

答え

3 下のカードのうち4まいを使って，4けたの整数をつくります。(1つ10点・20点)

2 0 9 6 4

(1) 4000より大きい整数は，何通りできますか。

【式】

答え

(2) 6000より小さい整数は，何通りできますか。

【式】

答え

4 1から6までの6つの数字を使って，いろいろな数をつくります。(1つ10点・20点)

(1) 一のくらいと十のくらいがちがう2けたの整数は，全部で何通りできますか。

【式】

答え

(2) くらいの数字が全部ちがう3けたの整数は，全部で何通りできますか。

【式】

答え

5 下の図のように，あ〜えの町をつなぐ道があります。

（1つ10点・30点）

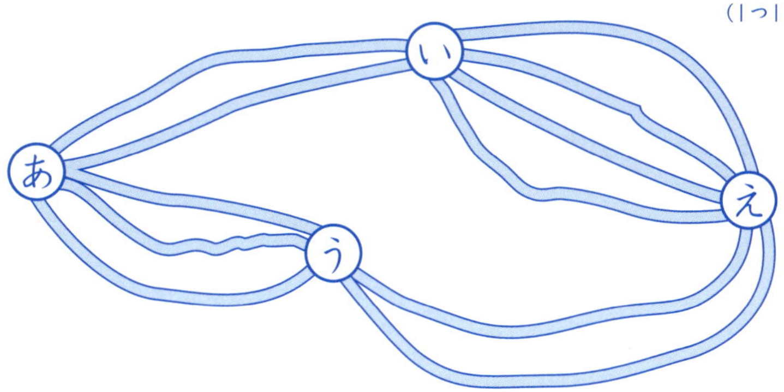

(1)　あからえまで行く道は，全部で何通りありますか。

【式】

答え □

(2)　行きも帰りもうを通って，あからえまでおうふく（行って帰ること）する行き方は，全部で何通りありますか。

【式】

答え □

(3)　行きも帰りもいを通って，あからえまでおうふく（行って帰ること）する行き方は，全部で何通りありますか。ただし，行きに使った道は，帰りに使わないことにします。

【式】

答え □

テスト 92　最レベ　最高レベルにチャレンジ!!

㉓算術特訓(1)（場合の数）

時間 10分　合格点 60点　　点

1 右の図のように，A地からB地までごばんの目のような道があります。（1つ20点・40点）

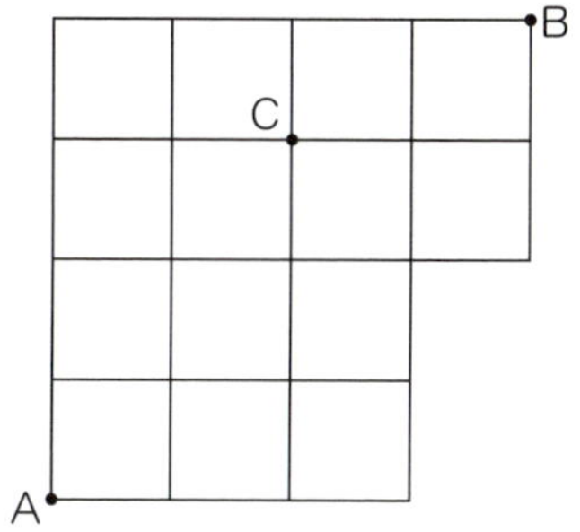

(1)　A地からB地までいちばん短い道で行く方法は何通りありますか。

答え □

(2)　A地からC地を通ってB地まで行く方法は何通りありますか。

答え □

2 [0]，[3]，[4]，[5]，[8] の5まいのカードがあります。これをならべて，2でわり切れる3けたの整数を作ります。全部で何通りできますか。□に数を書いてもとめなさい。（1つ20点・60点）

・一の位が「0」の数は，

[1] × [ ] × [ ] = [ ]

・一の位が「4」か「8」の数は，

[2] × [ ] × [ ] = [ ]

・全部で何通りできますか。

[ ] + [ ] = [ ]

答え □

㉔ 算術特訓(2)（規則性）

時間 10分　合格点 80点　　点

●周期を見つけて解く練習をします。
●様々な規則性の問題を練習します。

1 ○，□，△，×，○，□，△，×，○，□……のように形があるきまりでならんでいます。(1つ10点・20点)

(1)　18番目の形を答えなさい。

【式】

答え

(2)　60番目の形を答えなさい。

【式】

答え

2 右の図のように，同じ長さのひごをならべて，正方形をつぎつぎにふやしていきます。(1つ10点・30点)

(1)　正方形が1つふえるごとに，ひごは何本ずつふえますか。（答えだけでよい。）

答え

(2)　正方形を10こ作るには，ひごが何本いりますか。

【式】

答え

(3)　ひごを55本使うと，正方形は何こ作れますか。

【式】

答え

3 次のように数があるきまりでならんでいます。(1つ10点・20点)

2，5，8，11，14，……

(1)　15番目の数は何ですか。

【式】

答え

(2)　176は何番目の数ですか。

【式】

答え

4 1，2，2，3，1，2，2，3，1，2，2，……のように数があるきまりでならんでいます。(1つ15点・30点)

(1)　93番目の数は何ですか。

【式】

答え

(2)　50番目までの数を全部たすと，いくつになりますか。

【式】

答え

テスト 94 標準レベル 2

㉔ 算術特訓(2)(規則性)

時間 10分 合格点 80点 　点

1 それぞれ，あるきまりで数がならんでいます。□にあてはまる数を書きなさい。（1つ5点・40点）

(1) 8 , 11 , 14 , □ , 20 , □ , 26

(2) 72 , 68 , 64 , □ , 56 , □ , 48

(3) 34 , 47 , □ , 73 , 86 , □ , 112

(4) 98 , 81 , 64 , □ , 30 , □

2 ある年の4月4日は，水曜日でした。（1つ10点・20点）

(1) 同じ年の5月5日は，何曜日ですか。

【式】

答え □

(2) 同じ年の3月3日は，何曜日ですか。

【式】

答え □

3 1辺1cmの正方形のタイルを下のようにならべて，形をつくります。（1つ10点・40点）

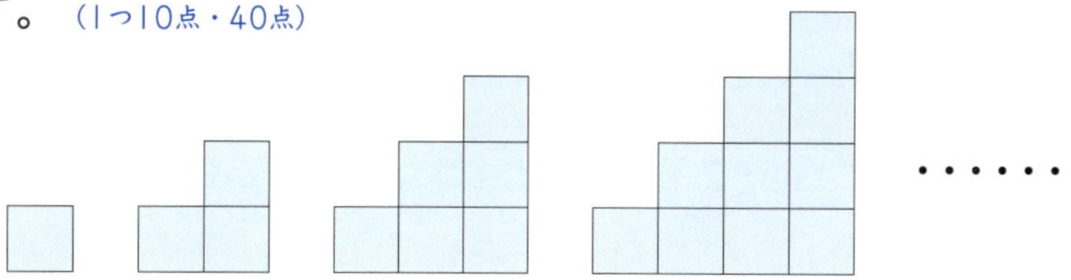

1だん　2だん　3だん　4だん

(1) タイルの数とできた形のまわりの長さを表にまとめます。それぞれあてはまる数を書きなさい。

だんの数（だん）	1	2	3	4
タイルの数（まい）	1	3		
まわりの長さ（cm）	4	8		

(2) 5だんならべたとき，タイルは全部で何まいですか。

【式】

答え □

(3) 6だんならべたとき，できた形のまわりの長さは，何cmですか。

【式】

答え □

(4) できた形のまわりの長さが28cmのとき，タイルは全部で何まいですか。

【式】

答え □

テスト 95 ハイレベル

㉔算術特訓(2) (規則性)

時間 15分 合格点 70点 　点

1 黒いご石と白いご石があります。このご石を，下の図のように，外がわの1まわりだけが黒いご石で，その中は白いご石をならべて，正方形の形をつくります。(1つ10点・30点)

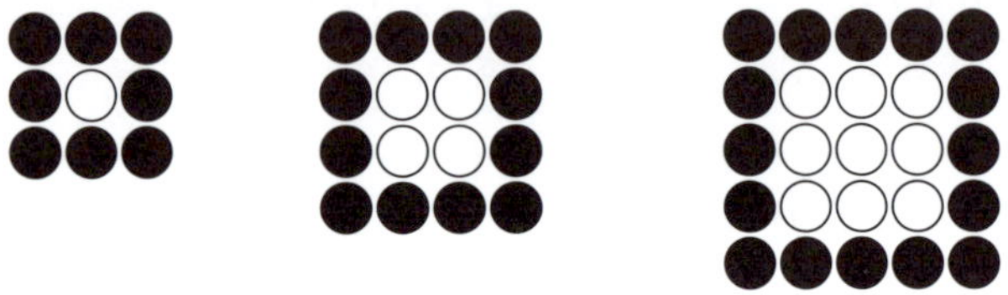

(1)　黒いご石が1辺に6こならぶとき，黒いご石と白いご石をそれぞれ何こ使いますか。

【式】

答え　白…　　黒…

(2)　黒いご石を72こ使うとき，白いご石は何こ使いますか。

【式】

答え

(3)　白いご石を100こ使うとき，黒いご石は何こ使いますか。

【式】

答え

2 それぞれ，あるきまりで数がならんでいます。□にあてはまる数を書きなさい。(1列5点・20点)

(1) 6，9，8，11，10，□，12，□，14

(2) 0，1，3，6，10，□，21，28，□

(3) 1，4，9，16，□，36，□，64

(4) 1，2，4，8，□，32，□，128，256

3 正三角形を，右の図のようにならべていきます。上のだんからじゅんに，1だん目，2だん目，……と数えていきます。(1つ10点・20点)

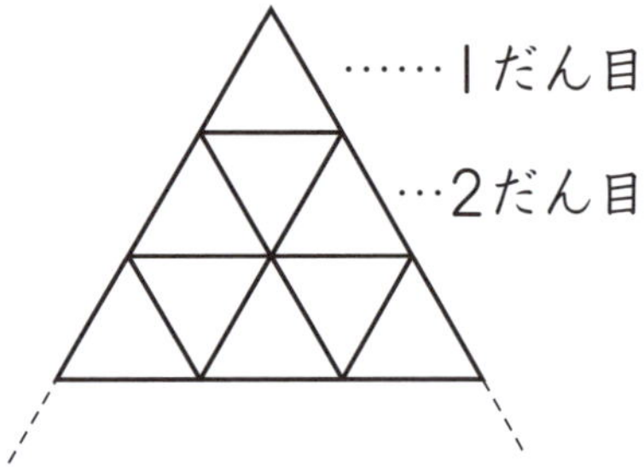

(1)　8だん目には何この正三角形がならびますか。

【式】

答え

(2)　1だんに37こならぶのは，上から何だん目ですか。

【式】

答え

4 図1のようにマッチを何本かならべて正方形を10こつくりました。このとき使ったマッチをすべて使って図2のように六角形をつくります。六角形は何こできますか。(10点)

【図1】

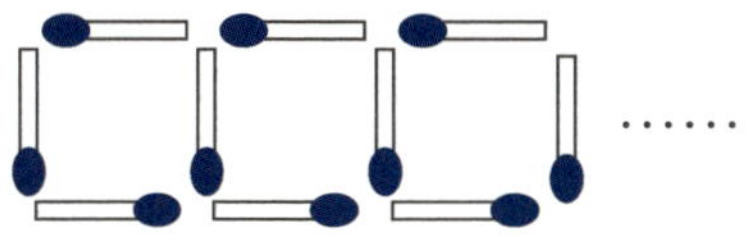

【図2】

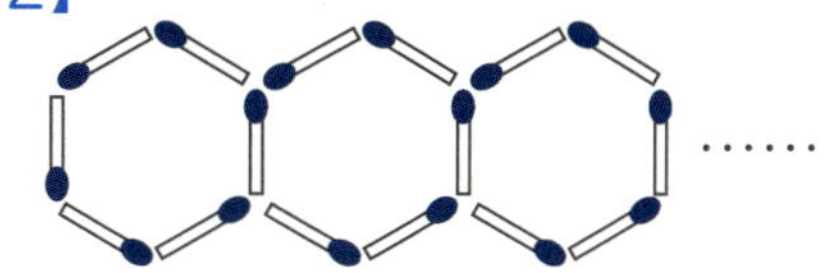

【式】

答え

5 右の図のように正方形をしきつめた形に上のだんからじゅんに数をならべます。(1つ10点・20点)

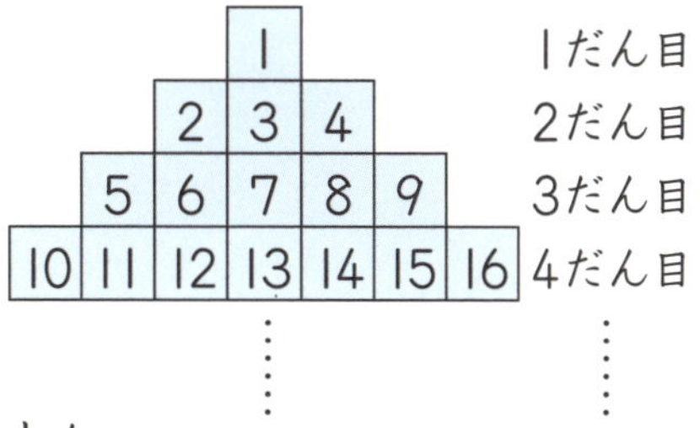

(1) 7だん目の右はしの数は何ですか。

【式】

答え

(2) 9だん目の左から3つ目は何ですか。

【式】

答え

テスト 96 最レベ 最高レベルにチャレンジ!!

㉔算術特訓(2)(規則性)

時間 10分 合格点 60点 点

● あるきまりで数を1からじゅんに表の中にならべます。「6」は3行目の2列目です。(1つ20点・100点)

列→ / 行↓

1	4	9	16	ア	イ	
2	3	8	15			
5	6	7	14			
10	11	12	13			
17	18					

(1) アとイにあてはまる数は何ですか。

答え ア…… イ……

(2) 1行目の8列目の数は何ですか。

答え

(3) 2行目の9列目の数は何ですか。

答え

(4) 9行目の1列目の数は何ですか。

答え

(5) 「55」は何行目の何列目ですか。

答え 行目の 列目

テスト 97 標準レベル 1

㉕算術特訓(3) (分配算)

時間 10分 合格点 80点 　点

●倍数の関係に着目し,とき方を身につけます。
●いちばん少ない数にそろえてとくことを覚えます。
●図を用い,複雑な条件を整理します。

1 24このくりを兄と弟の2人で分けます。兄は弟の3倍の数を取ります。それぞれ何こ取ればよいですか。(20点)

【図】

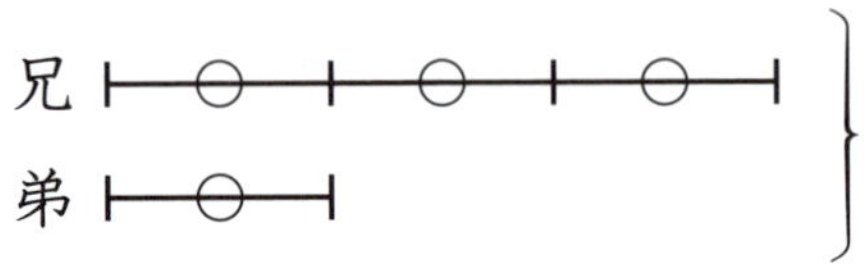

□こ

【式】

□ ＋ □ ＝ □ 全部で弟の4倍

□ ÷ □ ＝ □ 弟の数

□ × □ ＝ □ 兄の数

答え 弟… 兄…

2 40本の花を大の花だんと小の花だんに分けて植えました。大の花だんには,小の花だんの4倍の数の花を植えました。大の花だんに花を何本植えましたか。(20点)

【式】

答え

3 ひろし君は54ページあるドリルをしています。まだのこっているページ数は,やり終えたページ数の5倍あります。のこりのページは,何ページありますか。(20点)

【式】

答え

4 21このたねを姉と妹の2人で分けます。妹は姉の半分の数を取ります。姉は何こ取ればよいですか。(20点)

【式】

答え

5 母と子の年れいを合わせると,36才です。母の年れいは,子の年れいの8倍です。母の年れいは,何才ですか。(20点)

【式】

答え

テスト 98 標準レベル 2

㉕ 算術特訓(3)（分配算）

時間 10分 合格点 80点 　点

1 A・B・Cの3人で31まいのシールを分けます。BはAより4まい多く，CはBより5まい多く取ります。Aは何まい取ればよいですか。（20点）

【図】

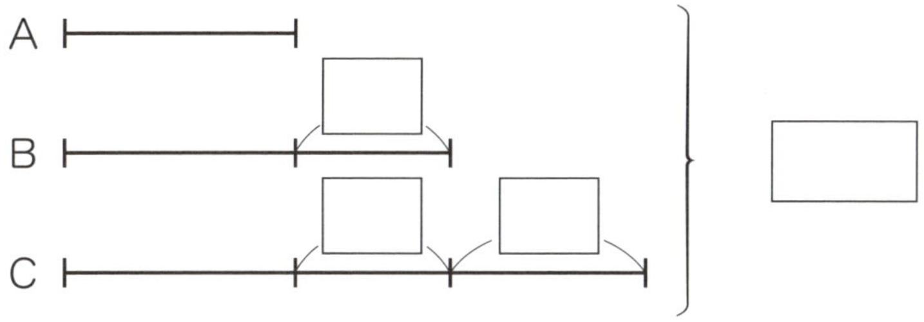

【式】 □ ＋ □ ＋ □ ＝13

31 － □ ＝ □ 　Aの3つ分

□ ÷3＝ □

答え □

2 3人の子の年れいを合わせると，33才です。また，その年れいは3才ずつちがいます。いちばん年上の子は，何才ですか。（20点）

【式】

答え □

3 大・中・小の3つの水とうに水が合わせて16dL入っています。中は小より1dL多く，大は小より3dL多く水が入っています。大の水とうに水は何dL入っていますか。（20点）

【式】

答え □

4 赤・青・白の紙が合わせて35まいあります。青の紙は赤の紙より4まい多く，白の紙は青の紙より3まい多くあります。白の紙は何まいありますか。（20点）

【式】

答え □

5 A・B・C・Dの4つの数をたすと，27になります。BはAより5大きく，CはAより2大きく，DはAより8大きいです。Dの数をもとめなさい。（20点）

【式】

答え □

テスト 99 ハイレベル

㉕算術特訓(3)(分配算)

時間 15分　合格点 70点　　点

1 兄と弟の2人で24本のえん筆を分けました。兄の本数は，弟の本数を2倍した数より3本多いです。兄は何本もらいましたか。(10点)

【図】

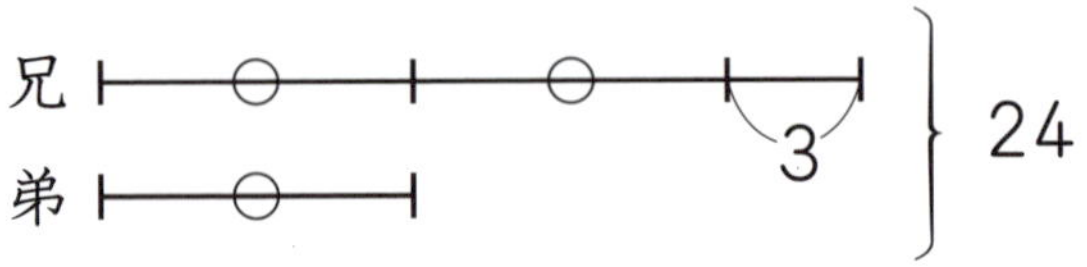

【式】

答え

2 赤いボールと白いボールが，合わせて34こあります。白いボールの数は，赤いボールの数を3倍した数よりも2こ少ないです。白いボールは何こありますか。(10点)

【図】

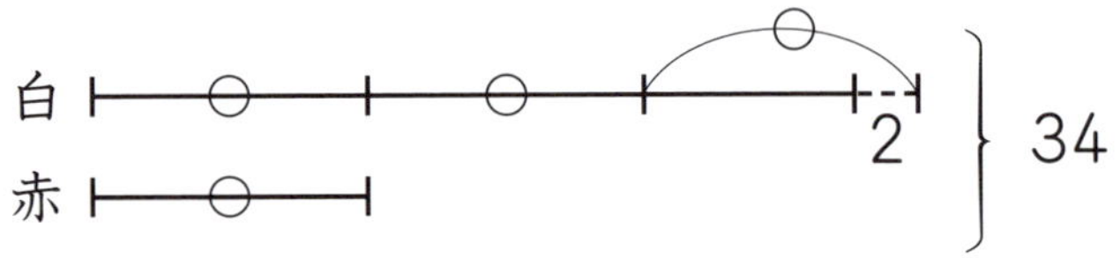

【式】

答え

3 母と子の年れいを合わせると，33才です。母の年れいは，子の年れいの5倍よりも3才多いです。母は何才ですか。(10点)

【式】

答え

4 けんじ君は，きのうと今日の2日で87ページある本をすべて読みました。今日読んだページ数は，きのう読んだページ数の3倍より7ページ多いです。けんじ君は，今日，何ページ読みましたか。(10点)

【式】

答え

5 ケーキ1ことジュース1本を買うと，合わせて430円です。ケーキ1このねだんは，ジュース4本のねだんより20円安いです。ケーキ1こは何円ですか。(15点)

【式】

答え

6 赤色・白色・黄色の花が，花だんに合わせて24本あります。白色の花の数は，赤色の花の数の2倍(ばい)あり，黄色の花の数は，赤色の花の数の3倍(ばい)あります。黄色の花は何本ありますか。 (15点)

【式(しき)】

答え

7 父と母と子の3人で，44このくりを分けました。父は，子より10こ多く取(と)り，母は，父より3こ少なく取(と)りました。父はくりを何こ取(と)りましたか。 (15点)

【式(しき)】

答え

8 A・B・C・Dの4人で，49まいのシールを分けました。BはAより8まい多く，CはBより3まい少なく，DはCより7まい多くなるように分けました。Dは何まい取(と)りましたか。 (15点)

【式(しき)】

答え

テスト100 最レベ 最高レベルにチャレンジ!!

㉕ 算術特訓(さんじゅつとっくん)(3) (分配算(ぶんぱいざん))

時間 10分 合格点 60点 　点

1 38このかきを，大・中・小の3つのふくろに分けて入れます。中のふくろには，小のふくろの2倍(ばい)の数のかきを入れ，大のふくろには，中のふくろの2倍(ばい)より3こ多い数のかきを入れます。大のふくろにかきを何こ入れるとよいですか。 (60点)

【式(しき)】

答え

2 ある年の9月には，月曜日が4回ありました。月曜日の日づけを4つ合わせると，54になります。この年の9月のいちばんはじめの月曜日は，9月何日ですか。 (40点)

【式(しき)】

答え

総合実力テスト（1）

時間 10分　合格点 70点　　点

1 次の計算をしなさい。（1つ4点・24点）

① 0×9　　② 1×6＋198

③ 77−(91−25)　　④ 503−72÷8

⑤ 36÷(15−9)　　⑥ 3×(32−28)

2 大きい方を○でかこみなさい。（1つ4点・24点）

① $\left(\frac{4}{8} \ , \ \frac{5}{8} \right)$　　② (0.9 , 0.1)

③ $\left(1 \ , \ \frac{7}{10} \right)$　　④ $\left(\frac{6}{6} \ , \ 0.8 \right)$

⑤ $\left(\frac{1}{2} \ , \ \frac{1}{7} \right)$　　⑥ $\left(\frac{6}{13} \ , \ \frac{6}{11} \right)$

3 次の計算をしなさい。（1つ4点・12点）

①
	日	時
	6	14
＋	4	15

②
	日	時
	8	17
＋	10	9

③
	日	時
	3	11
−		23

4 長さ1mのはり金を使って，等しい辺の長さが43cmずつの二等辺三角形をつくるとき，のこりの辺の長さは，何cmになりますか。（10点）

【式】

答え

5 下のようなカードが，7まいあります。（1つ10点・20点）

8　4　3　5　0　9　1

(1)　このカードを使ってできる5けたの数の中で，いちばん大きな数と2番目に大きな数をたすと，いくつになりますか。

答え

(2)　このカードを全部使ってできる7けたの数の中で，いちばん大きな数からいちばん小さな数をひくと，いくつになりますか。

答え

6 長さ12m8cmのひもがあります。9cmごとに切っていくと，何本取れて，何cmあまりますか。（10点）

【式】

答え　　本取れて　　cmあまる。

総合実力テスト (2)

時間 10分　合格点 70点　点

1 次の計算を筆算でしなさい。(1つ5点・20点)

① 239×64　　② 103×357

③ 924÷4　　④ 9048÷6

2 □を使った式で表し，答えも書きなさい。(1つ10点・20点)

(1) 何本かのえん筆を8人で同じ数ずつに分けると，1人分は21本になりました。えん筆は，全部で何本ありましたか。

【式】

答え

(2) 7このかごの中に同じ数ずつみかんを入れると，全部で84こあったみかんがちょうどなくなりました。1このかごの中にみかんを，何こずつ入れましたか。

【式】

答え

3 26304について，答えなさい。(1つ10点・30点)

(1) 100倍にした数を漢数字で書きなさい。

答え

(2) 100倍にすると，3は何のくらいになりましたか。

答え

(3) 100倍にすると，十万のくらいにはどの数字がきますか。

答え

4 次の数を書きなさい。(1つ10点・20点)

(1) 7より大きく8より小さい小数で，$\frac{1}{10}$のくらいの数字が1の小数。

答え

(2) 1000が104こ，100が953こ，10が84こ集まった数。

答え

5 1組の三角じょうぎを組み合わせました。㋐と㋑の角度を計算でもとめなさい。(1つ5点・10点)

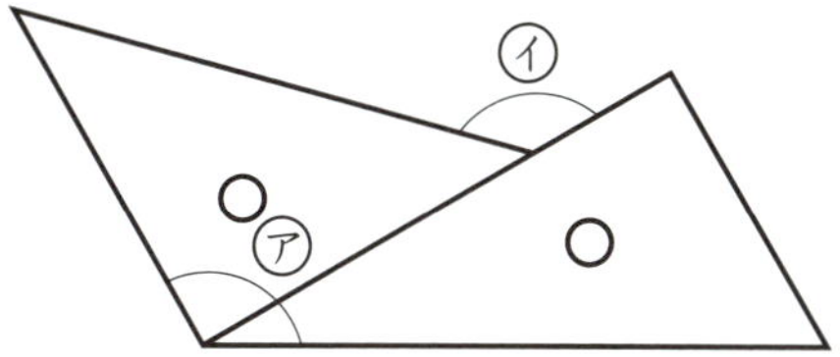

答え　㋐…　㋑…

総合実力テスト（3）

時間 10分　合格点 70点　　点

1 3Lのお茶を6人で同じりょうに分けると，1人分は，何dLになりますか。（8点）

【式】

答え

2 右のぼうグラフは，4つの品物のねだんを表したものです。（1つ6点・18点）

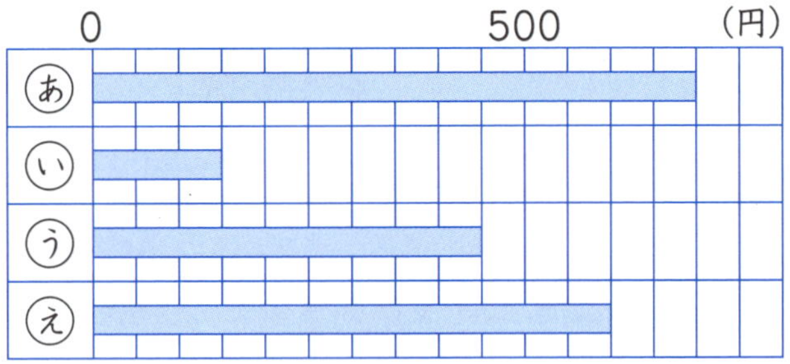

（1） 1目もりは，何円ですか。　答え

（2） あは，うより何円高いですか。　答え

（3） えは，いの何倍のねだんですか。　答え

3 次の□にあてはまる数を書きなさい。（1つ6点・24点）

① 3000g=□kg　② 5000m=□km

③ 8kg=□g　④ 6km=□m

4 半けいが，それぞれ3cm，5cm，7cmの円をかきました。この3つの円の円しゅうを合わせると，およそ何になりますか。（10点）

【式】

答え

5 りんご6ことみかん6こで1080円です。また，りんご5ことみかん3こで780円になります。（1つ10点・20点）

（1） りんご3ことみかん3こでは，いくらになりますか。

答え

（2） りんご1こ，みかん1このねだんは，それぞれ何円ですか。

答え りんご…　円　みかん…　円

6 〈1〉=1，〈2〉=1+2，〈3〉=1+2+3，………というように表すことにします。（1つ10点・20点）

（1） 〈6〉を計算しなさい。

答え

（2） 〈7〉+〈8〉=□×8のとき，□にあてはまる数をもとめなさい。

答え

ハイレベル
ハイレベ100

100回のテストで、算数の力を大きく伸ばそう!!

小学3年 算数

答え

縮小版解答の使い方

問題ページの縮小版の解答!!

お子様自身で答えあわせがしやすいように問題ページをそのまま縮小して、読みやすく工夫した解説といっしょに答えが載っています。

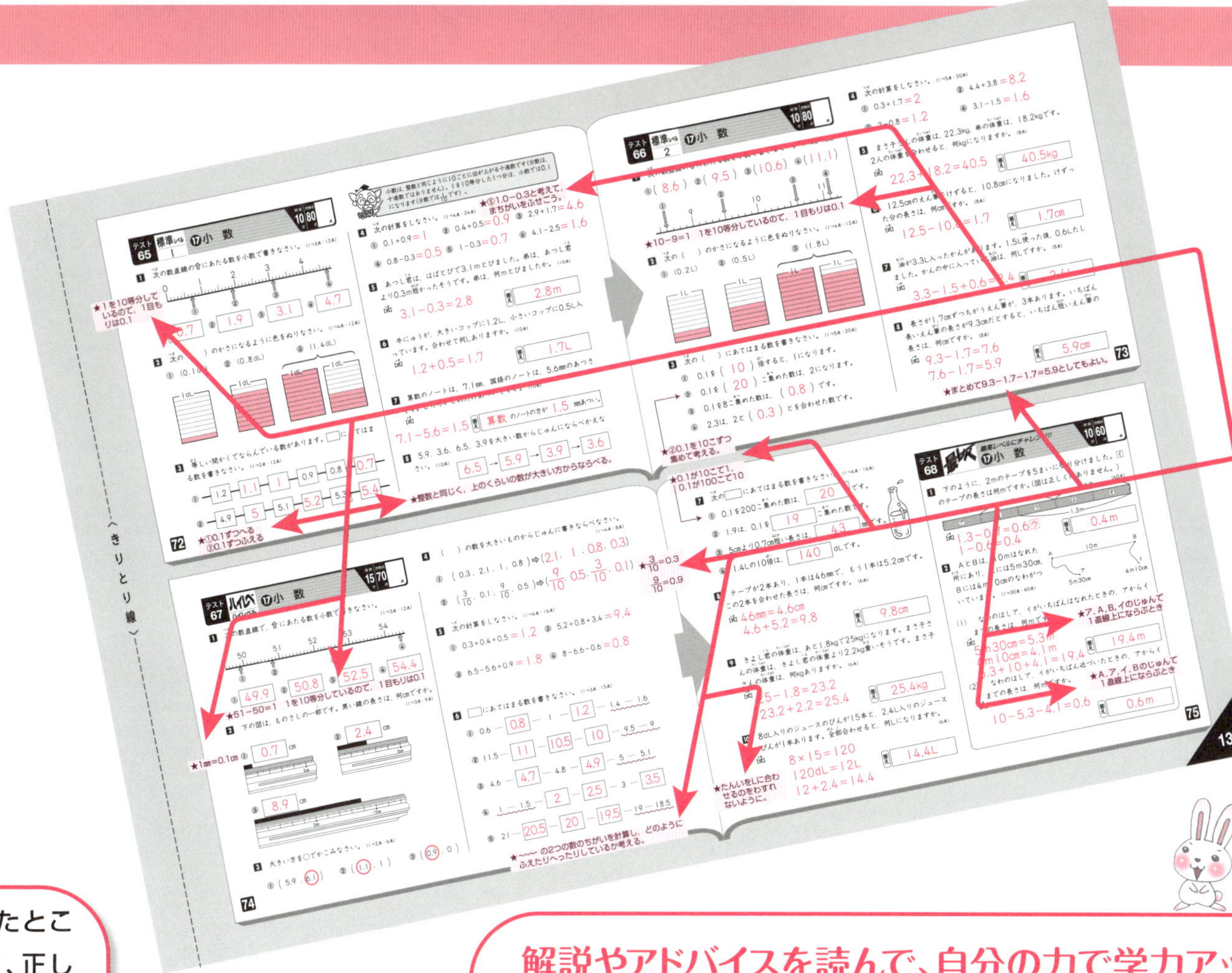

答えあわせをしたあとで、できなかったところは、もう一度考えて、必ずチェックして、正しい答えをていねいに書きこんでおきましょう!!

チェックしたところは、繰り返し練習してください。

解説やアドバイスを読んで、自分の力で学力アップ!!

学習する内容の解説や覚え方のヒントが載っています。お子様が自分ひとりで答えあわせをしながら、理解することができます。

〈きりとり線〉

テスト1 標準レベル 1 ❶かけ算（1） 時間10分 合格点80点

同じ数をいくつも集めるとき，かけ算という便利な方法で計算します。かけ算のきまりは重要で，自由に使いこなせるようにします。また，0のかけ算，10のかけ算もできるようにします。

1 次の計算をしなさい。（1つ3点・24点）

① 0×10＝0　② 1×10＝10
③ 10×4＝40　④ 8×0＝0
⑤ 1×2×3＝6　⑥ 0×2×4＝0
⑦ 4×3+4＝16　⑧ 5×10−5＝45

★0には何をかけても0です。

2 次の□にあてはまる数を書きなさい。（1つ3点・30点）

① 6×3=3×6　② 7×2=2×7
③ 4×2×5=4×10=40　④ 3×6=3×5+3
⑤ 7×4=7×5−7　⑥ 5×10=50
⑦ 10×1=10　⑧ 3×4+3=3×5
⑨ 4×6−4=4×5　⑩ 3×3=3×2+3

★③④などは「何が何こ」と考えよう。

3 次の□にあてはまる数を書きなさい。（1つ5点・10点）

① 2×9=3×6=18
② 3×8=4×6=24

4 1円玉が8こ，5円玉が8こあります。（1つ5点・10点）

(1) 全部で何円ありますか。
1×8+5×8=48 （1+5）×8=48でもよい　答え 48円

(2) 5円玉8こは，1円玉8こより何円多いですか。
5×8−1×8=32 （5−1）×8=32でもよい　答え 32円

5 答えが，次の数になる九九を全部書きなさい。（1つ5点・10点）

① 16　答え 2×8　4×4　8×2
② 36　答え 4×9　6×6　9×4

6 横の長さが，たての長さの3倍の長方形があります。この長方形のまわりの長さは，何cmですか。（8点）

3cm

式 3×3＝9（横の長さ）
3×2＋9×2＝24　答え 24cm

7 3年1組のせいと全員が，1列に6人ずつ5列にならんだところ，5列めが5人になりました。この組の人数は，みんなで何人ですか。（8点）

式 5−1＝4（6人の列の数）
6×4＝24
24＋5＝29　答え 29人

テスト2 標準レベル 2 ❶かけ算（1） 時間10分 合格点80点

1 次の計算をしなさい。（1つ3点・24点）

① 0×7＝0　② 8×1＝8
③ 1×1＝1　④ 0×0＝0
⑤ 2×5×6＝60　⑥ 3×5×0＝0
⑦ 10×6+10＝70　⑧ 10×7−7＝63

2 次の□にあてはまる数を書きなさい。（1つ3点・30点）

① 4×6=6×4　② 10×3=3×10
③ 5×2×3=5×6=30　④ 6×8=6×7+6
⑤ 3×9=3×10−3　⑥ 10×1=10
⑦ 0×10=0　⑧ 7×5+7=7×6
⑨ 8×4−8=8×3　⑩ 4×5=4×4+4

3 大きい方を○でかこみなさい。（1つ4点・24点）

①（10×0・(2×3)）　②（35−0・(6×6)）
③（5×3・(3×6)）　④（(8+1)・0×10）
⑤（(1×1)・7×0）　⑥（4×6・(3×9)）

4 チョコレートが10こ入っている箱が，6箱あります。チョコレートは，全部で何こありますか。（4点）

式 10×6＝60　答え 60こ

5 まさこさんの持っているお金で，1本8円の竹ひごを9本買うには，7円たりません。まさこさんは，何円持っていますか。（4点）

式 8×9＝72
72−7＝65　答え 65円

6 画用紙を1人に4まいずつ6人に配ったところ，6まいあまりました。画用紙は，全部で何まいありましたか。（4点）

式 4×6＝24
24＋6＝30　答え 30まい

7 赤いシールが8まいあります。青いシールは，赤いシールの5倍あります。シールは，合わせて何まいありますか。（4点）

式 8×5＝40
8＋40＝48　答え 48まい

8 ご石が何こかありました。1列に10こずつ6列にならべようとしましたが，3こたりませんでした。ご石は，全部で何こありますか。（4点）

式 10×6＝60
60−3＝57　答え 57こ

★5 6 7 8などは式を1つにまとめてもよいでしょう。

テスト3 ハイレベル ❶かけ算（1） 時間15分 合格点70点

1 次の計算をしなさい。（1つ3点・24点）

① 10×10＝100　② 0×1×10＝0
③ 1×5×0+5＝5　④ 9×1−9＝0
⑤ 6×10−10＝50　⑥ 4×2×5＝40
⑦ 9×（2×3）＝54　⑧ 7×（5×2）＝70

2 次の□にあてはまる数を書きなさい。（1つ3点・24点）

① 4×8×2=4×2×8=8×8=64
② 2×6×5=6×2×5=6×10=60
③ 7×7=7×8−7　④ 9×6=9×5+9
⑤ 4×8+4=4×9　⑥ 7×6−7=7×5
⑦ 6×7=6×6+6　⑧ 5×7=5×8−5

3 10円玉を5こずつ2列にならべました。全部で何円ありますか。（4点）

式 5×2＝10（2×5でもよい）
10×10＝100　答え 100円

4 タイルが右も左もきれいにならんでいます。タイルは，合わせて何こありますか。（6点）

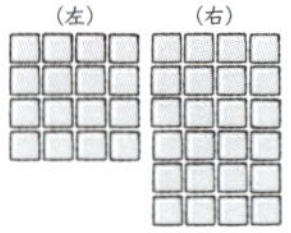

式 4×4＝16
6×4＝24（4×6でもよい）
16＋24＝40　答え 40こ

5 ひろしくんは，毎日10円ずつちょ金をすることにしました。1週間分のちょ金と10日分のちょ金のちがいは，何円になりますか。（6点）

式 10×7＝70
10×10＝100
100−70＝30　答え 30円

6 男の子が4人，女の子が6人遊びに来ました。おかしを1人に7こずつあげるには，おかしは，全部で何こいりますか。（6点）

式 7×4＋7×6＝70（4×7や6×7にしないように）
（4＋6＝10
7×10＝70）　答え 70こ

7 1日にめぐみさんは，みかんを2こずつ3回食べます。1週間では何こ食べますか。（6点）

式 2×3＝6
6×7＝42　答え 42こ

8 ふみえさんは，1まい4円の色紙を7まい買っても，まだ，同じ色紙をちょうど4まい買えるお金を持っています。ふみえさんは，何円持っていますか。（6点）

式 4×7+4×4=44　答え 44円

9 1組のせいとは，たてに5人ずつ7列にならんでいます。2組のせいとは，たてに6人ずつ6列にならんでいます。どちらの組のせいとの方が，何人多いですか。（6点）

式 5×7=35
6×6=36
36−35=1　答え 2組の方が1人多い。

10 1つ10円のガムを4つと1つ8円のあめを7つ買って，100円玉1まいではらいました。おつりは，いくらですか。（6点）

式 10×4=40
8×7=56
100−40−56=4　答え 4円

11 右のように，箱の3つの方向にテープをそれぞれちょうど1まわりずつはりました。使ったテープの長さは，全部で何cmですか。（6点）

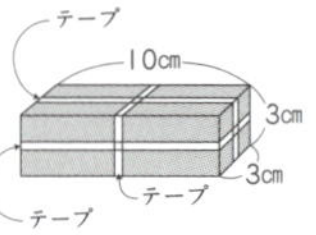

式 10×4=40
3×8=24
40+24=64　答え 64cm

★見えないところのテープもしっかり数えよう。

テスト4 最レベ 最高レベルにチャレンジ!! ❶かけ算（1） 時間10分 合格点60点

1 さいころの目は，表の目の数とうらの目の数とをたすと，7になるようにできています。さいころを3回ふって出た目の数をたして8になったとき，うらの目の数をたすと，いくつになりますか。（20点）

式 7×3＝21（表3回＋うら3回＝21）
21−8＝13（21−表3回＝うら3回）　答え 13

2 下のように立方体のつみ木をおいていきます。

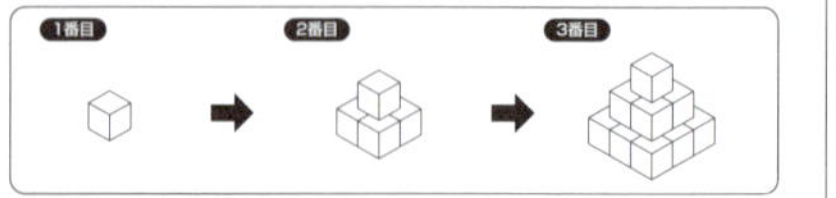

(1) 6だんのとき，つみ木はぜんぶでいくつありますか。（40点）

式 1×1+2×2+3×3+4×4+5×5+6×6=91　答え 91こ

(2) 10だんのとき，つみ木はぜんぶでいくつありますか。（40点）

式 91+7×7+8×8+9×9+10×10=385　答え 385こ

テスト5 標準レベル 1 ❷わり算（1）
時間 10分 合格点 80点

わり算の意味（等分するのか，「…ずつ」にまとめて分けるのか）を理解して，使い分けができるようにします。0はどんな数でわっても答えは0になります。

1 次の□にあてはまる数を書きなさい。（1つ3点・24点）

① 2×[5]＝10　② [7]×5＝35
③ 4×[9]＝36　④ [6]×8＝48
⑤ 6×[5]＝30　⑥ [4]×3＝12
⑦ 7×[8]＝56　⑧ [8]×2＝16

2 次の問題の答えをもとめるには，あ，いのどちらの式がよいですか。よい方を○でかこみなさい。（1つ5点・20点）

(1) 6このみかんを3人に同じ数ずつ分けると，1人分は何こになりますか。
（あ）6こ÷3　い 6こ÷3こ

(2) 36円で，1こ9円のあめを買うと，何こ買えますか。
あ 36円÷9　（い）36円÷9円

(3) 54cmのリボンを6人で同じ長さになるように分けると，1人分は何cmになりますか。
（あ）54cm÷6　い 54cm÷6cm

(4) 56人を7人ずつに分けると，何組できますか。
あ 56人÷7　（い）56人÷7人

★九九をしっかりおぼえているかが大切です。
★(1)(3)と(2)(4)のちがいを考えてみよう。

3 おり紙が36まいあります。（1つ8点・16点）

(1) 1人に6まいずつ配ると，何人に配ることができますか。
式 36÷6＝6
（36まい÷6まい＝6）
答え 6人

(2) 9人に同じ数ずつ分けると，1人分は何まいになりますか。
式 36÷9＝4
（36まい÷9＝4まい）
答え 4まい

4 12人がタクシーに乗ります。（1つ8点・16点）

(1) 1台に2人乗ると，タクシーは，何台いりますか。
式 12÷2＝6
答え 6台

(2) 3台のタクシーに同じ人数ずつに分かれて乗ることにしました。1台に何人ずつ乗ることになりますか。
式 12÷3＝4
答え 4人

5 次のわり算をしなさい。（1つ3点・24点）

① 0÷6＝0　② 8÷1＝8
③ 27÷9＝3　④ 64÷8＝8
⑤ 15÷3＝5　⑥ 48÷6＝8
⑦ 42÷7＝6　⑧ 10÷10＝1

★0はどんな数でわっても0になります。

テスト6 標準レベル 2 ❷わり算（1）
時間 10分 合格点 80点

1 次の□にあてはまる数を書きなさい。（1つ3点・24点）

① 5人×[3]＝15人　② 8円×[8]＝64円
③ 3m×[7]＝21m　④ 7cm×[4]＝28cm
⑤ 4本×[9]＝36本　⑥ 6台×[4]＝24台
⑦ [3]円×6＝18円　⑧ [9]人×5＝45人

2 48ページの本があります。（1つ8点・16点）

(1) 月曜日から土曜日まで毎日読もうと思います。1日に何ページずつ読むと，ちょうど読み終わりますか。
式 48÷6＝8
答え 8ページ

(2) 1日に8ページずつ読むことにすると，何日間で読み終わりますか。
式 48÷8＝6
答え 6日間

3 りんごが36こあります。（1つ8点・16点）

(1) 4こずつかごに入れると，何かごできますか。
式 36÷4＝9
答え 9かご

(2) 6人で同じ数ずつに分けると，1人分は何こずつになりますか。
式 36÷6＝6
答え 6こ

4 72まいの色紙を8つのふうとうに同じ数ずつ入れました。1つのふうとうには，色紙が何まい入っていますか。（8点）
式 72÷8＝9
（72まい÷8＝9まい）
答え 9まい

5 24このおはじきを1人に3こずつ分けていきます。何人に分けることができますか。（8点）
式 24÷3＝8
（24こ÷3こ＝8）
答え 8人

6 63このチョコレートを7人に同じ数ずつ分けると，1人分は何こになりますか。（8点）
式 63÷7＝9
（63こ÷7＝9こ）
答え 9こ

7 たまごが4こずつ入っている箱が6箱あります。（1つ10点・20点）

(1) 8人で同じ数ずつ分けると，1人分は何こになりますか。
式 4×6＝24（たまごの数）
24÷8＝3
答え 3こ

(2) 3人で同じ数ずつ分けると，1人分は何箱になりますか。
式 6÷3＝2
答え 2箱

テスト7 ハイレベ ハイレベル ❷わり算（1）
時間 15分 合格点 70点

1 次の□にあてはまる数を書きなさい。（1つ2点・16点）

① [0]÷10＝0　② 10÷[1]＝10
③ [5]÷5＝1　④ 15÷[5]＝3
⑤ [24]÷8＝3　⑥ 42÷[6]＝7
⑦ [54]÷6＝9　⑧ 56÷[7]＝8

2 32cmのテープを4人で等しく分けた長さは，20cmのテープを4人で等しく分けた長さより何cm長いですか。（8点）
式 32÷4－20÷4＝3
（32÷4＝8　20÷4＝5　8－5＝3でもよい）
答え 3cm

3 72cmのはり金があります。このはり金から，1つの辺が2cmのましかくは，いくつできますか。（8点）
式 2×4＝8（ましかくのまわりの長さ）
72÷8＝9
答え 9つ

4 のぶおくんは，1日に同じ数ずつ3回いちごを食べていくと，1週間で42こ食べました。のぶおくんは，いちごを1回に何こずつ食べましたか。（8点）
式 42÷7＝6（1日に食べる数）
6÷3＝2
答え 2こ

5 ご石が3こずつ8列にならんでいます。4こずつにならべかえると，何列になりますか。（8点）

式 3×8＝24（8×3でもよい）
24÷4＝6
答え 6列

6 24人の人が3人ずつ乗れるようにボートを用意しましたが，4人ずつ乗ることにしました。ボートは，何そうあまりますか。（8点）
式 24÷3＝8
24÷4＝6
8－6＝2
答え 2そう

7 赤えん筆が18本，青えん筆が12本，黒えん筆が24本あります。（1つ8点・16点）

(1) それぞれのえん筆を同じ数ずつ6人に分けるとき，1人分は，赤・青・黒それぞれ何本になりますか。
式 18÷6＝3　24÷6＝4
12÷6＝2
答え 赤…3本 青…2本 黒…4本

(2) それぞれのえん筆を同じ数ずつ3人に分けるとき，1人分でくらべると，黒えん筆は，赤えん筆より何本多くなりますか。
式 18÷3＝6
24÷3＝8
8－6＝2
（24－18＝6　6÷3＝2）
答え 2本

8 32人の子どもがいます。はじめに，8人ずつの大きな組に分かれました。次に，それらの組が2人ずつの小さな組に分かれました。小さな組は，何組できましたか。（8点）

式 32÷8＝4
8÷2＝4
4×4＝16
答え 16組

9 あめとガムが合わせて24こあります。あめの数は，ガムの数の2倍あるそうです。あめは，何こありますか。（10点）
式 2＋1＝3
24÷3＝8
8×2＝16

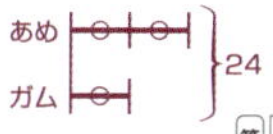

答え 16こ

10 たて20cm，横42cmの画用紙に，右の図のようにたては4cmごとに，横は7cmごとに線を引いてはさみで切ります。あのような四角形は，全部で何まいできますか。（10点）

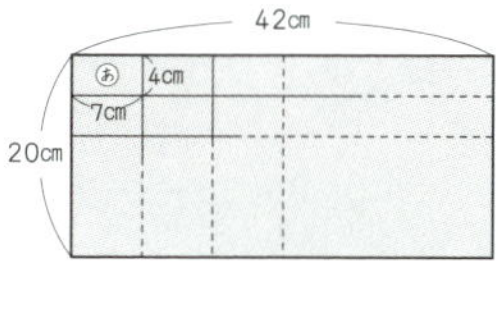

式
42÷7＝6
20÷4＝5
6×5＝30（5×6＝30）
答え 30まい

テスト8 最レベ 最高レベルにチャレンジ!! ❷わり算（1）
時間 10分 合格点 60点

1 8cmの竹ひごが5本あります。この竹ひごを全部2cmずつに切りました。（1つ20点・40点）

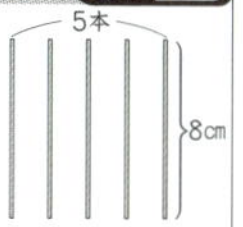

(1) 2cmの竹ひごは，何本になりましたか。
式 8÷2＝4
4×5＝20
答え 20本

(2) 切った回数は，全部で何回ですか。
式 4－1＝3（1本につき3回切る）
3×5＝15
答え 15回

2 わたしは消しゴムを20こ，弟は4こ持っています。わたしが弟に消しゴムを何こあげると，わたしの持っている消しゴムの数が，弟の3倍になりますか。（30点）
式 20＋4＝24
3＋1＝4
24÷4＝6（もらったあとの弟）
6－4＝2
答え 2こ

3 おはじきが54こあります。Aさん，Bさん，Cさんの3人がじゅんに，Aさんが1こ，Bさんが2こ，Cさんが3こ，またAさんが1こ……というようにくり返し，おはじきがなくなるまで取っていきます。Bさんは，全部で何こ取りましたか。（30点）
式 1＋2＋3＝6（1回につき3人で6こ）
54÷6＝9（3人とも9回ずつ取った）
2×9＝18
答え 18こ

★

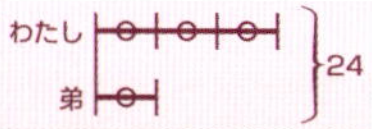

テスト 9 標準レベル 1 ❸表とグラフ（整理と表） 時間 10分 合格点 80点 　点

1 4月の天気を調べました。

1	2	3	4	5	6	7	8	9	10	11	12	13	14	15
○	○	◍	◐	○	◍	●	◐	○	○	◑	◍	●	●	◍
16	17	18	19	20	21	22	23	24	25	26	27	28	29	30
○	◑	○	◍	●	●	◐	○	○	◍	●	◍	◐	○	○

○晴れ　◍くもり　●雨　◑晴れのちくもり　◐くもりのち晴れ

(1) 上の表から下の表をつくりなさい。(1つ4点・16点)

天気	正の字を使ってまとめる	日数
○（れい）	正 正 一	11
◍	正 T	7
●	正 一	6
◑	T	2
◐	𠄌	4

一 1　T 2　下 3　𠄌 4　正 5

(2) いちばん多い天気と，2番目に多い天気の日数のちがいは，何日ですか。(5点)

11－7＝4

答え 4日

表を作る時，正の字を書いて，重なりや見落としがないようにします。グラフのたて軸，横軸はいろいろな決め事があるので注意をし，また，1目もりがどれだけかを正確に読みとれるようにします。

2 下のぼうグラフの1目もりの大きさを□に，ぼうグラフが表している大きさを（ ）に書きなさい。(1つ5点・40点)

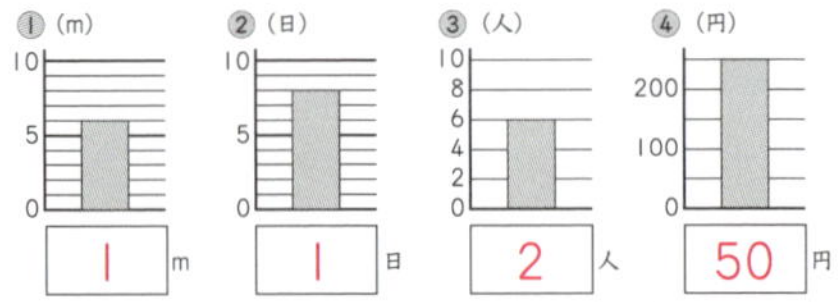

① 1 m　（ 6 ）m　② 1 日　（ 8 ）日　③ 2 人　（ 6 ）人　④ 50 円　（ 250 ）円

3 図書室で本をかりた人数を，組ごとに調べました。

(1) あいているところに数を書きなさい。(1つ4点・24点)

男女＼組	1組	2組	3組	合計
男（人）	15	12	14	41
女（人）	11	18	20	49
合計	26	30	34	90

(2) 上の表をもとにして，ぼうグラフを書きなさい。(1つ5点・15点)

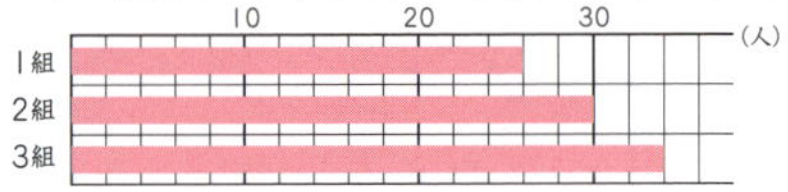

★じょうぎを使ってきれいにぼうグラフを書きましょう。

10

テスト 10 標準レベル 2 ❸表とグラフ（整理と表） 時間 10分 合格点 80点 　点

1 1目もりがいくつになるかを考えて，（ ）の数をぼうグラフに表しなさい。(1つ5点・20点)

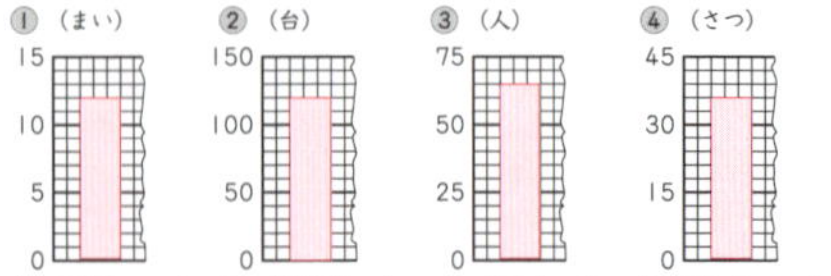

（ 12まい ）（ 120台 ）（ 65人 ）（ 36さつ ）

2 下の表とグラフは，さくら小学校に何丁目から何人通っているかを調べたものです。表とぼうグラフのあいているところに，数やグラフを書きなさい。(1つ4点・20点)

	人数
1丁目	18
2丁目	2
3丁目	16
4丁目	7
5丁目	10
合計	53

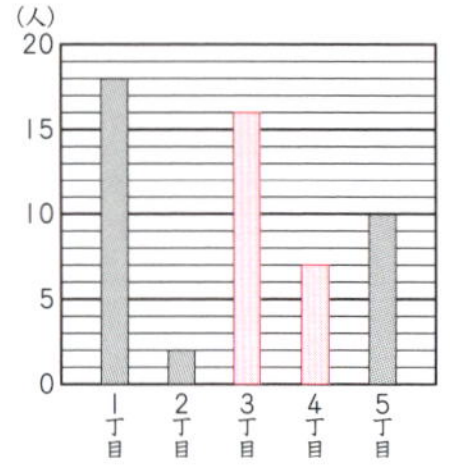

★1 2じょうぎを使ってきれいにぼうグラフを書きましょう。

3 大野さんの町で家族の人数を調べてぼうグラフにしました。(1つ5点・15点)

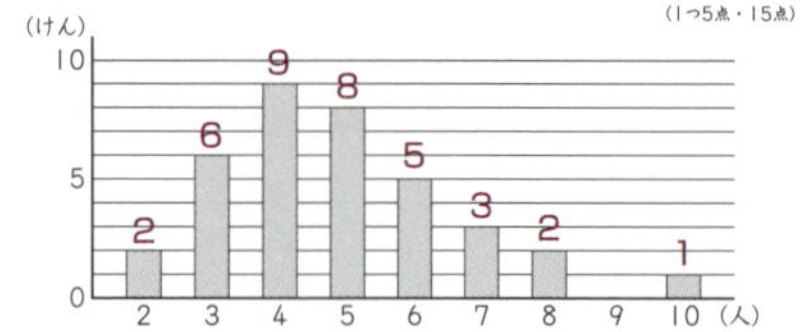

(1) 横じくは，何を表しますか。　答え 家族の人数

(2) いちばん多いのは，何人家族ですか。また，それは何けんありますか。　答え 4 人家族　9 けん

(3) 大野さんの町は，何けんありますか。　答え 36けん

2＋6＋9＋8＋5＋3＋2＋1＝36

4 春子さんのクラスで，持ち物調べをしたところ，次のことがわかりました。下の表にあう数を書きなさい。(1つ5点・45点)

- ハンカチだけ持っている人………… 7人
- ティッシュだけ持っている人……… 8人
- 両方持っている人……………………11人
- 両方持っていない人………………… 4人

		ハンカチ 持っている人	ハンカチ 持っていない人	合計
ティッシュ	持っている人	11	8	19
	持っていない人	7	4	11
合計		18	12	30

★4 図にすると右のようになります。

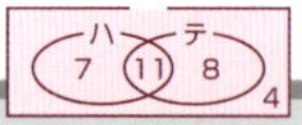

11

テスト 11 ハイレベル ❸表とグラフ（整理と表） 時間 15分 合格点 70点 　点

1 さとみさんは，計算ドリルを1ページ目からじゅんに月曜日からはじめて，1週間ですべて終えました。下のグラフは1日に何ページずつしたかをまとめたものです。(1つ6点・24点)

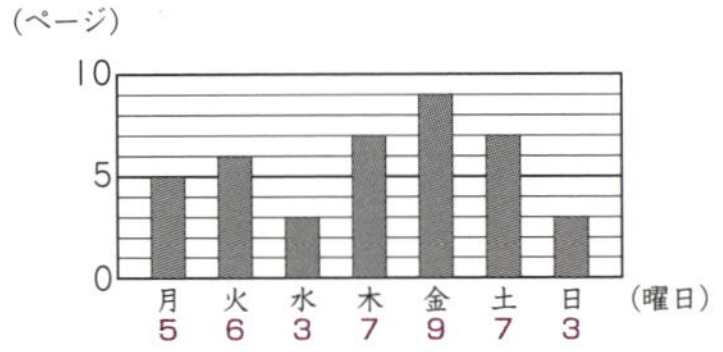

(1) いちばん多くしたのは，何曜日ですか。　答え 金曜日

(2) 木曜日は，何ページしましたか。　答え 7ページ

(3) 水曜日は，何ページ目からしましたか。

5＋6＋1＝12　答え 12ページ目

(4) のこりのページ数が10ページになったのは，何曜日にし終えたときですか。

10＝7＋3 （土・日）　答え 金曜日

2 こうじ君の友だち20人に夏休みに山や海へ行ったかをたずねました。○は行ったことを，×は行かなかったことを表します。これをまとめて，下の表にあてはまる数を書きなさい。(1つ4点・36点)

	ひろし	なおみ	とおる	かな	たくや	ゆかこ	まさお	みゆき	さとし	ひかる
山	×	○	×	×	×	○	○	×	○	○
海	○	×	×	○	×	○	×	○	×	○

	しんじ	ひろこ	ともき	ゆりえ	つよし	みさと	ゆうや	れいこ	けんた	さちこ
山	×	×	○	×	○	○	○	×	○	×
海	○	×	○	○	×	○	×	○	×	○

		山 行った人	山 行かなかった人	合計
海	行った人	○○ 4	×○ 7	11
	行かなかった人	○× 6	×× 3	9
合計		10	10	20

★たてと横の合計をたしかめましょう。

12

3 下の表はさちこさんの学校の1学年から3学年までのそれぞれの組の人数をまとめたものです。

	1組	2組	3組	4組	合計
1年	34	35	33	34	136
2年	36	34	35	33	138
3年	38	32	34	37	141
合計	108	101	102	104	415

(1) 表のあいているところにあてはまる数を書きなさい。(1つ3点・24点)

1年1組は，108－36－38＝34
1年の合計は，34＋35＋33＋34＝136
3年の合計は，415－136－138＝141

(2) 人数がいちばん多い組は，何学年の何組ですか。(6点)　答え 3年1組

(3) 人数がいちばん少ない組は，何学年の何組ですか。(6点)　答え 3年2組

(4) 組ごとに合計すると，何組の合計がいちばん多いですか。(4点)　答え 1組

テスト 12 最レベ 最高レベルにチャレンジ!! ❸表とグラフ（整理と表） 時間 10分 合格点 60点 　点

● 1組のせいと全員が算数と国語のテストを受けました。右の表は，そのけっかをまとめたものです。

	算数	国語
100点	2人	3人
90点～99点	4人	5人
80点～89点	13人	15人
70点～79点	10人	ア人
60点～69点	6人	イ人
50点～59点	2人	2人
0点～49点	3人	4人

(1) このクラスは全員で何人ですか。算数の人数を合計します。(30点)　答え 40人

(2) 算数の点数が85点の人は，よい方から数えて何番目から何番目と考えられますか。(1つ20点・40点)

いちばんよいとき，2＋4＋1＝7
いちばんわるいとき，2＋4＋13＝19

答え 7 番目から 19 番目

(3) アは，イより3人多いです。アの数をもとめなさい。(30点)

式 40－(3＋5＋15＋2＋4)＝11
(11＋3)÷2＝7

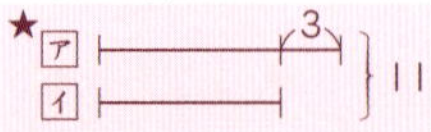

答え 7

13

テスト13 標準レベル 1 ❹水のかさ　時間10分　合格点80点

●L・dL・mLそれぞれの単位変換を正確にできる能力を養います。
●文章題から量の加減についての計算ができる能力を育てます。

★L, dL, mLに気をつけましょう。

1 次の□にあてはまる数を書きなさい。（1つ5点・30点）

① 1L＝10dL　② 80dL＝8L
③ 6L＝60dL　④ 30dL＝3L
⑤ 4L1dL＝41dL
⑥ 2dL＝200mL

★1L＝10dL＝1000mL

2 かさの少ない方に○をつけなさい。（1つ5点・20点）

① ㋐ ○ 19dL　㋑ 2L
② ㋐ 4L2dL　㋑ ○ 40dL
③ ㋐ 80dL　㋑ ○ 800mL
④ ㋐ ○ 1500mL　㋑ 2L

3 次の□にあてはまる数を書きなさい。（1つ6点・18点）

① 5dL＋8dL＝13dL＝1L3dL
② 2L＋234dL＝2L＋23L4dL＝25L4dL
③ 38dL－500mL＝38dL－5dL＝3L3dL

4 10L入りのバケツに，ちょうど半分だけ水が入っています。バケツには，何Lの水が入っていますか。（8点）

［式］10÷2＝5　　答え 5L

5 6dL入るコップを使って，水をびんに3回入れました。びんには，何dLの水が入りましたか。（8点）

［式］6×3＝18　　答え 18dL

6 水が2L6dL入っているバケツと，1L7dL入っているバケツがあります。合わせた水のかさは，何L何dLになりますか。（8点）

［式］2L6dL＋1L7dL＝4L3dL
（2L6dL＝26dL　26＋17＝43
1L7dL＝17dL　43dL＝4L3dL）　　答え 4L3dL

7 ペットボトルに2L入りの水が入っています。そのうち，400mL飲むと，のこりは何mLですか。（8点）

［式］2L－400mL＝1600mL
（2L＝2000mL
2000－400＝1600）　　答え 1600mL

テスト14 標準レベル 2 ❹水のかさ　時間10分　合格点80点

1 水のかさは，どれだけですか。□にあてはまる数を書きなさい。（1つ3点・9点）

① 1L　1dL 1dL 1dL 1dL ……（1L4dL）
② 1L　1L　5dL ……（25dL）
③ 1L　1dL×9 ……（1900mL）

2 次の□にあてはまる数を書きなさい。（1つ3点・12点）

① 4L2dL＝42dL　② 100dL＝10L
③ 7200mL＝7L2dL　④ 12dL＝1200mL

3 次のかさは，1Lにいくらたりませんか。（1つ4点・16点）

① 7dL　10－7＝3　　3dL
② 350mL　1000－350＝650　　650mL
③ 4dL70mL　4dL70mL＝470mL　1000－470＝530　　530mL
④ 200mL　200mL＝2dL　10－2＝8　　8dL

4 次の□にあてはまる数を書きなさい。（1つ3点・18点）

① 4L5dL＋2L3dL＝6L8dL
② 1L7dL＋4L9dL＝6L6dL
③ 6L4dL＋7L8dL＝14L2dL
④ 9L7dL－4L2dL＝5L5dL
⑤ 6L2dL－3L5dL＝2L7dL
⑥ 12L1dL－9L4dL＝2L7dL

5 3Lの牛にゅうがありました。朝に4dL飲み，昼に3dL飲みました。のこりは，何L何dLですか。（15点）

［式］3L－4dL－3dL＝2L3dL
（3L＝30dL　23dL＝2L3dL
30－4－3＝23）　　答え 2L3dL

6 ポットに入っているお茶を3dLずつに分けると，ちょうど7人に分けることができました。このポットには，何L何dLのお茶が入っていましたか。（15点）

［式］3×7＝21
21dL＝2L1dL　　答え 2L1dL

7 まさ子さんの水とうには820mLのジュースが入っています。ゆり子さんの水とうのジュースは，まさ子さんのジュースより2dL少ないそうです。2人のジュースを合わせると，何mLになりますか。（15点）

［式］2dL＝200mL
820－200＝620
820＋620＝1440　　答え 1440mL

テスト15 ハイレベル ❹水のかさ　時間15分　合格点70点

1 かさの多いじゅんに，記号で答えなさい。（1つ5点・15点）

① ㋐6L5dL　㋑650dL　㋒650L　㋓605dL
㋒→㋑→㋓→㋐
② ㋐107dL　㋑1L7dL　㋒20L　㋓29dL　㋔10L9dL
㋒→㋔→㋐→㋓→㋑
③ ㋐1300mL　㋑1L30mL　㋒130dL　㋓10L3dL　㋔1L2dL
㋒→㋓→㋐→㋔→㋑

2 次の□にあてはまる数を書きなさい。（1つ3点・15点）

① 3L1dL＋9dL＋2dL＝42dL＝4L2dL
② 6L－8dL－1L7dL＝35dL＝3L5dL
③ 4L－200mL＋3dL＝41dL＝4L1dL
④ 1000mL＋5L－12dL＝6L－1L2dL
＝48dL＝4L8dL
⑤ 11L－20dL＋1100mL＝110dL－20dL＋11dL
＝101dL＝10L1dL

3 1L入りのジュースがあります。2人の子どもが90mLずつ飲みました。ジュースは，あと何mLのこっていますか。（10点）

［式］1L－90mL－90mL＝820mL
（1L＝1000mL）　　答え 820mL

4 4Lの水が入ったバケツから，25dLの水をくみ出しました。その後，また水を17dL入れると，バケツの水は全部で何L何dLになりますか。（10点）

［式］4L－25dL＋17dL＝3L2dL
（4L＝40dL
40－25＋17＝32
32dL＝3L2dL）　　答え 3L2dL

5 右のびんに，570mLの水が入っています。左のびんには，それよりも2dL多い水が入っています。2つのびんの水を合わせると，何mLになりますか。（10点）

［式］（2dL＝200mL）
570mL＋2dL＝770mL
570mL＋770mL
＝1340mL　　答え 1340mL

6 8L入るバケツに，はじめから少し水が入っていました。このバケツに4000mLの水を入れましたが，あと3L入るそうです。このバケツに，はじめから入っていた水は何Lですか。（10点）

［式］8L－4000mL－3L＝1L
（4000mL＝4L
8－4－3＝1）　　答え 1L

7 右の図の水そうには90Lの水が入ります。今，1分間に6Lずつの水を入れ始めました。（1つ5点・10点）

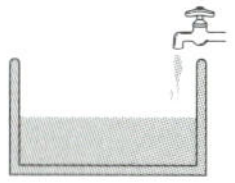

(1) 9分後，水そうには何Lの水が入っていますか。

［式］6×9＝54　　答え 54L

(2) (1)のあと，あと何分で水そうはいっぱいになりますか。

［式］90－54＝36（あと36L入る）
36÷6＝6　　答え 6分

8 AとBの2つの水そうに，あわせて20Lの水が入っています。AからBへ4Lうつすと，2つの水そうの水のかさが等しくなります。それぞれの水そうには，何Lの水が入っていますか。（10点）

［式］4×2＝8（AはBより8L多い）
20－8＝12
12÷2＝6
6＋8＝14　　答え A…14L　B…6L

9 AとBの2つのホースを同時に使って，72L入る水そうに9分で水をいっぱい入れようと思います。Aのホースは1分間に5L入れることができるとすると，Bのホースからは，1分間に何L入れるとよいですか。（10点）

［式］72÷9＝8
（A, B合わせて1分間に8L入る）
8－5＝3　　答え 3L

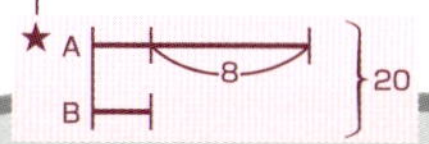

テスト16 最レべ 最高レベルにチャレンジ!! ❹水のかさ　時間10分　合格点60点

1 Aの水そうには20L，Bの水そうには60Lの水が入っています。Aには1分間に2Lずつ水を入れ，Bからは1分間に3Lずつ水を出します。（1つ30点・60点）

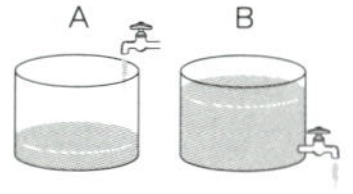

(1) AとBの水のかさのちがいは，1分間に何Lずつ少なくなりますか。

［式］2＋3＝5　　答え 5L

(2) Aの方がBよりも10L多くなるのは，水を入れ始めてから何分後ですか。

［式］60－20＝40　10÷5＝2
40÷5＝8　（同じになってから2分後）
（同じになるまで8分）　8＋2＝10　　答え 10分後

2 A，B，Cのびんがあります。AとBを水でいっぱいにして水とうに入れると，75mLあふれました。また，BとCを水でいっぱいにして同じ水とうに入れると，まだ，90mL入ります。Cのびんには850mLの水が入ります。では，Aのびんには，何mLの水が入りますか。（40点）

［式］90＋75＝165
（AとCのちがい）
850＋165＝1015　　答え 1015mL

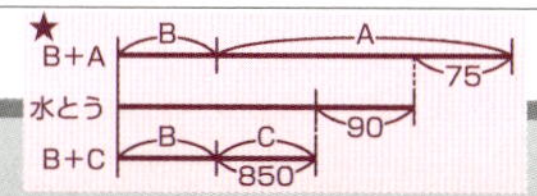

テスト17 標準レベル 1 ⑤時こくと時間

時間 10分 合格点 80点

日・時・分・秒について知り，それらの単位変換が自由にできるようにすると共に，正確に時間の計算ができるようにします。

1 2時間たつと，何時何分ですか。（1つ4点・16点）

① 6時45分　② 4時25分　③ 12時12分　④ 9時31分

2 4時間前は，何時何分ですか。（1つ4点・16点）

① 3時　② 5時20分　③ 1時50分　④ 10時46分

3 次の□にあてはまる数を書きなさい。（1つ3点・12点）

① 65分＝1時間 5 分　② 100分＝1時間 40 分

③ 150分＝2時間 30 分　④ 560分＝9時間 20 分

4 次の□にあてはまる数を書きなさい。（1つ4点・12点）

① 5時 20分 ＋ 35分 ＝ 5 時 55 分

② 3時 30分 ＋ 40分 ＝ 4 時 10 分　30分＋40分＝1時10分

③ 2時 50分 ＋ 5時 50分 ＝ 8 時 40 分　50分＋50分＝1時40分

5 次の□にあてはまる数を書きなさい。（1つ4点・8点）

① 1時間15分＝ 75 分　② 4時間20分＝ 260 分

6 次の□にあてはまる数を書きなさい。（1つ4点・12点）

① 5時 50分 − 3時 20分 ＝ 2 時 30 分

② 6時 10分 − 40分 ＝ 5 時 30 分　6時10分＝5時70分として計算

③ 8時 40分 − 3時 50分 ＝ 4 時 50 分　8時40分＝7時100分として計算

7 次の計算をしなさい。（1つ4点・16点）

① 2時40分＋40分間＝3時20分

② 1時20分＋5時間45分＝7時5分

③ 10時−3時間20分＝6時40分

④ 8時5分−6時間20分＝1時45分

8 みどりさんは，テレビを25分間みました。み終わったのは午前10時10分でした。何時何分からテレビをみ始めましたか。（8点）

式 10時10分−25分間＝9時45分

（答えに「午前」をつけて書く）

答え 午前9時45分

18

テスト18 標準レベル 2 ⑤時こくと時間

時間 10分 合格点 80点

1 12時まで，あと何時間何分ありますか。（1つ4点・12点）

① 2時間30分　② 3時間12分　③ 7時間20分

2 次の□にあてはまる数を書きなさい。（1つ4点・16点）

① 1分10秒＝ 70 秒　② 3分5秒＝ 185 秒

③ 90秒＝ 1 分 30 秒　④ 145秒＝ 2 分 25 秒

3 次の計算をしなさい。（1つ5点・30点）

① 3時 35分 ＋ 4時 45分 ＝ 8時 20分　35分＋45分＝1時20分

② 7分 33秒 ＋ 8分 26秒 ＝ 15分 59秒

③ 10分 25秒 ＋ 3分 45秒 ＝ 14分 10秒　25秒＋45秒＝1分10秒

④ 5時 35分 − 3時 40分 ＝ 1時 55分　5時35分＝4時95分

⑤ 7分 52秒 − 4分 18秒 ＝ 3分 34秒

⑥ 6分 5秒 − 2分 35秒 ＝ 3分 30秒　6分5秒＝5分65秒

4 次の時こくを答えなさい。（1つ6点・12点）

（1） 午後4時から6時間後の時こく　答え 午後10時

（2） 午前9時から6時間前の時こく　答え 午前3時

5 ただし君の時計は，3分進んでいます。この時計が午前10時を指している時，正しい時こくをもとめなさい。（10点）

式 10時−3分＝9時57分

答え 午前9時57分

6 算数と国語の勉強を45分間ずつします。勉強のとちゅうで15分休むとすると，午後2時から始めれば，終わるのは，午後何時何分ですか。（10点）

式 45分＋15分＋45分＝1時間45分

2時＋1時間45分＝3時45分

答え 午後3時45分

7 けんじ君の家から学校まで25分かかります。学校は，午前8時30分から始まります。その15分前に学校に着くためには，けんじ君は，家を何時何分に出るとよいですか。（10点）

式 8時30分−15分−25分＝7時50分

答え 午前7時50分

19

テスト19 ハイレベル ⑤時こくと時間

時間 15分 合格点 70点

1 □に時こく，（　）に時間を書きなさい。（1つ3点・12点）

(1)

① 午後1時30分　② （1時間30分）

(2)

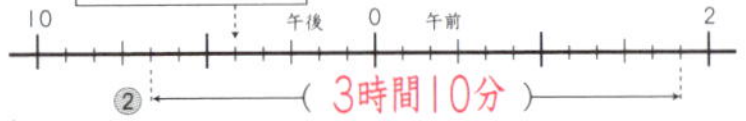

① 午後11時10分　② （3時間10分）

2 次の□にあてはまる数を書きなさい。（1つ4点・16点）

① 3時間15分＝ 195 分　② 5分3秒＝ 303 秒

③ 2日3時間＝ 51 時間　④ 46時間＝ 1 日 22 時間

3 次の計算をしなさい。（1つ4点・24点）

① 2日 11時 ＋ 4日 12時 ＝ 6日 23時

② 5日 17時 ＋ 2日 9時 ＝ 8日 2時

③ 3時 14分 ＋ 1時 18分 ＝ 4時 32分

④ 8日 19時 − 8日 17時 ＝ 2時

⑤ 15時 4分 − 4時 20分 ＝ 10時 44分

⑥ 3分 45秒 − 57秒 ＝ 2分 48秒

★3 1日＝24時間，1時間＝60分なのでくり上がり，くり下がりには気をつける。

4 次の問題に答えなさい。（1つ4点・12点）

（1） 運動場を1しゅう走るのに45秒かかる人は，2しゅうするのに，何分何秒かかりますか。

式 45＋45＝90
90秒＝1分30秒

答え 1分30秒

（2） 1日に7時間40分はたらく人は，2日間で何時間何分はたらくことになりますか。

式 7時間40分＋7時間40分
＝15時間20分

答え 15時間20分

（3） 午後9時にねて，午前7時15分に起きると，何時間何分ねていたことになりますか。

式 午前0時−午後9時＝3時間
3時間＋7時間15分＝10時間15分

答え 10時間15分

5 ひょうたん山のちょう上まで，行きは2時間，帰りは1時間40分かかります。みや子さんは，午後1時に家を出発して20分たったところで，水とうをわすれたことに気がつき，20分かけて家に取りに帰ってから山へ行きました。（1つ5点・10点）

（1） みや子さんは，予定より何分おくれて，ひょうたん山に着きましたか。

式 20＋20＝40

答え 40分

（2） ひょうたん山のちょう上で30分間遊んでから帰ると，みや子さんは何時何分に家に着きますか。

式 1時＋40分＋2時間＋30分＋1時間40分＝5時50分

答え 午後5時50分

20

6 ロケットが，3月1日午前8時35分に打ち上げられ，3月8日の午前10時12分に地球にもどってきました。何日何時間何分とんでいましたか。（6点）

式 8日10時12分
−1日8時35分
＝7日1時間37分

答え 7日1時間37分

7 ある日の日の出の時こくは，午前5時15分，日の入りが午後7時10分でした。（1つ5点・10点）

（1） この日の昼の長さは，何時間何分ですか。

式 午後7時10分＝19時10分
19時10分−5時15分
＝13時間55分

答え 13時間55分

（2） 昼と夜の長さのちがいは，何時間何分ですか。

式 24時間−13時間55分＝10時間5分
13時間55分−10時間5分
＝3時間50分

答え 3時間50分

8 計算問題をなお子さんは，6問を54秒で，のり子さんは，7問を56秒でします。（1つ5点・10点）

（1） 1問とくのは，どちらが何秒速いですか。

式 54÷6＝9
（なお子1問を9秒）
56÷7＝8
（のり子1問を8秒）
9−8＝1

答え のり子さんが 1 秒速い。

（2） 2人が同時に同じ数の問題をしたところ，のり子さんは，32秒かかりました。では，なお子さんは，何秒かかりましたか。

式 32÷8＝4（問題数）
9×4＝36

答え 36秒

テスト20 最高レベル 最高レベルにチャレンジ!! ⑤時こくと時間

時間 10分 合格点 60点

1 次のデジタル時計は24時せいで時こくをあらわしています。

（1） 1日のうちで，下のように数字が1ずつちがいて，右から左に数の大きいじゅんにならぶときは何回ありますか。（35点）

（0:12　1:23　2:34　3:45　4:56　12:34　23:45）

答え 7回

（2） 1日のうちで，下のように4より大きく9より小さい数だけであらわされるときは何回ありますか。（35点）

（5:55　5:56　5:57　5:58
6:55　6:56　6:57　6:58
7:55　7:56　7:57　7:58
8:55　8:56　8:57　8:58）

答え 16回

2 東君，西君，南君，北君の4人が通う学校は，午前8時30分から始まります。西君は東君の9分後，南君は西君の16分前に学校に着きました。北君は南君の8分後で，学校が始まる10分前に着きました。東君が学校に着いたのは，午前何時何分ですか。（30点）

式 30−10＝20（北）
20−8＝12（南）
12＋16＝28（西）
28−9＝19（東）

答え 午前8時19分

★図をかいて考えよう。

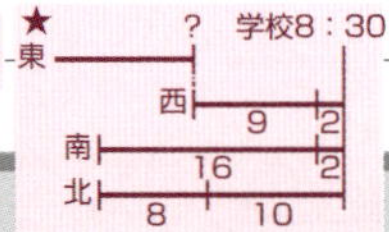

21

〈きりとり線〉

リビューテスト 1-① (ふくしゅうテスト)

時間 10分　合格点 70点　　点

1 次の計算をしなさい。(1つ4点・32点)

① 2×10 ＝20　② 7×0 ＝0

③ 2×3×4 ＝24　④ 6×10−4 ＝56

⑤ 0÷9 ＝0　⑥ 42÷7 ＝6

⑦ 24円÷8 ＝3円　⑧ 30cm÷6cm ＝5

★⑦と⑧のちがいに気をつけよう!!

2 次の□にあてはまる数を書きなさい。(1つ4点・16点)

① 9+9+9=9×[3]　② 4×7=4×[6]+4

③ 5×(2+[7])=45　④ [4]×8=40−8

3 かさの多いほうに○をつけなさい。(1つ4点・16点)

① [○] 72dL　[ ] 720mL　72L＝7200mL

② [ ] 9L1dL　[○] 901dL　9L1dL＝91dL

③ [ ] 4040mL　[○] 44L　44L＝44000mL

④ [ ] 690dL　[○] 609L　690dL＝69L

4 1から20までの数で，2のだんのかけ算の答えと3のだんのかけ算の答えを調べて，表にします。

	2のだんのかけ算の答えの数	2のだんのかけ算の答えでない数
3のだんのかけ算の答えの数	㋐	㋒
3のだんのかけ算の答えでない数	㋑	㋓

(1) 次の数は，㋐〜㋓のどこに入りますか。(1つ2点・6点)

① 9　答え ㋒　② 12　答え ㋐　③ 17　答え ㋓

(2) ㋐に入る数を全部書きなさい。(6点)

答え 6, 12, 18

(3) ㋒に入る数は，全部で何こですか。(6点)

3, 9, 15　答え 3こ

5 たかしくんは，6月2日から6月9日まで，毎日6円ずつちょ金することになりました。全部でいくらちょ金することになりますか。(8点)

[式] 9−2+1=8 (日数を7日間としないように)

6×8=48

答え 48円

6 6L入るバケツに，3L5dLの水を入れると，700mLあふれました。はじめにバケツには，何L何dLの水が入っていましたか。(10点)

[式] (700mL=7dL)

6L+700mL=6L7dL

6L7dL−3L5dL=3L2dL

答え 3L2dL

22

リビューテスト 1-② (ふくしゅうテスト)

時間 10分　合格点 70点　　点

1 下のグラフの1目もりの大きさを□に，ぼうグラフが表している大きさを(　)にそれぞれ書きなさい。(1つ5点・30点)

① (cm)

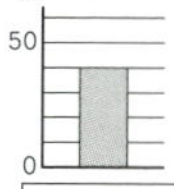

[10] cm　(40)cm

② (台)

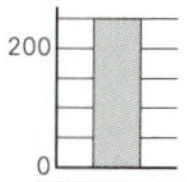

[50] 台　(250)台

③ (円)

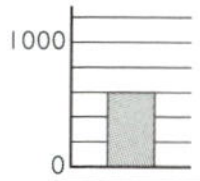

[200] 円　(600)円

2 次の□にあてはまる数を書きなさい。(1つ4点・12点)

① 7dL+9dL=[16]dL=[1]L[6]dL

② 9L−4L3dL=[47]dL=[4]L[7]dL
(90dL−43dL)

③ 12dL−700mL+3L8dL=[43]dL=[4]L[3]dL
(700mL → 7dL，3L8dL → 38dL)

3 男の子4人と女の子3人がいます。どの子にも同じ数ずつあめをあげると，みんなで63こいりました。1人に何こあげましたか。(8点)

[式] 4+3=7 (みんなで7人)

63÷7=9

答え 9こ

4 2Lのジュースがあります。4人の子どもに分けると，何dLずつになりますか。(10点)

[式] 2L=20dL

20÷4=5

答え 5dL

5 ゆみ子さんは，おはじきを妹の3倍持っています。2人合わせて24こだとすると，ゆみ子さんはおはじきを何こ持っていますか。(10点)

[式] 3+1=4

24÷4=6

6×3=18

答え 18こ

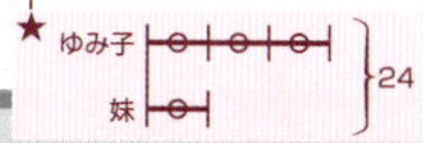

6 56cmの竹ひごを，8cmずつに切りました。竹ひごを何回切りましたか。(10点)

[式] 56÷8=7
(7本できた)
7−1=6

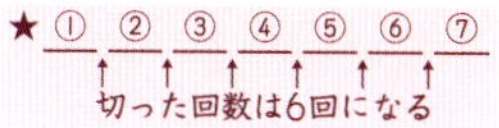

答え 6回

7 A※B＝A×3+B×2とすると，2※4＝2×3+4×2＝14となります。次の□にあてはまる数を書きなさい。(1つ10点・20点)

① 5※7=[29]

5※7=5×3+7×2
=15+14
=29

② 6※[9]=36

6※□=6×3+□×2=36
18+□×2=36
□×2=18
□= 9

23

テスト21 標準レベル 1

⑥わり算(2)

時間 10分 合格点 80点

あまりのあるわり算を即答できるようにします。また,(あまり)は(わる数)より小さい数になることにも注意することが大切です。

1 次のわり算をしなさい。わり切れないときは,あまりも出しなさい。(1つ3点・30点)

① 28÷3＝9あまり1　② 42÷9＝4あまり6

③ 56÷7＝8　④ 31÷8＝3あまり7

⑤ 47÷6＝7あまり5　⑥ 29÷5＝5あまり4

⑦ 29÷4＝7あまり1　⑧ 41÷7＝5あまり6

⑨ 53÷8＝6あまり5　⑩ 76÷9＝8あまり4

★あまりはわる数よりも小さい!!

2 次の□にあてはまる数を書きなさい。(1つ5点・30点)

① 30÷4＝7あまり2　② 66÷7＝9あまり3

③ 79÷8＝9あまり7　④ 50÷9＝5あまり5

⑤ 41÷6＝6あまり 5　⑥ 25÷4＝6あまり 1

3 えん筆が40本あります。(1つ5点・10点)

(1) このえん筆を7人で等しく分けると,1人分は何本で,のこりは,何本になりますか。

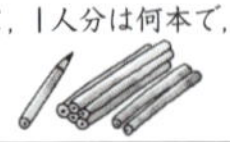

式 40÷7＝5あまり5

答え 1人分 5 本で,のこりは 5 本

(2) このえん筆を1人に6本ずつ配ると,何人に配ることができますか。

式 40÷6＝6あまり4

答え 6人

4 65このあめがあります。9人の子どもに等しく分けると,1人分は何こで,何こあまりますか。(10点)

式 65÷9＝7あまり2

答え 1人分 7 こで, 2 こあまる。

5 45このりんごがあります。6人の子どもに等しく分けました。1人分は何こで,何こあまりますか。(10点)

式 45÷6＝7あまり3

答え 1人分 7 こで, 3 こあまる。

6 47ページある本を1日に8ページずつ読んでいきます。読み終わるのに,何日間かかりますか。(10点)

式 47÷8＝5あまり7
5＋1＝6
(あまった7ページを6日目に読む)

答え 6日間

テスト22 標準レベル 2

⑥わり算(2)

時間 10分 合格点 80点

1 次のわり算をしなさい。わり切れないときは,あまりも出しなさい。(1つ3点・30点)

① 21÷4＝5あまり1　② 35÷5＝7

③ 19÷3＝6あまり1　④ 48÷7＝6あまり6

⑤ 29÷6＝4あまり5　⑥ 70÷8＝8あまり6

⑦ 39÷6＝6あまり3　⑧ 70÷9＝7あまり7

⑨ 23÷4＝5あまり3　⑩ 60÷7＝8あまり4

2 次の□にあてはまる数を書きなさい。(1つ4点・24点)

① 17÷3＝5あまり2　5×3＋2＝17

② 29÷5＝5あまり4　5×5＋4＝29

③ 43÷6＝7あまり1　7×6＋1＝43

④ 55÷8＝6あまり7　6×8＋7＝55

⑤ 58÷7＝8あまり 2　58－8×7＝2

⑥ 39÷4＝9あまり 3　39－9×4＝3

3 竹ひごが35本あります。9本ずつたばにすると,何たばできるかを調べます。(1つ2点・16点)

(1) 次の□にあてはまる数を書きなさい。

1たば分とると,9×1＝9で, 26 本のこり。

2たば分とると,9×2＝18で, 17 本のこり。

3たば分とると,9×3＝27で, 8 本のこり。

4たば分では,9×4＝36で, 1 本たりない。

(2) 上のことから考えて,9本のたばが何たばできて,竹ひごが何本あまるかを式で表しなさい。

35 ÷ 9 ＝ 3 あまり 8

4 画用紙が52まいあります。7人の子どもに等しく分けると,1人分は何まいで,あまりは,何まいですか。(10点)

式 52÷7
＝7あまり3

答え 1人分 7 まいで, 3 まいあまる。

5 チョコレートが6こ入った箱を5箱買いました。これを9人で同じ数ずつ分けると,1人分は何こで,何こあまりますか。(10点)

式 6×5＝30
30÷9＝3あまり3

答え 1人分 3 こで, 3 こあまる。

6 15人が駅からタクシーに乗ります。1台のタクシーに4人ずつ乗っていくと,タクシーは,何台いりますか。(10点)

式 15÷4＝3あまり3
3＋1＝4
(あまった3人は4台目に乗っていく)

答え 4台

テスト23 ハイレベル

⑥わり算(2)

時間 15分 合格点 70点

1 次の□にあてはまる数を書きなさい。(1つ3点・30点)

① 35÷4＝8あまり3　② 33÷7＝4あまり5

③ 18÷8＝2あまり2　④ 55÷9＝6あまり1

⑤ 45÷7＝6あまり 3　⑥ 61÷8＝7あまり 5

⑦ 33÷6＝ 5 あまり3　⑧ 51÷9＝ 5 あまり6

⑨ 69÷ 9 ＝7あまり6　⑩ 58÷ 7 ＝8あまり2

2 ご石が何こかあります。1列に7こずつならべると6列できて,7列目が3こになりました。(1つ5点・10点)

(1) ご石は,全部で何こありますか。

式 7×6＋3＝45

答え 45こ

(2) 1列を8こずつにならびかえると,8この列が何列できて,さいごの列は,何こになりますか。

式 45÷8＝
5あまり5

答え 5 列できて,さいごは 5 こ

★①8×4＋3＝35　⑦(33－3)÷6＝5
⑤45－6×7＝3　⑨(69－6)÷7＝9

3 2Lのジュースがあります。これを4dLずつ子どもに分けると,何人の子どもに分けることができますか。(8点)

式 2L＝20dL
20÷4＝5

答え 5人

4 だんごが35こあります。何人かの子どもに1人4こずつ分けると,3こあまりました。子どもは,何人いますか。(8点)

式 35－3＝32 (32こだとあまらない)
32÷4＝8

答え 8人

5 男の子が23人,女の子が19人います。男女合わせて6人ずつのグループをつくると,いくつのグループができますか。(8点)

式 23＋19＝42
42÷6＝7

答え 7つ

6 60cmのテープを,はじめに,3人の男の子に5cmずつ切って配りました。次に,のこったテープを6人の女の子に同じ長さずつに切って配ったところ,9cmあまりました。女の子に配ったテープは,何cmずつですか。(8点)

式 5×3＝15(3×5ではない)
60－15＝45
45－9＝36
36÷6＝6

答え 6cm

7 右の図のように,外がわのはばが17cmで板のあつさが1cmの本立てがあります。この本立てに,あつさが2cmの本を何さつまで入れることができますか。(8点)

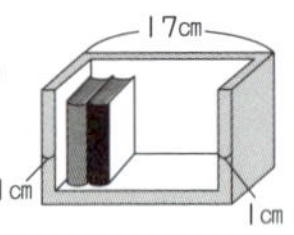

式 17－1×2＝15
15÷2＝7あまり1

答え 7さつ

8 32このくりを9人で分けようと思います。あと何こあれば,みんなが同じ数になるように分けることができますか。いちばん少ない数を書きなさい。(10点)

式 32÷9＝3あまり5
9－5＝4

答え 4こ

9 3人の子どもがカードを4まいずつ持っています。自分のカードにどれも同じ数字を書きました。1人は2ばかり,もう1人は1ばかりを書きました。3人が持っているカードの数字を全部たすと,28でした。のこりの1人の子どもが書いたカードの数字は,いくつですか。(10点)

2 | 1 | ?

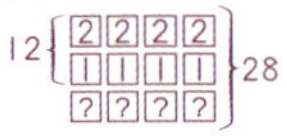

式 2×4＋1×4＝12
28－12＝16
16÷4＝4

答え 4

テスト24 最高レベル

最高レベルにチャレンジ!!

⑥わり算(2)

時間 10分 合格点 60点

1 次の㋐㋑にあてはまる数を全部書きなさい。(1つ20点・40点)

① □÷6＝9あまり㋐　(1, 2, 3, 4, 5)
あまりはわる数よりも小さい

② ㋑÷4＝7あまり□　(29, 30, 31)
あまりが1, 2, 3のときを考える

2 長いすが何きゃくかあり,3年1組の34人のせいとが,すわります。4人ずつすわっていくと,2人がすわれなかったので,5人ずつすわることにしました。このとき,1組のせいとのほかに,あと何人のせいとがすわることができますか。(30点)

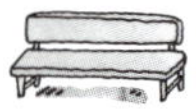

式 34－2＝32
32÷4＝8 (長いすは8きゃく)
5×8＝40 (40人すわれる)
40－34＝6

答え 6人

3 長さが53cmのひもがあります。左はしから3cmずつに何回か切って弟にあげ,右はしから2cmずつに同じ回数切って妹にあげたら8cmあまりました。弟と妹にあげたひもの数は,何本ずつですか。(30点)

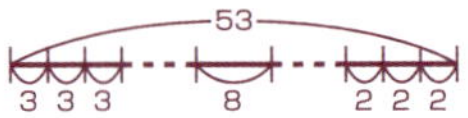

式 53－8＝45
3＋2＝5
45÷5＝9

答え 9本

テスト 25 標準レベル 1 ⑦長さ　時間 10分　合格点 80点

●長さの単位kmを知り，mとの関係を理解させます。
●道のりと距離のちがいを理解させます。
●道のりを測ったり，計算したりできるようにします。

1 下の図は，まきじゃくの一部です。次の⬇の目もりは，何m何cmですか。（1つ3点・18点）

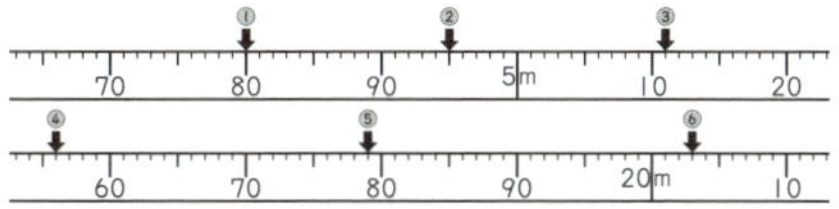

① 4m80cm　② 4m95cm　③ 5m11cm
④ 19m56cm　⑤ 19m79cm　⑥ 20m3cm

2 次の□にあてはまるたんいを書きなさい。（1つ4点・12点）
(1) ボール投げのきょり…………18 m
(2) つくえの高さ…………70 cm
(3) 1時間にバスが進む道のり…………45 km

3 次の問題に答えなさい。（1つ4点・12点）
(1) 600mと800mの道のりを合わせると，何km何mですか。
600+800=1400
1400m=1km400m　答え 1km400m
(2) 3505mは，3kmより何m長いですか。
3km=3000m
3505−3000=505　答え 505m
(3) 7100mは，8kmに何mたりませんか。
8km=8000m
8000−7100=900　答え 900m

4 次の□にあてはまる数を書きなさい。（1つ4点・24点）
① 3000m=3km　② 7km=7000m
③ 8620m=8km620m　④ 4km200m=4200m
⑤ 6030m=6km30m　⑥ 9km15m=9015m

5 次の計算をしなさい。（1つ4点・16点）
① 5km300m+2km100m=7km400m
② 800m+570m=1km370m
③ 6km−300m=5km700m
④ 4km200m−900m=3km300m

6 右の図を見て答えなさい。（1つ6点・18点）

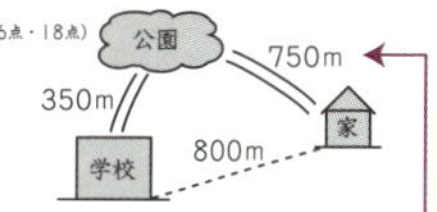

(1) 学校から家までのきょりは，どれだけありますか。
答え 800m
(2) 学校から公園を通って，家までの道のりは，何km何mですか。
[式] 350+750=1100
1100m=1km100m　答え 1km100m
(3) 学校から家までのきょりと公園を通る道のりとでは，何mちがいますか。
[式] 1100−800=300　答え 300m

★ある2点間をまっすぐにはかった長さをきょり，道にそってはかった長さを道のりといいます!!

28

テスト 26 標準レベル 2 ⑦長さ　時間 10分　合格点 80点

1 長い方を○でかこみなさい。（1つ6点・24点）
① （(2km300m)・2030m）　② （60500m・(65km)）
③ （(4700m)・4km70m）　④ （8km19m・(8190m)）

2 家から駅までは1km300mあります。（1つ10点・30点）
(1) 学校は，駅から700mはなれていて，家と反対方向にあります。家から学校までは，何kmありますか。
1km300m+700m=2km　答え 2km
(2) ゆうびん局は，駅から500mはなれていて，家と同じ方向にあります。家からゆうびん局までは，何mありますか。
1km300m−500m=800m　答え 800m
(3) ゆうびん局から学校までは，何km何mありますか。
500+700=1200
1200m=1km200m　答え 1km200m

3 右の図のような道があります。㋐→㋑→㋒の道のりと，㋐→㋒の道のりとでは，何mちがいますか。（10点）

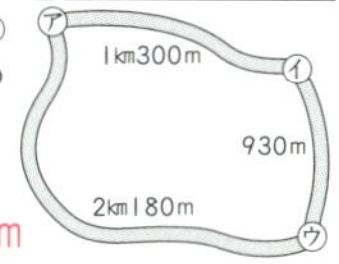

[式]
1km300m+930m=2km230m
2km230m−2km180m=50m　答え 50m

4 右の図は，えいじ君の家から駅までの道の様子をかいたものです。（1つ12点・24点）

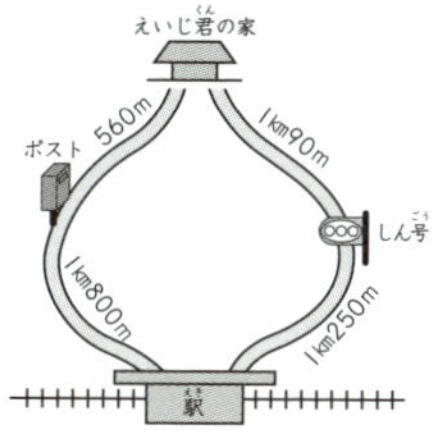

(1) えいじ君は，家からポストのある道を通って駅へ行き，しん号のある道を通って帰りました。えいじ君は，家を出て帰るまでに何km何m歩きましたか。
[式]
560m+1km800m=2km360m
1km250m+1km90m=2km340m
2km360m+2km340m=4km700m　答え 4km700m
(2) えいじ君の家から駅へ行くのに，ポストのある道を行くのと，しん号のある道を行くのとでは，何mちがいますか。
[式]
2km360m−2km340m
=20m　答え 20m

5 とし子さんは，家から1200mはなれた店までおつかいに行きました。ところが，店から400m手前でわすれ物に気づいて，家にもどってから店へ行きました。とし子さんは，家を出てから店に着くまでに，何km何m歩きましたか。（12点）
[式]
1200−400=800
（家からわすれ物をしたところまで）
800+800+1200=2800
2800m=2km800m　答え 2km800m

29

テスト 27 ハイレベル ⑦長さ　時間 15分　合格点 70点

1 次の□にあてはまる数を書きなさい。（1つ4点・24点）
① 30km=30000m
② 18km600m=18600m
③ 47000m=47km
④ 309000m=309km
⑤ 2km=200000cm　2km=2000m　2000×100=200000
⑥ 875600m=875km600m

★km→m　1000倍
m→km　÷1000

2 次の□にあてはまる数を書きなさい。（1つ5点・20点）
① 3km×7=21000m　（21km）
② 4km÷8=500m　（4000÷8）
③ 84m×100=8km400m　（8400m）
④ 275m×100=27km500m　（27500m）

3 しんじ君は7歩で4m20cm進みます。さちこさんは10歩で6m30cm進みます。（1つ6点・24点）
(1) 2人の歩はばは，それぞれ何cmですか。
[式] 4m20cm=420cm
420÷7=60（しんじ）
6m30cm=630cm
630÷10=63（さちこ）
答え しんじ…60cm　さちこ…63cm
(2) しんじ君が3000歩進むきょりは，何km何mですか。
[式]
60×3000=180000
180000cm=1km800m　答え 1km800m
(3) 同じ場所からしんじ君は西へ，さちこさんは東へ2人とも1000歩進みました。2人の間は，何km何mありますか。
[式]
60+63=123（1歩ではなれる長さ）
123×1000=123000
123000cm=1km230m　答え 1km230m
(4) 同じ場所から2人とも南へ1000歩進みました。2人の間は，何mありますか。
[式]
63−60=3（1歩ではなれる長さ）
3×1000=3000
3000cm=30m　答え 30m

30

4 次の□にあてはまる数を書きなさい。（1つ5点・20点）
① 50m×70+2km÷5=3km900m　（3500m　2000÷5=400）
② （1km600m−800m）×5=4km　（1600−800=800）
③ （3km+2400m）÷6=900m　（3000+2400=5400）
④ 10km−400m×7=7km200m　（10000m　2800m）

5 長方形の畑があります。たての長さは350mで，横の長さはたてよりも180m長いです。この畑のまわりの長さは何km何mですか。（6点）
[式] 350+180=530（横の長さ）
350+350+530+530=1760
1760m=1km760m　答え 1km760m

6 1本の道ぞいに家→公園→学校→駅のじゅんにあり，家から駅まで5km250m，家から学校まで2km650m，公園から駅まで4km50mあります。では，公園から学校までは何km何mありますか。（6点）
[式] 2km650m+4km50m=6km700m
6km700m−5km250m=1km450m　答え 1km450m

★
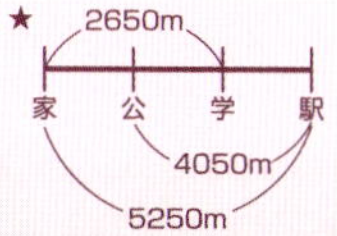

テスト 28 最高レベル 最高レベルにチャレンジ!! ⑦長さ　時間 10分　合格点 60点

● ㋐からじゅんに，㋑，㋒，㋓，㋔と車が進むとき，㋐〜㋔の5つの場所を通ります。

・㋐から㋔までは，3km600mある。（3600m）
・㋑から㋔までは，㋐から㋑の3倍ある。
・㋑から㋓までは，1km900mある。（1900m）
・㋒から㋔までは，2kmある。（2000m）

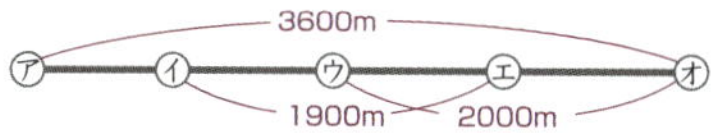

(1) ㋐から㋑までの道のりをもとめなさい。（30点）
3600÷（1+3）=900　答え 900m
(2) ㋑から㋔までの道のりをもとめなさい。（30点）
3600−900=2700
（900×3=2700）　答え 2700m
(3) ㋒から㋓までの道のりをもとめなさい。（40点）
1900+2000−2700=1200　答え 1200m

31

テスト29 標準レベル 1 ⑧たし算とひき算 時間 10分 合格点 80点

たし算，ひき算を上手にするためには，一けたの計算を速く，正確にできるようにすること，位取りを素早くできるようにすることが重要です。

1 次の計算を暗算でしなさい。（1つ4点・36点）

① 12+15＝27　② 36+63＝99　③ 60+28＝88
④ 13+57＝70　⑤ 45+55＝100　⑥ 23−11＝12
⑦ 47−24＝23　⑧ 83−50＝33　⑨ 60−22＝38

2 暗算のしかたを考えて，□にあてはまる数を書きなさい。（1つ1点・8点）

(1) 84+37
84に［30］をたして［114］，［114］に7をたして［121］になります。

(2) 123−45
123から［40］をひいて［83］，［83］から5をひいて［78］になります。

3 次の計算をしなさい。（1つ4点・24点）

① 457+342＝799　② 749−426＝323　③ 961+839＝1800
④ 612−218＝394　⑤ 5826+3415＝9241　⑥ 8194−5879＝2315

4 次の□にあてはまる数を書きなさい。（1つ4点・16点）

① 54+［46］＝100　② ［37］+36＝73
③ ［49］−32＝17　④ 91−［76］＝15

5 ひろ子さんは，3500円持って買いものに行き，1800円の本と1400円の本を買いました。ひろ子さんは，今，何円持っていますか。（6点）

式 3500−1800−1400＝300
（1800+1400＝3200　3500−3200＝300）
答え 300円

6 電車に726人が乗っていました。（1つ5点・10点）

(1) はじめの駅で，だれもおりないで168人が乗ってきました。電車に乗っている人は，何人になりましたか。

式 726+168＝894
答え 894人

(2) その次の駅で120人がおりて，52人が乗ってきました。電車に乗っている人は，何人になりましたか。

式 894−120＝774　774+52＝826
答え 826人

★ ③くり上がり・くり下がりに気をつけましょう。

テスト30 標準レベル 2 ⑧たし算とひき算 時間 10分 合格点 80点

1 次の計算をしなさい。（1つ4点・48点）

① 308+406＝714　② 789+112＝901　③ 876+345＝1221
④ 369−248＝121　⑤ 686−247＝439　⑥ 693−397＝296
⑦ 5276+3418＝8694　⑧ 2769+4835＝7604　⑨ 6938+1074＝8012
⑩ 6397−3168＝3229　⑪ 8423−5527＝2896　⑫ 9000−7777＝1223

2 次の□にあてはまる数を書きなさい。（1つ4点・16点）

① 560+［440］＝1000　1000−560＝440
② ［502］+729＝1231　1231−729＝502
③ ［1111］−357＝754　754+357＝1111
④ 7000−［89］＝6911　7000−6911＝89

★ ③②297+119＝416　523−416＝107

3 次の計算をしなさい。（1つ4点・16点）

① 465+378+58＝901　② 523−297−119＝107
③ 4729+2615+627＝7971　④ 8056−708−3697＝3651

4 あるサッカー場に入った人の数は，水曜日は4967人，土曜日は4235人でした。この2日間にサッカー場に入った人は，何人ですか。（8点）

式 4967+4235＝9202
※ひっ算をして計算を正かくに　答え 9202人

5 ある町の小学校のせいと数は，右のようになっています。（1つ6点・12点）

東小学校	719人
西小学校	574人
南小学校	1067人

(1) 東小学校と西小学校のせいと数を合わせると，何人になりますか。

式 719+574＝1293
答え 1293人

(2) この町の小学生は，何人ですか。

式 1293+1067＝2360
答え 2360人

テスト31 ハイレベル ⑧たし算とひき算 時間 15分 合格点 70点

1 次の計算を暗算でしなさい。（1つ3点・12点）

① 200+3000+4500＝7700
② 4000−3700+1900−600＝1600
③ 8700−3400+700−400＝5600
④ 5555−155+876−176＝6100

2 次の計算をしなさい。（1つ3点・27点）

① 28+61+75＝164　② 52+35+46＝133　③ 485+323+286＝1094
④ 76+18+37+82＝213　⑤ 12+123+1234+12345＝13714　⑥ 2448+2449+2551+2552＝10000
⑦ 11111−4567＝6544　⑧ 10000−2020＝7980　⑨ 90900−9090＝81810

3 次の□にあてはまる数を書きなさい。（1つ4点・24点）

① ［1］34+5［6］3＝69［7］
② 22［4］+3［8］3＝［6］07
③ ［6］97+32［8］＝［1］0［2］5
④ 96［7］−2［5］6＝［7］11
⑤ 7［2］6−［3］69＝35［7］
⑥ ［8］03−3［9］6＝40［7］

4 ある数に15をたしてから23をひき，そして137をたすと900になりました。ある数はいくつですか。（5点）

式 900−137+23−15＝771
（□+15−23+137＝900
□+137+15−23＝900
□+129＝900
□＝900−129＝771）
答え 771

5 こうた君は，500円を持ってお店に行き，120円のジュースと，350円の本を買いました。そのあと，おばあさんに2000円いただいたので，1250円のおもちゃも買いました。こうた君は，今いくら持っていますか。（8点）

式 500−120−350+2000−1250＝780
（500+2000＝2500
120+350+1250＝1720
2500−1720＝780）

答え 780円

6 [0]，[1]，[2]，[3]の4まいのカードがあります。これらのカードをならべて，4けたの数をつくる時，次の問題に答えなさい。（1つ4点・8点）

(1) いちばん大きい数は，何ですか。
答え 3210

(2) いちばん大きい数といちばん小さい数を合わせると，いくつになりますか。
（いちばん小さい数　1023
千のくらいに「0」は使えないので注意）
3210+1023＝4233
答え 4233

7 たろう君のちょ金は，弟のちょ金より200円多く，お姉さんのちょ金は，たろう君より300円多いそうです。また，お兄さんのちょ金は，お姉さんより400円多くて1300円です。弟のちょ金は，何円ですか。（8点）

式
1300−400＝900（姉）
900−300＝600（たろう）
600−200＝400
答え 400円

8 こうじ君は1日目に10円，2日目に20円，3日目に30円というように，毎日10円ずつふやして，ちょ金箱にお金を入れることにしました。ちょ金箱のお金が300円をこえるのは，お金を入れ始めてから何日目になりますか。（8点）

式 10+20+30+40+50+60+70＝280（7日目までの合計）
280+80＝360
答え 8日目

テスト32 最レベ 最高レベルにチャレンジ!! ⑧たし算とひき算 時間 10分 合格点 60点

1 ア〜エにはそれぞれ同じ数が入ります。4けたの数〔アイウエ〕をもとめなさい。（1つ20点・40点）

① アイウエ+アイウ＝5362　答え 4875
② アイウエ−アイウ＝6708　答え 7453

2 子どもが1列に213人ならんでいます。

(1) けんくんは前から76番目，ゆかさんは後ろから57番目です。2人の間に子どもは何人ならんでいますか。（30点）

式 213−76−57＝80
答え 80人

(2) まみさんは前から168番目，ごうくんは後ろから84番目です。2人の間に子どもは何人ならんでいますか（30点）

式 168+84＝252
252−213＝39
39−2＝37
答え 37人

〈きりとり線〉

テスト33 標準レベル 1 **9 かけ算（2）** 時間10分 合格点80点

●何十，何百のかけ算ができるようにします。
●（2けた）×（1けた），（3けた）×（1けた）の計算ができるようにします。

1 次の□にあてはまる数を書きなさい。（1つ4点・20点）

① 30×2→10×[3]×2→10×[6]→[60]

② 60×4→10×[6]×4→10×[24]→[240]

③ 80×5→10×[8]×5→10×[40]→[400]

④ 400×2→100×[8]→[800]

⑤ 700×6→100×[42]→[4200]

2 次の□にあてはまる数を書きなさい。（1つ5点・20点）

① 36×8は，30×[8]と6×[8]とを合わせた数と同じです。

② 42×5は，[40]×5と[2]×5とを合わせた数と同じです。

③ 607×3は，600×[3]と7×[3]とを合わせた数と同じです。

④ 713×8は，[700]×8と[10]×8と[3]×8とを合わせた数と同じです。713×8=700×8+10×8+3×8

★分配のきまり(A+B)×C=A×C+B×C

3 次の計算をしなさい。（1つ6点・36点）

① 28×5=140　② 47×3=141　③ 56×8=448

④ 234×3=702　⑤ 708×9=6372　⑥ 957×8=7656

★ 957×8：56，40，72 → 7656　この部分は頭の中でできるようにしましょう

4 次の問題に答えなさい。（1つ8点・24点）

(1) 1さつ580円の本を7さつ買いました。代金は，いくらですか。

式 580×7=4060　答え 4060円

(2) 1日に漢字を8字ずつ書いていくと，1年間（365日）では，何字書くことになりますか。 ※ひっ算は 365×8 とするとよい

式 8×365=2920　答え 2920字

(3) 運動場のはしからはしまでの長さをはかると，15mのひもで9回分ありました。はしからはしまでの長さは，何mですか。

式 15×9=135　答え 135m

テスト34 標準レベル 2 **9 かけ算（2）** 時間10分 合格点80点

1 次のかけ算をしなさい。（1つ2点・16点）

① 30×7=210　② 60×5=300

③ 8×90=720　④ 4×50=200

⑤ 400×3=1200　⑥ 700×7=4900

⑦ 2×800=1600　⑧ 6×900=5400

2 大きいほうを○でかこみなさい。（1つ3点・24点）

① （7×10・(75)）　② （(380)・3×80）

③ （(9×20)・160）　④ （(350)・60×5）

⑤ （(500×4)・1800）　⑥ （5500・(7×800)）

⑦ （80×10・(8010)）　⑧ （3200・(6×600)）

3 次の□にあてはまる数を書きなさい。（1つ4点・8点）

① 26×4の計算
6×4 …… [2][4]
20×4 …… [8][0]
合わせて [1][0][4]
26×4=20×4+6×4
=80+24=104

② 409×5の計算
9×5 …… [4][5]
400×5 …… [2][0][0][0]
合わせて [2][0][4][5]
409×5=400×5+9×5
=2000+45=2045

4 次の計算をしなさい。（1つ5点・20点）

① 8×64=512　② 906×8=7248　③ 786×5=3930　④ 697×9=6273

5 ♥，♦，♣，♠の4つのマークが1つだけかいてあるカードが13まいずつあります。カードは，全部で何まいありますか。（8点）

式 13×4=52（4×13=52でもよい）　答え 52まい

6 1まわりすると325mある池のまわりを，たろう君は，5しゅう走りました。たろう君は，何m走りましたか。（8点）

式 325×5=1625　答え 1625m

7 1かご650円のなしを6かご買いました。全部で何円はらえばよいですか。（8点）

式 650×6=3900　答え 3900円

8 1本80円の黒えん筆と，1本100円の赤えん筆があります。黒えん筆8本のねだんと赤えん筆6本のねだんとでは，どちらが何円高いですか。（8点）

式 80×8=640　100×6=600　640−600=40

答え 黒えん筆8本 の方が 40 円高い。

テスト35 ハイレベル **9 かけ算（2）** 時間15分 合格点70点

1 次の□にあてはまる数を書きなさい。（1つ2点・20点）

① [200]×3=600　② [400]×5=2000

③ 400×[3]=1200　④ 6×[700]=4200

⑤ [800]×8=6400　⑥ [400]×4=1600

⑦ 7×[600]=4200　⑧ 300×[9]=2700

⑨ [6]×50=300　⑩ [600]×9=5400

2 次の計算をしなさい。（1つ4点・8点）

① 142857×7=999999　② 12345679×9=111111111

3 次の□にあてはまる数を書きなさい。（1つ2点・12点）

① [4]34×2=868　② 19[4]×3=582　③ 2[2]7×5=1135

④ 5[2]9×8=4232　⑤ 91[6]×9=8244　⑥ 7[9]8×6=4788

★ ⑥ 7□8×6　まず48　ここから→□□とく　42　4788

4 1まい9円のシールを640まい買いましたが，お店の人が1まいにつき2円安くしてくれました。何円はらえばよいですか。（6点）

式 9−2=7　7×640=4480（9×640=5760　2×640=1280　5760−1280=4480）　答え 4480円

5 1こ750円のメロンを8こ買ったので，全部で200円安くしてくれました。何円はらえばよいですか。（6点）

式 750×8=6000　6000−200=5800　答え 5800円

6 まさ子さんのおたんじょう会に，8人のお友だちが集まりました。1人に270円のケーキを1こと80円のジュースを1本配ります。まさ子さんの分も入れると，全部でいくらかかりますか。（6点）

式 270+80=350　8+1=9　350×9=3150　答え 3150円

7 2m75cmの長さのひもを，8本作りたいと思います。全部で何mのひもがあればよいですか。（6点）

式 2m75cm=275cm　275×8=2200　2200cm=22m　答え 22m

8 にわとりが120羽，やぎが120頭，牛も120頭います。足の数は，全部で何本になりますか。（6点）

式 2+4+4=10　10×120=1200（2×120=240　4×120=480　240+480+480=1200）　答え 1200本

9 えん筆がたくさんあります。120本ずつたばねると，7たばできて6本あまりました。えん筆は，全部で何本ありますか。（6点）

式 120×7+6=846　答え 846本

10 右のように，ご石が正方形にたて・横に123こぎっしりとならんでいます。これをたて・横に図の▒のように4列ずつふやすと，ご石はあと何こいりますか。（6点）

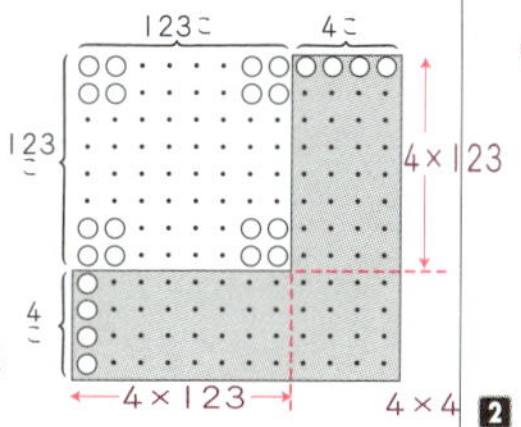

式 4×123×2=984　4×4=16　984+16=1000　答え 1000こ

11 あつ子さんは，計算問題を1問目からします。毎日，8問ずつしていくと，79日目は，何問目からしますか。（6点）

式 79−1=78　8×78=624（78日目のさい後のページ）　624+1=625　答え 625問目

12 次の□にあてはまる数を書きなさい。（1つ6点・12点）

① 999×8=8000−[8]　999×8=(1000−1)×8=1000×8−1×8

② 749×6−749×5=[749]

テスト36 最高レベル 最高レベルにチャレンジ!! **9 かけ算（2）** 時間10分 合格点60点

1 ㋐と㋑には，それぞれ同じ数が入ります。㋐と㋑に入る数をもとめなさい。（1つ15点・60点）

① ㋐9㋑×㋑=3㋐79　答え ㋐ 4　㋑ 7

② ㋐8㋑×㋑=3㋐1㋑　答え ㋐ 5　㋑ 6

2 けんじくんの学校の3年生全いんがバスで遠足に行きます。38人のりのバスだと5台ひつようで，46人のりのバスだと4台ひつようです。3年生の人数は何人から何人までと考えられますか。（40点）

式 38×(5−1)+1=153　38×5=190　}153人〜190人
46×(4−1)+1=139　46×4=184　}139人〜184人
上より153人〜184人

答え 153 人から 184 人まで

テスト37 標準レベル 1 ⑩大きな数

時間 10分 合格点 80点

10進法を理解し，位取りのきまりを正しく理解させます。特に，位のとんでいるところには，十分注意を払わせます。

1 次の数を漢字で書きなさい。（1つ4点・16点）

★一の位から4けたごとに区切ります。

① 34567 答え 三万四千五百六十七

② 2830|0000 答え 二千八百三十万

③ 1|7000|0000 答え 一億七千万

④ 5|0900|0000|0000 答え 五兆九百億

2 次の数を数字で書きなさい。（1つ4点・16点）

① 九万八千七百六十五 答え 98765

② 四百万八千 答え 4008000

③ 七億六千万 答え 760000000

④ 一兆二千億 答え 1200000000000

3 下の数直線の□にあてはまる数を書きなさい。（1つ4点・16点）

9700　10000　10200

① 9800　② 10050

90000000　100000000

③ 93000000　④ 107000000

★10200−10000=200
200÷4=50　1目もりは50

4 次の数はいくつですか。（1つ4点・16点）

① 十万を3こ，1万を7こ，千を2こ，百を9こ，十を4こ集めた数。 答え 372940

② 百万を10こ，一万を83こ集めた数。
100万×10=1000万　83万
答え 10830000

③ 一億より百万小さい数。
1億=10000万
10000万−100万=9900万
答え 99000000

④ 一万円さつを15まい，千円さつを35まい，百円玉を17こ，1円玉を5こ集めた金がく。 答え 186705 円
150000+35000+1700+5=186705

5 表のあいているところに，あてはまる数を書きなさい。（1つ4点・36点）

10でわる	10	43	6660
もとの数	100	430	66600
10倍	1000	4300	666000
100倍	10000	43000	6660000

テスト38 標準レベル 2 ⑩大きな数

時間 10分 合格点 80点

1 75|9041|8362について答えなさい。（1つ6点・12点）

(1) 十万のくらいの数字と一億のくらいの数字は何ですか。
十万のくらい… 4　一億のくらい… 5

(2) 7は何が7こあることを表していますか。
答え 1000000000（10億）

2 次の数を数字で書きなさい。（1つ5点・20点）

① 一万より10小さい数……… 9990

② 百万より1000小さい数…… 999000

③ 九十九万より十六万大きい数… 1150000

④ 十万より100小さい数……… 99900

3 数の大きい方を○でかこみなさい。（1つ4点・8点）

①（(104997)・98745）

②（(894万)・889万）

4 次の計算をしなさい。（1つ3点・18点）

① 760×10＝7600　② 9000×10＝90000

③ 920×100＝92000　④ 6500×100＝650000

⑤ 10500÷10＝1050　⑥ 112000÷10＝11200

5 次の数を数字で書くと，0を何こ書きますか。（1つ6点・12点）

① 一兆 答え 12 こ　② 七千一万四千五十 答え 4 こ

★1兆＝1000000000000　★70014050

6 ある市の人口を調べると，男の人が76406人で，女の人が82053人でした。（1つ10点・20点）

(1) 男の人と女の人の合計は何人ですか。
式 76406+82053
=158459
答え 158459人

(2) 女の人は男の人より何人多いですか。
式 82053−76406
=5647
答え 5647人

7 4087252より，24万大きい数を数字で書きなさい。（10点）

$$\begin{array}{r} 4087252 \\ +\ 240000 \\ \hline 4327252 \end{array}$$

答え 4327252

テスト39 ハイレベル ⑩大きな数

時間 15分 合格点 70点

1 次の計算をしなさい。答えはすべて数字で書きなさい。（1つ2点・12点）

① 371万+89万＝4600000

② 900万−321万＝5790000

③ 1000000−650000＝350000

④ 3025×100＝302500

⑤ 2720÷10＝272

⑥ 1982000÷1000＝1982

2 98700000について答えなさい。（1つ2点・10点）

① 10倍した数を漢字で書きなさい。
10倍→987000000 答え 九億八千七百万

② 100倍した時，8は何のくらいになりますか。
100倍→9870000000 答え 一億 のくらい

③ 10でわると，7は何のくらいになりますか。
10分の1→9870000 答え 一万 のくらい

④ 100でわると，9は何のくらいになりますか。
100分の1→987000 答え 十万 のくらい

⑤ 何倍すると，8が十億のくらいになりますか。
8は百万のくらい
百万×1000が十億
答え 1000 倍

3 次の□にあてはまる数を書きなさい。（1つ2点・8点）

① 6370000は，1万が 637 こ集まった数です。

② 987200は，1万が 98 こと，100 が72こ集まった数です。

③ 十万が321こと，十が45こ集まった数は，32100450 です。
32100000　450

④ 999999より千大きい数は，1000999 です。

4 次の□にあてはまる数を書きなさい。（1つ2点・8点）

① 19990 — 20000 — 20010 — 20020

② 10050 — 10100 — 10150 — 10200

③ 34900 — 35000 — 35100 — 35200

④ 九万九千 — 十万 — 十万千 — 十万二千

5 0，1，2，3，4，5の6まいのカードの中から，5まいえらんで，5けたの数をつくります。（1つ4点・12点）

(1) いちばん大きい数は，何ですか。
★上のくらいの数が大きいほど大きくなる
答え 54321

(2) いちばん小さい数は，何ですか。
★いちばん上のくらいに「0」は使えない
答え 10234

(3) 2番目に小さい数は，何ですか。
答え 10235

6 9760人から100円ずつお金を集めました。100万円を集めるためには，あと何人から100円ずつ集めなければなりませんか。（10点）
（1000000÷100=10000
10000−9760=240）
式
100×9760=976000（9760×100ではない）
1000000−976000=24000
24000÷100=240
答え 240人

7 全部で何円になるかを答えなさい。（1つ10点・20点）

(1) 一万円さつが69まいと，千円さつが75まい
690000+75000
=765000
答え 765000 円

(2) 千円さつが945まいと，百円玉が7000まい
945000+700000
=1645000
答え 1645000 円

8 下の9まいのカードを全部ならべて，9けたの数をつくります。（1つ10点・20点）

0 0 0 0 0 3 3 7 7

(1) 3番目に大きい数を，漢字で書きなさい。
★1番 773300000
2番 773030000
3番 773003000
答え 七億七千三百万三千

(2) 3番目に小さい数を，漢字で書きなさい。
★1番 300000377
2番 300000737
3番 300000773
答え 三億七百七十三

テスト40 最レベ 最高レベルにチャレンジ!! ⑩大きな数

時間 10分 合格点 60点

1 次の問題に答えなさい。

(1) どのくらいの数字もみんなちがう数のうち，いちばん大きい7けたの数と，いちばん小さい8けたの数のちがいはいくらですか。

$$\begin{array}{r} 10234567 \\ -\ 9876543 \\ \hline 358024 \end{array}$$

答え 358024

(2) どのくらいの数字もみんなちがう数のうち，50万にいちばん近い数を書きなさい。（15点）
答え 501234

2 次の数直線について，あとの問題に答えなさい。（1つ25点・75点）

答え（あ）（い）（う）

(1) 1目もりが10万を表し，いが970万を表すとき，あ，うにあたる数を数字で書きなさい。
答え あ… 9200000　う… 10500000
970万−10万×5=920万　970万+10万×8=1050000

(2) あが一兆，いが二兆を表すとき，うにあたる数を漢字で書きなさい。
1目もり2000億
答え 三兆六千億

★カードを小さい方からじゅんにならべかえてから考える

リビューテスト2-①
(ふくしゅうテスト)

時間 10分　合格点 70点

1 6時まで，あと何時間何分ありますか。(1つ4点・12点)

① 答え 3時間30分　② 答え 2時間15分　③ 答え 7時間37分

2 次のあまりのあるわり算をしなさい。(1つ3点・18点)

① 51÷7=7あまり2　② 40÷9=4あまり4

③ 35÷4=8あまり3　④ 63÷8=7あまり7

⑤ 46÷5=9あまり1　⑥ 22÷3=7あまり1

3 次の□にあてはまる数を書きなさい。(1つ3点・12点)

① 4000m=[4]km　② 9km=[9000]m

③ 16200m=[16]km[200]m　④ 7km40m=[7040]m

4 次の□にあてはまる数を書きなさい。(1つ4点・16点)

① 526+[216]=742　② [1312]−369=943

③ [309]+409=718　④ 852−[358]=494

★①742−526=216　②943+369=1312
③718−409=309　④852−494=358

5 [0]，[9]，[7]，[7]，[8]，[1]の6まいのカードの中から，5まいえらび，5けたの数をつくります。(1つ4点・12点)

(1) いちばん大きい数は，何ですか。
答え 98771

(2) 2番目に小さい数は，何ですか。
1番目 10778
答え 10779

(3) 80000にいちばん近い数は何ですか。
79871→80000→80177（129，177）
答え 79871

6 54ページある本を，1日に7ページずつ読んでいきます。読み終わるのに何日間かかりますか。(10点)

式 54÷7=7あまり5
7+1=8
(あまった5ページは8日目に読む)
答え 8日間

7 512人乗せて電車が出発しました。(1つ10点・20点)

(1) はじめの駅で，69人がおりて，92人が乗ってきました。電車に乗っている人は，何人になりましたか。

式 512−69+92=535
答え 535人

(2) 2番目の駅では，196人乗ってきて何人かおりたので，2番目の駅を654人乗せて出発しました。2番目の駅で何人おりましたか。

式 535+196=731
731−654=77
答え 77人

リビューテスト2-②
(ふくしゅうテスト)

時間 10分　合格点 70点

1 次の数を漢字で書きなさい。(1つ5点・15点)

① 43627　答え 四万三千六百二十七

② 901024　答え 九十万千二十四

③ 2300000000000（兆｜億｜万）　答え 二兆三千億

2 次の計算をしなさい。(1つ5点・45点)

① 206+307=513　② 689+124=813　③ 4924+2176=7100

④ 512−209=303　⑤ 756−459=297　⑥ 3016−1172=1844

⑦ 39×3=117　⑧ 629×4=2516　⑨ 708×9=6372

3 次の□にあてはまる数を入れなさい。(1つ5点・10点)

① [45]÷6=7あまり3

② 53÷[8]=6あまり5

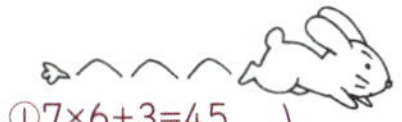

(①7×6+3=45
②(53−5)÷6=8)

4 まさみさんは，ある本のはじめからじゅんに，毎日9ページずつ読んでいます。4月25日から読みはじめたとすると，5月29日は何ページ目から読むことになりますか。(10点)

式 30−25+1=6 (4月25日～30日までの日数)
6+29−1=34 (4月25日～5月28日までの日数)
9×34=306 (5月28日のさいごのページ)
306+1=307
答え 307ページ目

5 何時間何分ですか。(1つ5点・10点)

(1) 午前3時15分から午前10時10分まで
10時10分 − 3時15分 = 6時55分
答え 6時間55分

(2) 午前7時40分から午後5時20分まで
午後5時=17時
17時20分 − 7時40分 = 9時40分
答え 9時間40分

6 右の図のような道があります。㋐→㋑→㋒の道のりは6km，㋑→㋒→㋐の道のりは12km，㋒→㋐→㋑の道のりは10kmです。㋑→㋒の道のりは，何kmですか。(10点)

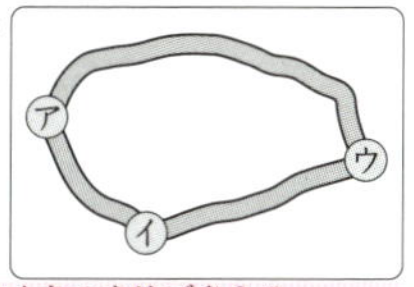

式 10+6=16
16−12=4
4÷2=2(㋐→㋑)
6−2=4

★1本の直線で考える。

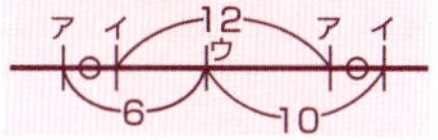

答え 4km

きりとり線

テスト41 標準レベル 1 ⑪いろいろな形 時間10分 合格点80点

●図形の学習で重要な頂点・辺・角などの意味を正しく理解させる。
●正方形・長方形・直角三角形の性質を学び，その他の正三角形・二等辺三角形についても理解を深めるようにします。

1 次の□にあてはまる言葉を⬚からえらんで書きなさい。（1つ4点・20点）

(1) 3本の直線でかこまれた形を［三角形］といいます。

(2) 4本の直線でかこまれた形を［四角形］といいます。

(3) 右のような形のアのところを［辺］といい，イのところを［ちょう点］といいます。

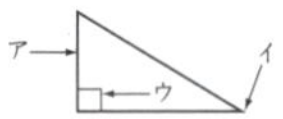

また，ウのような角を［直角］といいます。

ちょう点 ・ 四角形 ・ 辺 ・ 直角 ・ 三角形

2 それぞれの形には，辺，ちょう点，直角は，いくつありますか。下の表のあいているところに数字を書きなさい。（1つ4点・32点）

	正方形	長方形	直角三角形
辺の数	4	4	3
ちょう点の数	4	4	3
直角の数	4	4	1

★「3」としないように

3 次の形の中から正方形，長方形，直角三角形をえらびなさい。（1つ8点・24点）

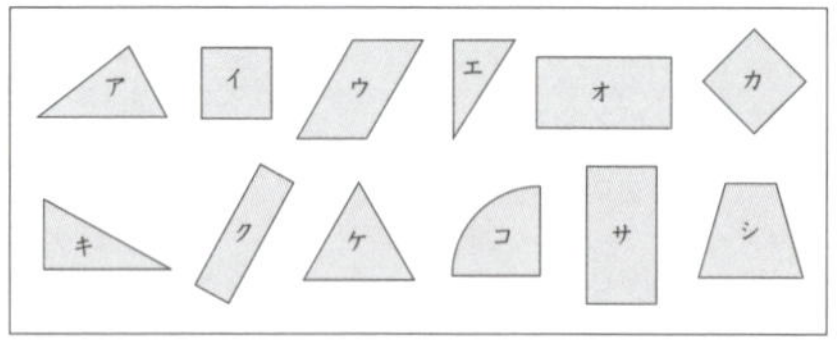

① 正方形………［イ，カ］　② 長方形…［オ，ク，サ］

③ 直角三角形…［エ，キ］

4 下の形のどれとどれを組み合わせると，正方形ができますか。また，長方形になるのは，どれとどれですか。記号で答えなさい。（オとオのように，同じものどうしは使えません。）（1つ8点・24点）

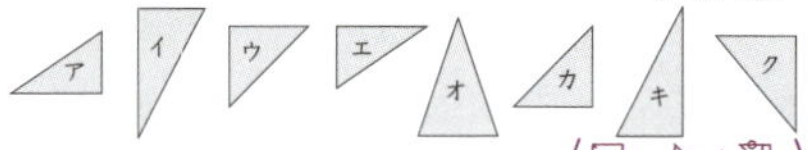

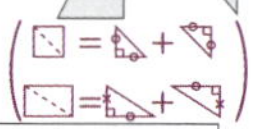

① 正方形［ウ　と　カ］

② 長方形［ア　と　エ］，［イ　と　キ］

★正方形…四辺の長さが等しく，すべての角が直角
長方形…向かい合う辺の長さが等しく，すべての角が直角

テスト42 標準レベル 2 ⑪いろいろな形 時間10分 合格点80点

1 □にあてはまる言葉を書きなさい。（1つ4点・20点）

① 2つの辺の長さが等しい三角形を［二等辺三角形］といいます。

② 3つの辺の長さがすべて等しい三角形を［正三角形］といいます。

③ 1つの角が直角である三角形を［直角三角形］といい，そのうち，2つの辺の長さが等しい三角形を［直角二等辺三角形］といいます。

④ 2つの角の大きさが等しい三角形は，［二等辺三角形］といいます。

⑤ 3つの角の大きさが等しい三角形は，［正三角形］といいます。

2 次の三角形は，何という三角形ですか。（1つ8点・32点）

①

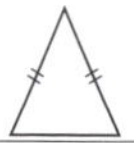

答え［二等辺三角形］

②

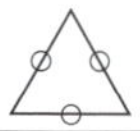

答え［正三角形］

③

答え［直角三角形］

④

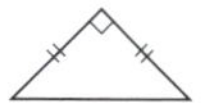

答え［直角二等辺三角形］

★どんな三角形ができるかをおぼえておこう

3 次の三角形は，何という三角形ですか。（1つ8点・16点）

① 辺の長さが，5cm，3cm，5cmの三角形。

※2辺の長さが等しい　答え［二等辺三角形］

② 辺の長さが，6cm，6cm，6cmの三角形。

※3辺の長さが等しい　答え［正三角形］

4 次の三角形を下のなかまに分けなさい。（1つ8点・32点）
（①〜④にあてはまらないものもあります。）

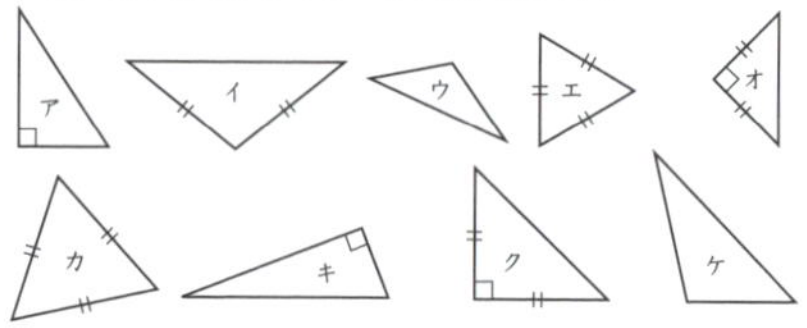

① 二等辺三角形………［イ］

② 正三角形……………［エ，カ］

③ 直角三角形…………［ア，キ］

④ 直角二等辺三角形…［オ，ク］

テスト43 ハイレベル ⑪いろいろな形 時間15分 合格点70点

1 下の図には，次の三角形はいくつありますか。（1つ6点・18点）

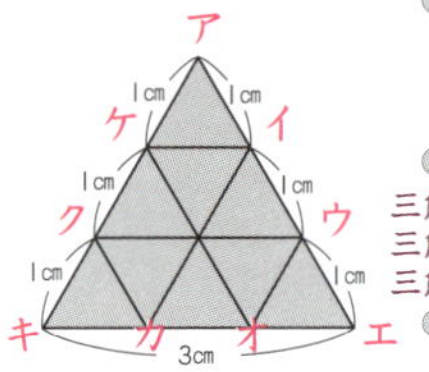

① 一辺3cmの正三角形［1こ］

② 一辺2cmの正三角形［3こ］
三角形アクウ
三角形ケキオ
三角形イカエ

③ 一辺1cmの正三角形［9こ］

2 向かい合うちょう点をむすぶ線で四角形を切ると，下のような形ができました。（　）にもとの四角形の名前を書きなさい。（1つ6点・12点）

①

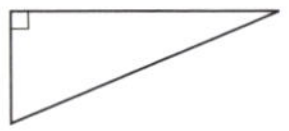

答え［長方形］

②

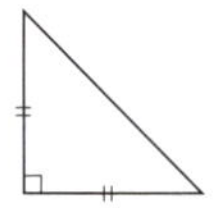

答え［正方形］

★向かい合うちょう点をむすぶ線のことを対角線という

3 たろう君は，4cmのひごを2本使って，二等辺三角形を作ろうと思いました。のこりの1本は，5cm，8cm，9cmの3本のひごの中のどのひごを使えばよいですか。（ひごは，おったり切ったりしません。）（10点）

★2つの辺の長さをたすと，もう一つの辺の長さよりかならず長くならないといけません

答え［5　cmのひご］

4 下の図のように，2つにおった紙から直角三角形を切り取り，広げたときにできる三角形について，下の問題に答えなさい。（1つ10点・20点）

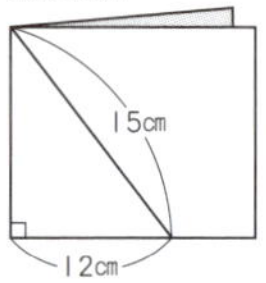

(1) まわりの長さは，何cmですか。

$15\times2+12\times2=54$

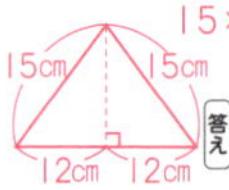

答え［54cm］

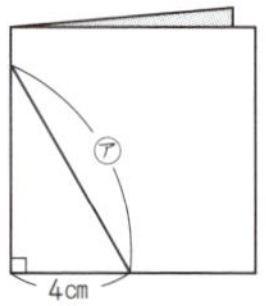

(2) 正三角形を作るためには，㋐は何cmにしなければなりませんか。

$4\times2=8$

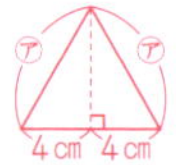

答え［8cm］

5 一辺の長さ4cmの正三角形から，図のように一辺の長さが1cmの正三角形を3こ切り取ります。のこった図形のまわりの長さは，何cmですか。（10点）

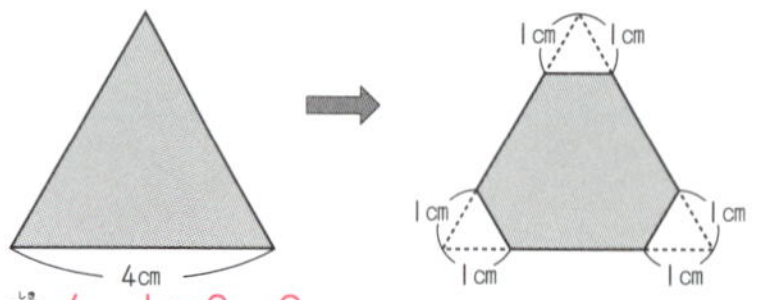

［式］$4-1\times2=2$
$2\times3+1\times3=9$

答え［9cm］

6 次の図は，正方形と正三角形を組み合わせたものです。（1つ10点・30点）

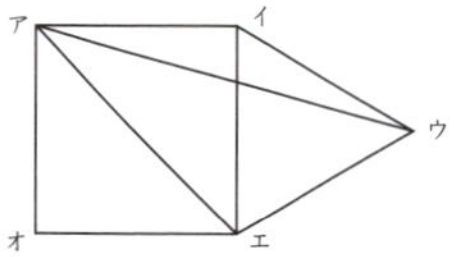

(1) 三角形アイエは，何という三角形ですか。　答え［直角二等辺三角形］

(2) 三角形アイウは，何という三角形ですか。　答え［二等辺三角形］

(3) 辺アオの長さが4cmのとき，この組み合わせた図形のまわりの長さは，何cmですか。

［式］$4\times5=20$

答え［20cm］

テスト44 最高レベル 最高レベルにチャレンジ!! ⑪いろいろな形 時間10分 合格点60点

1 下の図のようなひごがあります。このうち3本を使って，三角形を作ります。使うひごを下のれいのように，あと2組書きなさい。（1つ20点・40点）

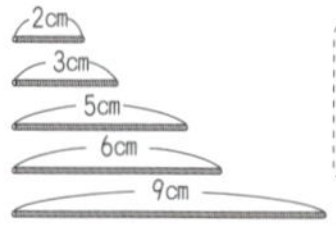

れい　2cmと5cmと6cmのひごを使ったときは，（2・5・6）と書きます。

答え［(3・5・6)］［(5・6・9)］

2 下の図には，次の形が全部で何こありますか。（1つ10点・60点）

①

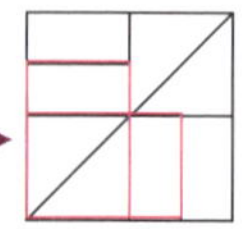

正方形……………［5］こ
長方形……………［10］こ
直角二等辺三角形…［6］こ

②

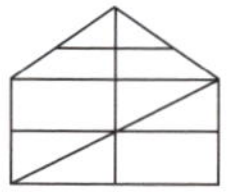

正方形………［2］こ
長方形………［7］こ
直角三角形…［10］こ

★この2つの長方形を忘れずに!!

〈きりとり線〉

テスト 45 標準レベル 1 ⑫重さ

時間 10分 合格点 80点

単位相互間の関係を理解し，自由に単位変換できる能力を養います。重さの単位を扱う文章題を練習します。

1 次の□の中に，あてはまるたんいを書きなさい。（1つ4点・12点）

① 算数の教科書の重さ……………150 [g] グラム
② わたしの体重………………………26 [kg] キログラム
③ トラックで運べる荷物の重さ……2 [t] トン

2 次の□の中に，あてはまる数を書きなさい。（1つ5点・40点）

① 1kg=[1000]g
② 3000g=[3]kg
③ 1t=[1000]kg
④ 4000kg=[4]t
⑤ 4kg560g=[4560]g
⑥ 2150g=[2]kg[150]g
⑦ 6t800kg=[6800]kg
⑧ 7920kg=[7]t[920]kg

3 1目もりの重さを□に，はりのさしている重さを（　）に書きなさい。（1つ4点・24点）

① 答え [10g]（250g）　② 答え [50g]（700g）　③ 答え [100g]（2kg300g）

4 次の重さになるように，はりを書きなさい。（1つ4点・12点）

① 750g　② 1kg850g　③ 2kg700g

1目もり10g　1目もり10g　1目もり100g

5 いちばん重いものを○でかこみなさい。（1つ6点・12点）

① （6kg ・ 5995g ・ (6006g)）　6000g
② （7900kg ・ (18t) ・ 9090kg）　7t900kg　9t90kg

★くらべやすいたんいにそろえましょう。

テスト 46 標準レベル 2 ⑫重さ

時間 10分 合格点 80点

1 □にあてはまる数を書きなさい。（1つ5点・40点）

① 300g+600g=[900]g
② 700g+800g=[1]kg[500]g　1500g
③ 6kg200g−3700g=[2500]g　6200g
★たんいをそろえてけいさんしましょう。
④ 8100g−4kg500g=[3]kg[600]g　4500g
⑤ 3000kg+5t=[8000]kg　5000kg
⑥ 900kg+800kg=[1]t[700]kg　1700kg
⑦ 5t−1t300kg=[3700]kg　5000kg−1300kg
⑧ 8t600kg−2t800kg=[5]t[800]kg　8600kg−2800kg

2 重さ300gの箱にくりを900gつめました。全体の重さは，何kg何gですか。（10点）

式 300+900=1200
1200g=1kg200g

★答えのたんいに注意しましょう。

答え 1kg200g

3 重さの軽いじゅんに番号をつけなさい。（1つ10点・20点）

① 5900g ・ 5kg90g ・ 590g ・ 59kg
[3] ・ [2] ・ [1] ・ [4]
5900g　5090g　590g　59000g

② 3t60kg ・ 3600kg ・ 6t3kg ・ 630kg
[2] ・ [3] ・ [4] ・ [1]
3060kg　3600kg　6003kg　630kg

4 お米を2kg買ってきて，そのうち500gを食べました。のこりのお米は何kg何gですか。（10点）

式 2kg−500g=1kg500g
（2kg=2000g
2000−500=1500
1500g=1kg500g）

答え 1kg500g

5 トラックに荷物をのせてトラックごとはかると，4t30kgでした。荷物をおろしてトラックだけはかると，1t200kgでした。荷物の重さは，何t何kgでしたか。（10点）

式 4t30kg−1t200kg=2t830kg
4030kg　1200kg

答え 2t830kg

6 ねこのヒロちゃんは，体重が3kg500gです。ナナちゃんは，2kg900g，ゴンタは，9kg170gあります。ゴンタは，ヒロちゃんとナナちゃんの体重の合計より何kg何g重いですか。（10点）

式 3kg500g+2kg900g=6kg400g
9kg170g−6kg400g=2kg770g

（上のように式を書いておき，頭の中では3500+2900=6400　9170−6400=2770と計算する）

答え 2kg770g

テスト 47 ハイレベル ⑫重さ

時間 15分 合格点 70点

1 次の□にあてはまる数を書きなさい。（1つ4点・40点）

① 4kg900g+1600g=[6]kg[500]g
② 3020kg+5t390kg=[8410]kg
③ 8kg200g−2400g=[5]kg[800]g
④ 7080g−4kg290g=[2790]g
⑤ 30g×3=[90]g
⑥ 4t×7=[28000]kg
⑦ 56g÷8=[7]g
⑧ 18kg÷9=[2]kg
⑨ 600kg×5=[3]t
⑩ 6t÷2=[3000]kg

2 重さ1kg400gのケースに1本800gのびんを6本入れました。ケース全体の重さは，何kg何gになりますか。（8点）

式 800×6=4800
4800g=4kg800g
1kg400g+4kg800g
=6kg200g

答え 6kg200g

3 4mの重さが12kgのパイプがあります。このパイプ7mの重さは，何kgですか。（8点）

式 12÷4=3（パイプ1mの重さ）
3×7=21

答え 21kg

4 重さが3kgの箱に同じおもりを8こ入れて重さをはかったら，19kgありました。おもり1この重さは，何gですか。（8点）

式 19−3=16（おもり8こ分の重さ）
16÷8=2
2kg=2000g

答え 2000g

5 みち子さんは，ねん土を5人の友だちから4kgずつ，2人の友だちから500gずつもらいました。全部で何kgのねん土をもらいましたか。（8点）

式 4×5=20（5×4にしない）
500×2=1000（2×500にしない）
1000g=1kg
20+1=21

答え 21kg

6 角ざとう10こをびんごとはかると280gでした。そのうち角ざとうを5こ使ってから重さをはかると240gでした。角ざとう1この重さは，何gですか。また，びんの重さは，何gですか。（8点）

式 280−240=40（角ざとう5こ分の重さ）
40÷5=8
280−8×10=200

答え 角ざとう1この重さ… 8g　びんの重さ… 200g

7 それぞれ同じ重さのアメとガムがあります。アメ1ことガム1こをはかりにのせると8gです。アメ1ことガム3こをはかりにのせると14gです。ガム1この重さは，何gですか。（10点）

式 14−8=6（ガム2こ分の重さ）
3−1=2
6÷2=3

答え 3g

8 ア・イ・ウの3つの箱があります。イの重さは，アの重さの2倍あります。ウの重さは，アの重さの3倍あります。ア・イ・ウの3つの重さを合わせると，18kgです。ウの箱の重さは，何kgですか。（10点）

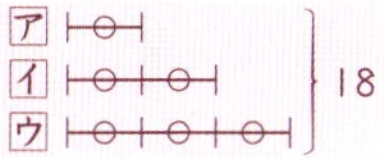

式 1+2+3=6
18÷6=3（ア）
3×3=9

答え 9kg

テスト 48 最レベ 最高レベルにチャレンジ!! ⑫重さ

時間 10分 合格点 60点

1 大・中・小の3つの花びんがあります。大と中を合わせた重さは9kg，中と小を合わせた重さは4kg，小と大を合わせた重さは7kgです。大・中・小の花びんの重さは，それぞれ何kgですか。（1つ20点・60点）

★それぞれ2つずつの合計になります。

式 9+4+7=20（大大中中小小）
20÷2=10（大中小）
10−4=6（大）
10−7=3（中）
10−9=1（小）

答え 大… 6kg　中… 3kg　小… 1kg

2 赤い玉1こと白い玉2この重さは同じで，赤い玉2こと，青い玉3この重さも同じです。赤い玉1こと白い玉1この重さを合わせると9kgです。

(1) 赤い玉1こは，何kgですか。（20点）

式 9÷（2+1）=3
3×2=6

赤+白=9
白+白+白=9

答え 6kg

(2) 青い玉1こは，何kgですか。（20点）

式 6×2=12（赤2こ）
12÷3=4

答え 4kg

テスト49 標準レベル 1 ⑬かけ算（3）

時間10分 合格点80点　　点

(2けたの数)×(2けたの数)，(3けたの数)×(2けたの数)の計算ができるようにします。
ひっ算のしかたを理解したうえで，計算ができるようにします。

1 次の□にあてはまる数を書きなさい。(1つ5点・20点)

① 40×60=[4]×[6]×10×10=[24]×100
② 300×80=[24]×100×10=[24000]
③ 50×24=[5]×[24]×10=[120]×10
④ 120×50=[12]×[5]×100=[6000]

2 次の□にあてはまる数を書きなさい。(1つ5点・15点)

① 72×34：[288]，[216]，[2448]
② 346×25：[1730]，[692]，[8650]
③ 698×67：[4886]，[4188]，[46766]

3 次のかけ算をしなさい。(1つ5点・20点)

① 45×26：270，90，1170
② 78×53：234，390，4134
③ 264×36：1584，792，9504
④ 578×45：2890，2312，26010

4 25cmの40倍は，何cmですか。(5点)

【式】25×40=1000　　答え 1000cm

5 1こ52gのボールが，18こあります。全部で何gになりますか。(10点)

【式】52×18=936　　答え 936g

6 お楽しみ会を22人ですることになり，1人350円ずつ集めました。いくら集まりましたか。(10点)

【式】350×22=7700
(22×350にしない)　　答え 7700円

7 ある本を1日に15ページずつ読んでいくと，18日間で読み終わりました。この本のページ数は，全部で何ページですか。(10点)

【式】15×18=270　　答え 270ページ

8 1本30円のえん筆を3ダース買いました。お金は，全部で何円はらえばよいですか。(10点)

★1ダースで12本

【式】12×3=36
30×36=1080　　答え 1080円

テスト50 標準レベル 2 ⑬かけ算（3）

時間10分 合格点80点　　点

1 次のかけ算をしなさい。(1つ5点・40点)

① 86×40=3440
② 78×50=3900
③ 306×18：2448，306，5508
④ 509×26：3054，1018，13234
⑤ 93×62：186，558，5766
⑥ 34×87：238，272，2958
⑦ 462×50=23100
⑧ 874×63：2622，5244，55062

★筆算はくらいをそろえてしましょう

2 97×8=776を使って，次のかけ算の答えを書きなさい。(1つ5点・10点)

① 97×80=7760　(97×80=97×8×10)
② 970×80=77600　(970×80=97×8×10×10=97×8×100)

3 1本の長さが75cmのひもを32本作ります。ひもは，全部で何mあればよいですか。(10点)

【式】75×32=2400
2400cm=24m　　答え 24m

4 ガソリン1Lで15km進む自動車は，60Lのガソリンがあれば，何km進むことができますか。(10点)

【式】15×60=900　　答え 900km

5 1さつ70円のノートを34人のクラス全員に，1人に1さつずつ配ります。ノートを買うお金は，全部で何円いりますか。(10点)

【式】70×34=2380　　答え 2380円

6 1回250円の金魚すくいを27人でしました。お金は，いくらはらえばよいですか。(10点)

【式】250×27=6750　　答え 6750円

7 1本250mLのジュースを1ダース買いました。ジュースは，全部で何Lありますか。(10点)

【式】250×12=3000　★1ダースで12本
3000mL=3L
(★「mL」→「L」になおす式もわすれずに。)　　答え 3L

テスト51 ハイレベル ⑬かけ算（3）

時間15分 合格点70点　　点

1 次のかけ算をしなさい。(1つ5点・30点)

① 204×382：[408]，[1632]，[612]，[77928]
② 356×218：[2848]，[356]，[712]，[77608]
③ 876×759：[7884]，[4380]，[6132]，[664884]
④ 402×193：1206，3618，402，77586
⑤ 217×425：1085，434，868，92225
⑥ 984×836：5904，2952，7872，822624

2 1本36cmのリボンを7人の子どもに12本ずつ配ります。リボンは，何m何cmいりますか。(10点)

【式】36×12=432　★12×7=84
432×7=3024　36×84=3024でもよい。
3024cm=30m24cm　　答え 30m24cm

3 1さつ125円のノートを12さつと，1さつ175円のノートを12さつ買うと，代金は全部で何円になりますか。(10点)

【式】125×12+175×12=3600
★(125+175)×12 でもよい。　　答え 3600円

4 右の図のような小学校のまわりを50mのまきじゃくではかりました。1まわりすると，16回分と30mありました。小学校のまわりは，何mですか。(10点)

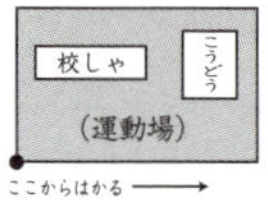

【式】50×16=800
800+30=830　　答え 830m

5 なわとびを毎日練習しています。月曜日から金曜日までは1日に30回ずつ，土曜日は50回，日曜日は75回練習しました。13週間では，何回なわとびの練習をしたことになりますか。(10点)

【式】30×5+50+75=275 (1週間での練習回数)
275×13=3575　　答え 3575回

べつの考え方
63−1=62 (2まい目からのまい数)
25−3=22
25+22×62=1389　1389cm=13m89cm

6 下の図のように，25cmのテープをのりしろを3cmにして63まいつなぎました。はしからはしまでの長さは，何m何cmになりますか。(10点)

のりしろ追加

【式】25×63=1575
63−1=62(のりしろの数)
3×62=186(のりしろ全部の長さ)
1575−186=1389
1389cm=13m89cm　　答え 13m89cm

7 へいの長さを1m20cmのぼうではかりました。へいがあと40cm長かったら，ぼうの長さの13倍でした。へいの長さは，何m何cmありますか。(10点)

【式】1m20cm=120cm
120×13−40=1520
1520cm=15m20cm　　答え 15m20cm

8 ある人が木を1本切るのに45秒かかります。この人は，木を1本切るごとに15秒ずつ休みます。この人が1本目の木を切り始めてから13本目を切り終わるのに，何分何秒かかりますか。(10点)

【式】★13回切るが，さいごは休まないから休みは12回
13−1=12
45×13+15×12=765
765秒=12分45秒　　答え 12分45秒

テスト52 最レベ 最高レベルにチャレンジ!! ⑬かけ算（3）

時間10分 合格点60点　　点

1 次の□にあてはまる数を書きなさい。(1つ20点・60点)

① [7]3×46：[4][3]8，2[9]2，3[3]5[8]
② 2[4]3×[5]8：[1][9]44，1215，[1][4]094
③ [8][0]3×9[5]：[4]0[1][5]，[7][2]27，76[2]8[5]

2 1から555までの数をカードに書きました。0から9までの数字を全部でいくつ書きましたか。(555は，3つの数字を使っています。)(20点)

1けたの数　1×9=9 (こ)
2けたの数　99−9=90
2×90=180 (こ)
3けたの数　555−99=456
3×456=1368 (こ)
9+180+1368=1557　　答え 1557こ

3 同じ長方形の紙を12まい重ねて，そのいちばん上の紙に，たて13本，よこ15本の直線を引きました。これらの直線の上をカッターで切ると，紙は，何まいになりますか。(20点)

【式】13+1=14　★13回切ると14まいに分かれる。
15+1=16
14×16×12=2688　　答え 2688まい

テスト53 標準レベル 1 ⑭箱の形 時間10分 合格点80点

●平面図形と立体図形における，「辺」や「面」の関係を理解させます。
●展開図から立体を想像し，重なり合う辺や向かい合う面を正しく見わけられるようにします。

1 下の形は，さいころの形です。□の中にあてはまる言葉や数を下の□からえらんで，記号で書きなさい。（1つ8点・32点）

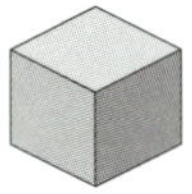

① ちょう点は，（ウ）つあります。
② 平らな面は，（イ）つあります。
③ 平らな面の形は，（カ）です。
④ 辺の数は，（エ）本あります。

㋐4　㋑6　㋒8　㋓12　㋔長方形　㋕正方形

2 下のような箱を開いた図をかきました。

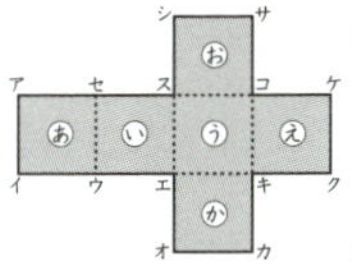

(1) あ～かのそれぞれの面は，たてもよこも同じ長さです。このような面の形を何といいますか。（6点）
答え　正方形

(2) 組み立てたとき，次の面と向かい合う面は，どれですか。（1つ8点・16点）
答え　い→（え）　う→（あ）

(3) 組み立てたとき，次の辺は，どの辺と重なりますか。（1つ8点・16点）
① 辺アイ→辺（ケク）（辺クケでもよい）
② 辺イウ→辺（カオ）（辺オカでもよい）

3 下のような箱があります。組み立てる前は，それぞれ□のどの形でしたか。（1つ10点・30点）

答え ①（お）　②（え）　③（う）

★下の形と同じものを作ってたしかめてみよう。

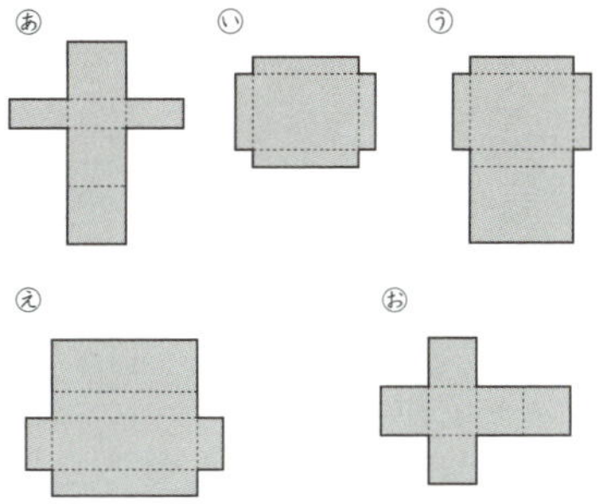

テスト54 標準レベル 2 ⑭箱の形 時間10分 合格点80点

1 次の図の中で，組み立てたときにさいころの形になるのは，どれとどれですか。（1つ10点・20点）

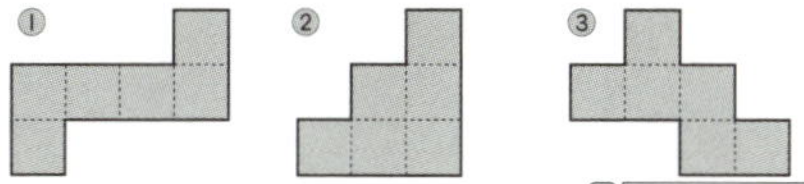

答え　①と③

2 下のような形をした箱があります。これを切って開くと，下のどの形になりますか。（10点）

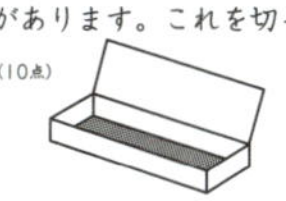

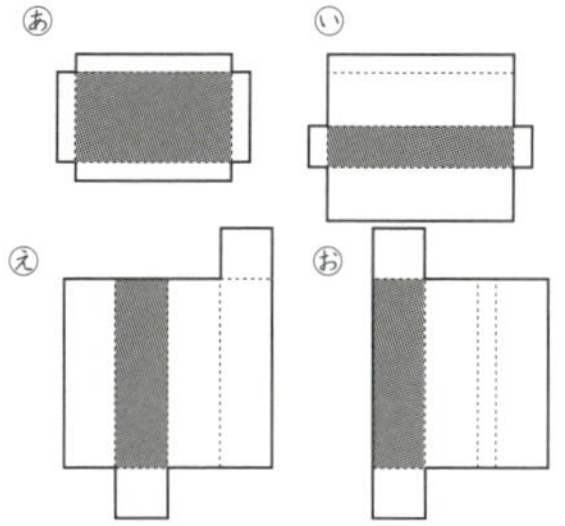

答え　う

3 ねん土とひごで，右の形を作りました。それぞれいくつずつ使いましたか。（1つ10点・40点）

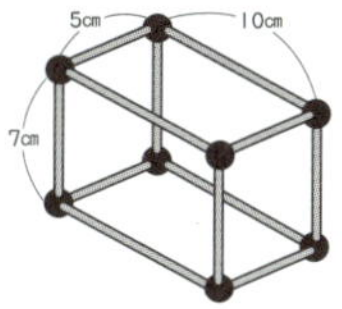

① ねん土 →（8）つ
② ひご
● 10cm →（4）本
● 7cm →（4）本
● 5cm →（4）本

4 右の箱の形について答えなさい。（1つ6点・30点）

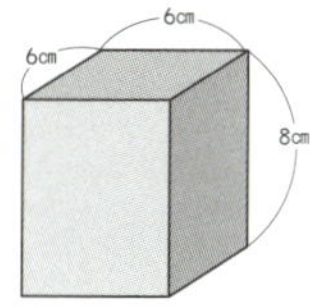

(1) 辺，面，ちょう点は，それぞれいくつありますか。
① 辺…………（12）
② 面…………（6）
③ ちょう点…（8）
★おぼえておきましょう。

(2) 面はどのような形がいくつありますか。□に数を，（　）に形の名前を書きなさい。
・1辺6cmの（正方形）が（2）つ
・たて6cm，横（8）cmの長方形が（4）つ

テスト55 ハイレベル ⑭箱の形 時間15分 合格点70点

1 次の図はさいころを切って開いた図です。さいころは向かい合った面の数をたすと，7になります。㋐～㋕の面の数を数字で書きなさい。（1つ4点・24点）

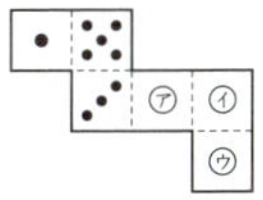

答え ㋐…6　㋑…4　㋒…2

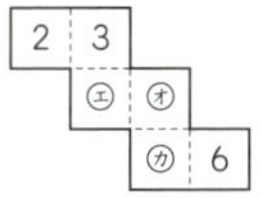

答え ㋓…1　㋔…5　㋕…4

2 ねん土の玉とひごを使って右の形を作ります。それぞれあといくつ必要ですか。（1つ4点・16点）

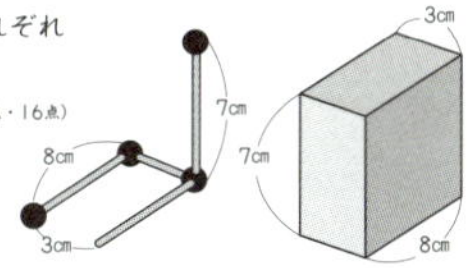

① ねん土の玉　答え（4）こ
② ひご
・3cm（3）本　・7cm（3）本　・8cm（2）本
★それぞれ4本ずつあります。

3 下の図を組み立てて，箱の形を作ります。（1つ6点・36点）

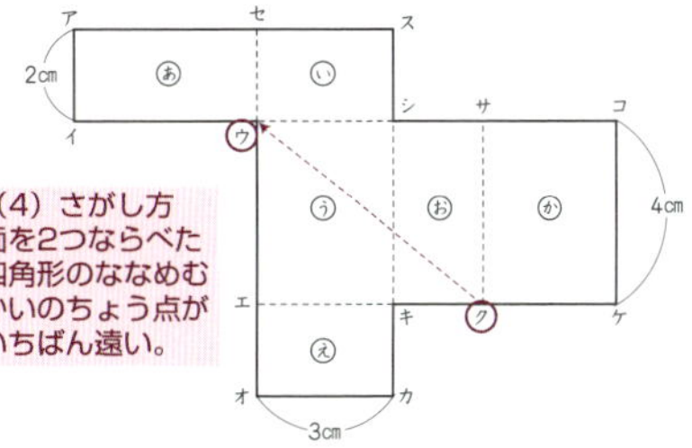

★（4）さがし方
面を2つならべた四角形のななめむかいのちょう点がいちばん遠い。

(1) 組み立てたとき，次の面と向かい合う面は，どれですか。
答え　あ→（お）　い→（え）

(2) 辺サコの長さは何cmですか。　答え　3 cm
※辺サコは，辺スセと重なります。

(3) 組み立てたとき，ちょう点イと重なるちょう点を答えなさい。　答え　エ

(4) 組み立てたとき，ちょう点クからいちばん遠いちょう点はどれですか。　答え　ウ

(5) 組み立てた箱の形の辺の長さを合計すると，何cmになりますか。　答え　36 cm

4 たて11cm，横20cm，高さ10cmの箱があります。この箱に下の図のようにひもをかけると，それぞれひもは何cmいりますか。それぞれ結び目に14cm使っています。（1つ8点・16点）

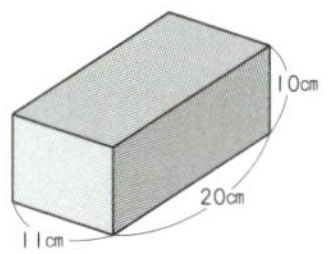

① $(10+11)\times2+14=56$　答え　56 cm
② $(11+20)\times2+14=76$　答え　76 cm
★1まわりの長さはこの面のまわりの長さ

5 右のように同じ大きさのさいころを2つならべ，ひもをかけると，ひもの長さが54cmになりました。結び目に12cm使っています。このさいころの1辺の長さは，何cmですか。（8点）

★この長さをしらべます。

$54-12=42$（1まわりの長さ）
$42\div(1+1+2+2)=7$　答え　7 cm

テスト56 最レベ 最高レベルにチャレンジ!! ⑭箱の形 時間10分 合格点60点

● 右の図のようにさいころの形にテープを1まわりかけました。これを下の図のように切って開きました。それぞれのこりのテープを書き入れなさい。★テープのある面の辺がどの辺と重なるかを考えましょう。

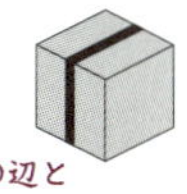

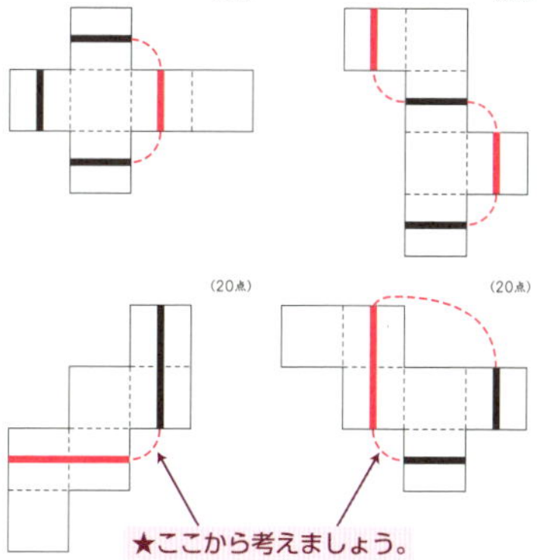

テスト57 標準レベル1 ⑮角度

時間10分 合格点80点

●角と角度の表し方について知ります。
●分度器を用いて角度をはかります。
●計算で角度をもとめます。

1 下の図の㋐，㋑，㋒の名前を書きなさい。（1つ8点・24点）

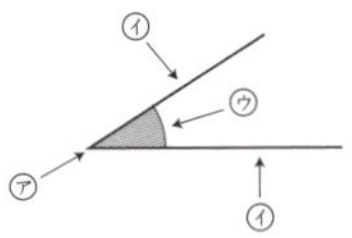

答え ㋐… ちょう点
答え ㋑… 辺
答え ㋒… 角

2 □にあてはまる言葉を□の中からえらび，記号で答えなさい。（1つ6点・36点）

(1) 1つの点から出る2本の直線が作る形を ㋓ といいます。この1つの点を ㋕ といい，2本の直線を ㋑ といいます。

(2) 角の大きさを ㋐ といいます。角の大きさは，辺の ㋒ できまります。

(3) 角の大きさを表すたんいには ㋔ や直角があります。

㋐ 角度　㋑ 辺　㋒ 開きぐあい
㋓ 角　㋔ 度（°）　㋕ ちょう点

3 角㋐と，角㋑は，何度ですか。（1つ10点・20点）

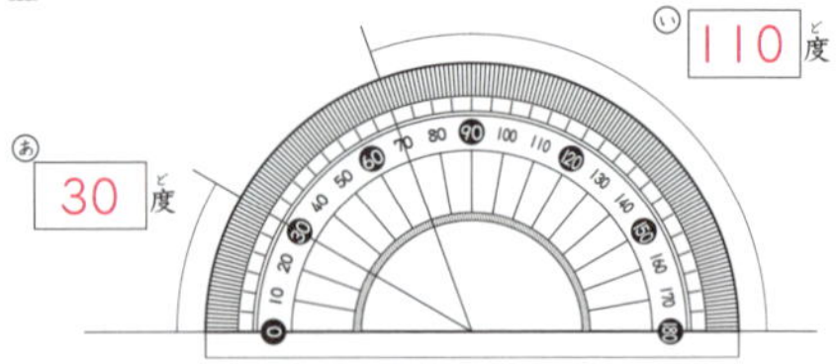

㋐ 30 度　㋑ 110 度

4 次の角の大きさを分度器ではかりなさい。（1つ5点・20点）

★分度器の中心をちょう点に合わせます。
★はかりにくいときは辺をのばします。

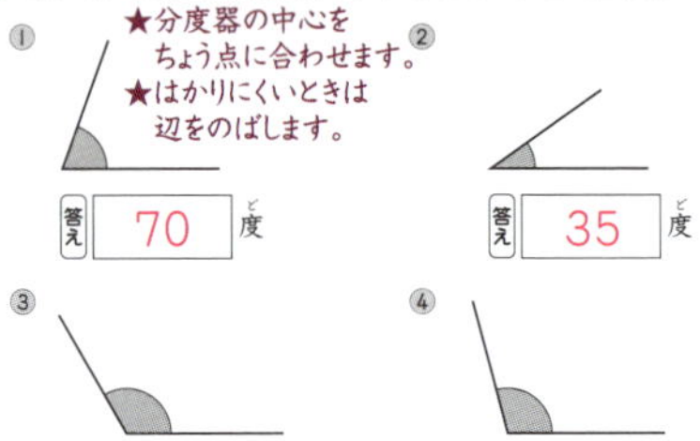

① 答え 70 度　② 答え 35 度
③ 答え 120 度　④ 答え 105 度

テスト58 標準レベル2 ⑮角度

時間10分 合格点80点

1 下の図を見て，記号で答えなさい。（1つ6点・36点）

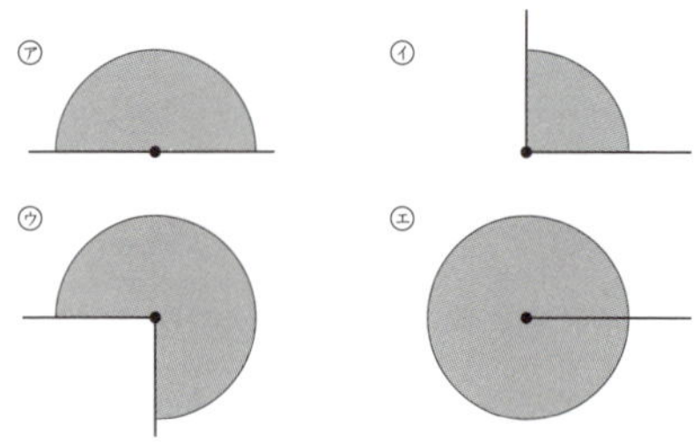

(1) 直角はどれですか。 答え ㋑

(2) 180度の大きさの角はどれですか。 答え ㋐
★180度は平らな大きさの角です。

(3) 2直角の大きさの角はどれですか。 答え ㋐
★1直角は90度，2直角は180度です。

(4) 3直角の大きさの角はどれですか。 答え ㋒
★3直角は270度です。

(5) 半回転の大きさの角はどれですか。 答え ㋐
★半回転の角は180度です。

(6) 1回転の大きさの角はどれですか。 答え ㋓
★1回転の角は360度です。

2 次の角を大きいじゅんに記号で答えなさい。（1つ5点・20点）
※辺の長さではなく，開きぐあいをみます。

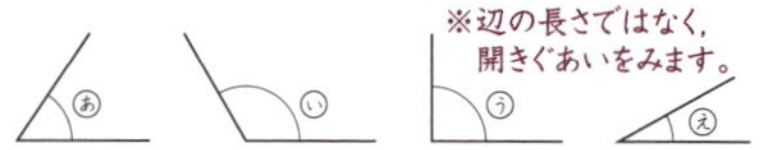

答え ㋑ → ㋒ → ㋐ → ㋓

3 □にあてはまる数を書きなさい。（1つ6点・24点）

(1) 1直角は 90 度です。
(2) 1回転の角の大きさは， 360 度です。
(3) 3直角は 270 度です。 90×3=270
(4) 半回転の角の大きさは， 180 度です。

4 次の大きさの角を●をちょう点として書きなさい。（1つ10点・20点）

① 30°　② 135°

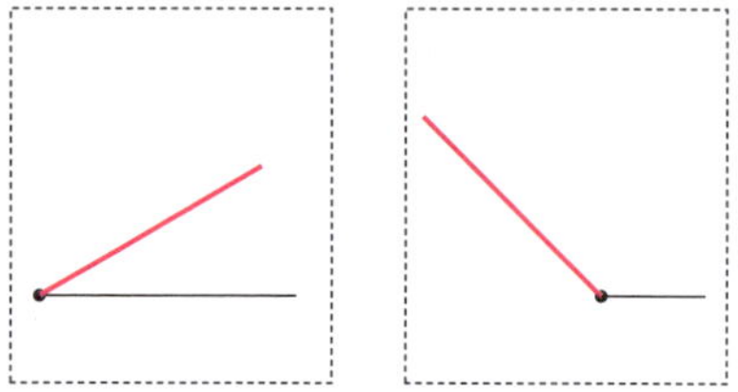

テスト59 ハイレベル ⑮角度

時間15分 合格点70点

1 次の㋐～㋓の角度を計算でもとめなさい。（1つ4点・16点）

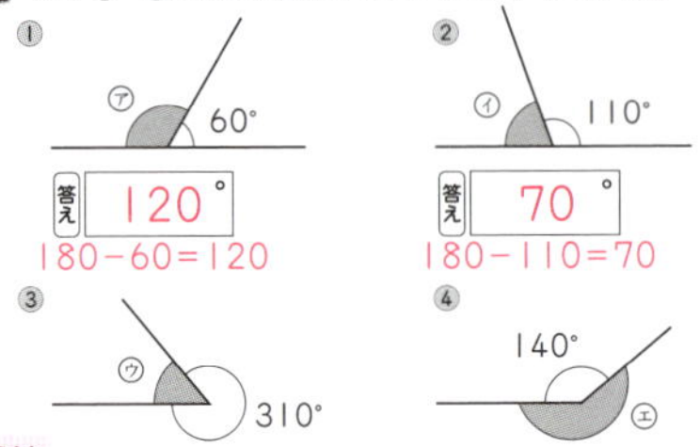

① 60° 答え 120°　180−60=120
② 110° 答え 70°　180−110=70
③ 310° 答え 50°　360−310=50
★1回転の角は360度です。
④ 140° 答え 220°　360−140=220

2 次の大きさの角を●をちょう点として書きなさい。（1つ5点・10点）

① 60°　② 315° 360−315=45

★180°より大きい角は上のように反対にできる角をかきましょう。

3 三角定規の㋐～㋕の角度を分度器ではかりなさい。（1つ4点・24点）

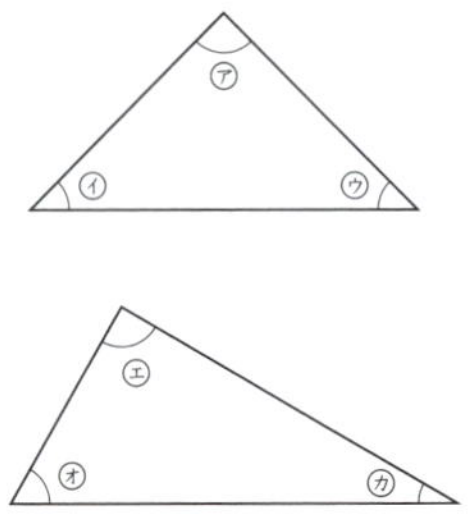

答え ㋐… 90 度
答え ㋑… 45 度
答え ㋒… 45 度
答え ㋓… 90 度
答え ㋔… 60 度
答え ㋕… 30 度

★三角定規の角はおぼえておきましょう。

4 同じ三角定規を2まいずつ組み合わせました。㋐～㋓の角度を計算でもとめなさい。（1つ5点・20点）

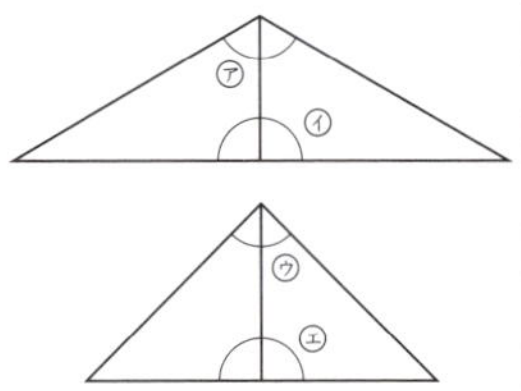

答え ㋐… 120 度　60+60=120
答え ㋑… 180 度　90+90=180
答え ㋒… 90 度　45+45=90
答え ㋓… 180 度　90+90=180

5 次の大きさの角を●をちょう点として書きなさい。（1つ5点・10点）

① 290° 360−290=70　② 230° 360−230=130

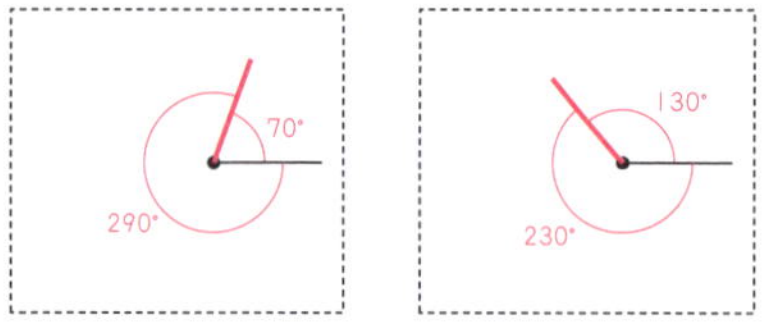

6 1組の三角定規を下のように組み合わせました。㋐～㋓の角度を計算でもとめなさい。（1つ5点・20点）

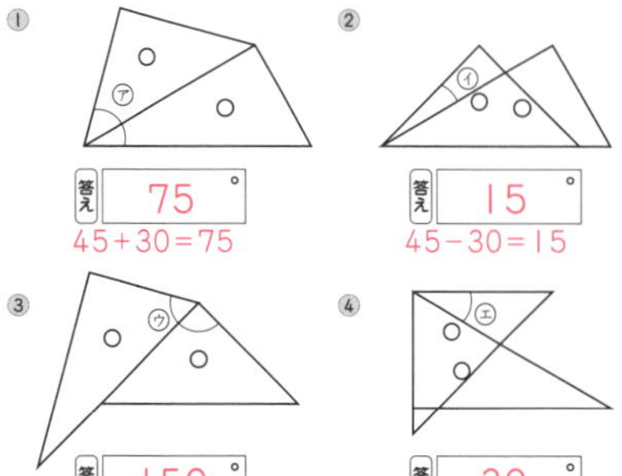

① 答え 75°　45+30=75
② 答え 15°　45−30=15
③ 答え 150°　60+90=150
④ 答え 30°　90−60=30

テスト60 最レベ 最高レベルにチャレンジ!! ⑮角度

時間10分 合格点60点

● 右の図は，1回転の大きさの角を㋐，㋑，㋒の3つの角に分けたものです。次のとき，㋐の角度を計算でもとめなさい。

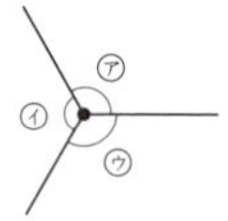

★㋐+㋑+㋒=360°です。

(1) 角㋑が130度，角㋒が120度のとき。（20点）
360−130−120=110　答え 110°

(2) 3つの角の大きさがすべて同じとき。（20点）
360÷3=120　答え 120°

(3) 角㋐と角㋑を合わせた角度が270度，角㋐と角㋒を合わせた角度が190度のとき。（30点）
270+190=460 (㋐+㋐+㋑+㋒)
460−360=100　360
答え 100°

(4) 角㋐が，角㋑の2倍の大きさで，角㋒が，角㋑の3倍の大きさのとき。（30点）
360÷(2+1+3)=60 (㋑)
60×2=120
答え 120°

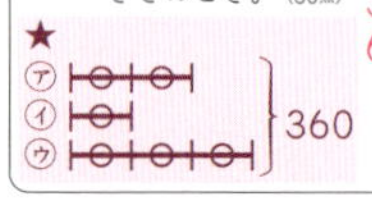

リビューテスト 3-①（ふくしゅうテスト）

時間 10分　合格点 70点

1 次のかけ算をしなさい。(1つ4点・16点)

① 37 × 26
222
74
962

② 58 × 60
3480

③ 426 × 24
1704
852
10224

④ 804 × 493
2412
7236
3216
396372

2 □にあてはまる数を入れなさい。(1つ4点・24点)

① 2kg=2000g　② 8000g=8kg

③ 10kg700g=10700g　④ 15000g=15kg

⑤ 950g+460g=1410g=1kg410g

⑥ 4kg−1kg200g=2800g=2kg800g

3 次の形の名前を答えなさい。(1つ4点・16点)

① 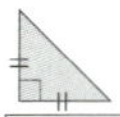
答え 直角二等辺三角形

② 
答え 長方形

③ 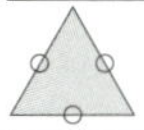
答え 正三角形

④ 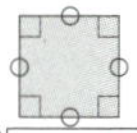
答え 正方形

4 640×50=32000を使って，次のかけ算の答えを書きなさい。(1つ4点・16点)

① 64×50=3200　② 640×500=320000

③ 64×500=32000　④ 64×5=320

5 動物園に入るのに，子どもは1人250円，大人は1人500円かかります。では子ども12人と大人7人では，いくらかかりますか。(8点)

式 250×12+500×7=6500

答え 6500円

6 1組の三角定規を右のように組み合わせました。㋐と㋑の角度を計算でもとめなさい。(1つ5点・10点)

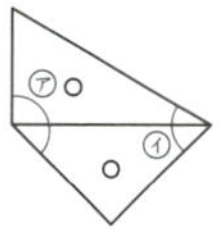

式 ㋐ 90+45=135
㋑ 30+45=75

答え ㋐…135°　㋑…75°

7 右の図のように，それぞれの辺の長さをじゅんに半分ずつにした正方形が3つあります。アの長さを56cmとすると，3つならべた正方形のまわりの長さは，何cmですか。(10点)

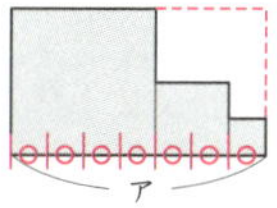

式 1×2=2
2×2=4
1+2+4=7
56÷7=8 (○印の長さ)
8×4=32 (いちばん大きい正方形の辺)
32×2+56×2=176

答え 176cm

★この図のまわりの長さは，たて32cm，よこ56cmの長方形のまわりの長さと同じ

リビューテスト 3-②（ふくしゅうテスト）

時間 10分　合格点 70点

1 下の図には，次の形は，全部でいくつありますか。(1つ6点・24点)

① 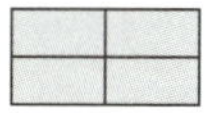

正方形…2こ
長方形…7こ

② 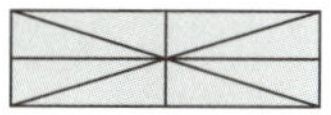

二等辺三角形…4こ
直角三角形…12こ

2 □にあてはまる数を入れなさい。(1つ5点・10点)

① 30×90=3×9×10×10=27×100

② 400×70=4×7×100×10=28×1000

3 右のような箱を開いた図をかきました。

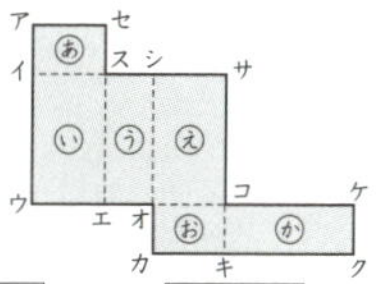

(1) 組み立てたとき，次の面と向かい合う面は，どれですか。(1つ4点・12点)

あ→お　い→え　う→か

(2) 組み立てたとき，次のちょう点と重なるちょう点を答えなさい。(1つ6点・12点)

ウ→キ　ア→サとケ

4 次の㋐と㋑の角度を計算でもとめなさい。(1つ5点・10点)

① 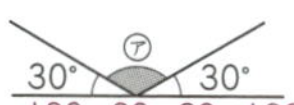
180−30−30=120
答え 120°

② 
360−70=290
答え 290°

5 次の3つの長さは，三角形の3辺の組を表しています。三角形がかけるものには○を，かけないものには×をつけなさい。(1つ3点・12点)

① ○ 3cm，4cm，5cm　② ○ 7cm，7cm，7cm

③ × 9cm，4cm，5cm　④ × 12cm，18cm，5cm

★2つの辺の長さをたした長さがあと1つの辺の長さより長くないと、三角形ができません。

6 同じ重さのえん筆10本を，筆箱に入れて重さをはかると，240gでした。筆箱からえん筆を7本ぬいて，筆箱の重さをはかると，177gでした。筆箱だけの重さは，何gですか。(10点)

式 240−177=63 (えんぴつ7本分の重さ)
63÷7=9
240−9×10=150

答え 150g

7 右の図で，□の部分に，あ～けのどの正方形を1つくわえると，さいころの開いた図になりますか。正しいものをすべてえらび，記号で答えなさい。(10点)

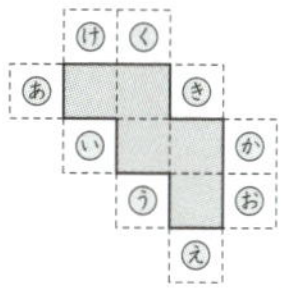

答え お，か，く，け

〈きりとり線〉

テスト61 標準レベル1 ⑯分数 （時間10分 合格点80点）

もとにする大きさ(1として)を、△等分した1つを$\frac{1}{\triangle}$、2つ、3つあつめたものを$\frac{2}{\triangle}$、$\frac{3}{\triangle}$というように表します。分子や分母が同じ分数の大小関係やたし算・ひき算ができるようにします。

1 次の長方形や円などは、1を表しています。青くぬったところの大きさを分数で表しなさい。(1つ4点・24点)

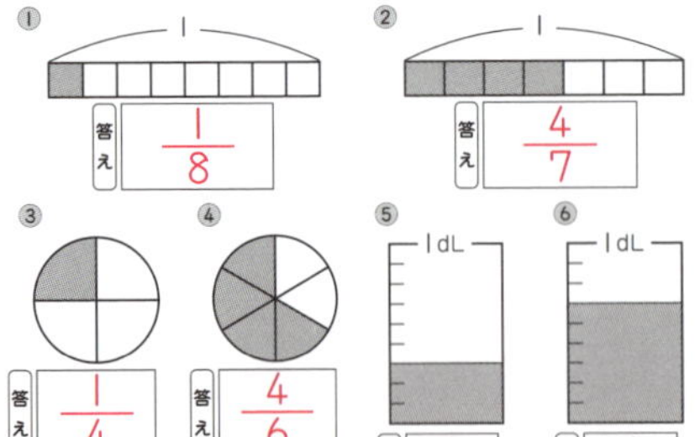

① 答え $\frac{1}{8}$　② 答え $\frac{4}{7}$　③ 答え $\frac{1}{4}$　④ 答え $\frac{4}{6}$　⑤ 答え $\frac{3}{9}$dL　⑥ 答え $\frac{6}{9}$dL

★④ $\frac{2}{3}$　⑤ $\frac{1}{3}$　⑥ $\frac{2}{3}$でもよい

2 次の□にあてはまる数を書きなさい。(1つ4点・12点)

① $\frac{2}{3}$は、$\frac{1}{3}$を[2]つ集めた数です。
② $\frac{5}{5}$mは、ちょうど[1]mです。
③ 1dLを6つに等しく分けた1つ分は、[$\frac{1}{6}$]dLです。

3 大きい方を○でかこみなさい。(1つ5点・20点)

① ($\frac{1}{3}$ ・ ◯$\frac{2}{3}$)　② (◯$\frac{5}{6}$ ・ $\frac{4}{6}$)
③ (◯$\frac{1}{6}$ ・ 0)　④ ($\frac{9}{10}$ ・ ◯1)

★④ $1=\frac{10}{10}$

4 次の計算をしなさい。(1つ4点・24点)

① $\frac{1}{4}+\frac{2}{4}=\frac{3}{4}$　② $\frac{4}{7}+\frac{2}{7}=\frac{6}{7}$　③ $\frac{6}{9}+\frac{3}{9}=1\left(\frac{9}{9}\right)$
④ $\frac{6}{8}-\frac{5}{8}=\frac{1}{8}$　⑤ $\frac{9}{10}-\frac{6}{10}=\frac{3}{10}$　⑥ $1-\frac{1}{5}=\frac{4}{5}$

5 1Lのジュースを5つのコップに等しいかさになるように分けました。1つのコップに入っているジュースは、何Lですか。(10点)

答え $\frac{1}{5}$L

6 まさ子さんは、1mのひものうち、$\frac{8}{10}$mを使いました。のこったひもの長さは、何mですか。(10点)

式 $1-\frac{8}{10}=\frac{2}{10}$　答え $\frac{2}{10}$m

テスト62 標準レベル2 ⑯分数 （時間10分 合格点80点）

1 次の分数の大きさをえん筆でぬりなさい。(1つ4点・24点)

① $\frac{2}{6}$　② $\frac{5}{9}$m　③ $\frac{2}{5}$　④ $\frac{7}{8}$　⑤ $\frac{4}{5}$L　⑥ $\frac{3}{10}$L

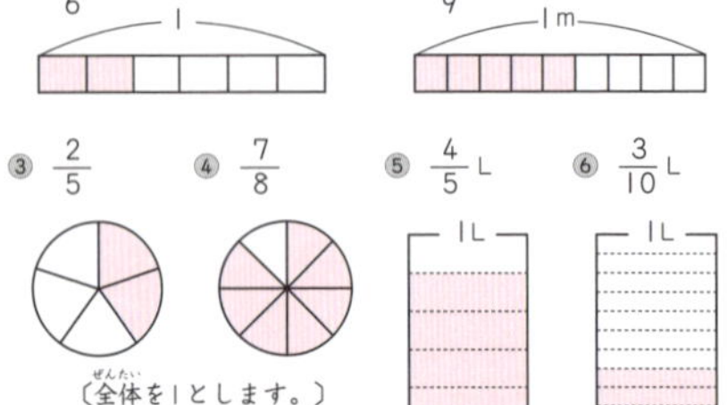

(全体を1とします。)

★同じ数だけぬっていれば○です。

2 次の□にあてはまる数を書きなさい。(1つ4点・12点)

① [$\frac{1}{6}$]を5つ集めた数は、$\frac{5}{6}$です。
② $\frac{1}{8}$を[8]つ集めると、1になります。
③ 1mを[5]つに等しく分けた1つ分は、$\frac{1}{5}$mです。

3 長い方を○でかこみなさい。(1つ4点・16点)　★③ 1m$=\frac{5}{5}$m

① (◯$\frac{7}{8}$m ・ $\frac{3}{8}$m)　② ($\frac{5}{9}$L ・ ◯1L)
③ (◯1m ・ $\frac{4}{5}$m)　④ ($\frac{3}{10}$dL ・ ◯$\frac{5}{10}$dL)

4 次の計算をしなさい。(1つ4点・24点)

① $\frac{2}{5}+\frac{3}{5}=1\left(\frac{5}{5}\right)$　② $\frac{5}{8}+\frac{2}{8}=\frac{7}{8}$　③ $\frac{1}{3}+\frac{2}{3}=1\left(\frac{3}{3}\right)$
④ $\frac{5}{7}-\frac{4}{7}=\frac{1}{7}$　⑤ $1-\frac{7}{8}=\frac{1}{8}$　⑥ $\frac{3}{6}-\frac{3}{6}=0$

★①,③ 分母＝分子になると、その分数は1となる。

5 ジュースを$\frac{2}{8}$dL飲みましたが、まだ$\frac{5}{8}$dLのこっています。はじめにジュースは、何dLありましたか。(8点)

式 $\frac{2}{8}+\frac{5}{8}=\frac{7}{8}$　答え $\frac{7}{8}$dL

6 $\frac{4}{10}$mの赤いテープと、$\frac{3}{10}$mの白いテープが1本ずつあります。(1つ8点・16点)

(1) 2本のテープを合わせると、何mになりますか。
式 $\frac{4}{10}+\frac{3}{10}=\frac{7}{10}$　答え $\frac{7}{10}$m

(2) 赤いテープは、白いテープより何m長いですか。
式 $\frac{4}{10}-\frac{3}{10}=\frac{1}{10}$　答え $\frac{1}{10}$m

テスト63 ハイレベル ⑯分数 （時間15分 合格点70点）

1 次の数直線で、↑にあたる数を分数で書きなさい。(1つ3点・18点)

★1を何等分しているかで分母が決まる。

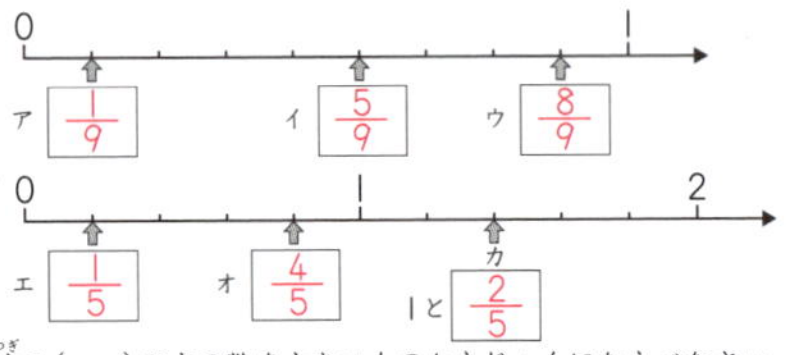

① ア $\frac{1}{9}$　イ $\frac{5}{9}$　ウ $\frac{8}{9}$
② エ $\frac{1}{5}$　オ $\frac{4}{5}$　カ 1と$\frac{2}{5}$

2 次の( )の中の数を大きいものからじゅんにならべなさい。(1つ3点・6点)

① ($\frac{9}{10}$, $\frac{3}{10}$, $\frac{5}{10}$, $\frac{1}{10}$, 1)
1, $\frac{9}{10}$, $\frac{5}{10}$, $\frac{3}{10}$, $\frac{1}{10}$

② ($\frac{1}{2}$, $\frac{1}{7}$, $\frac{1}{5}$, $\frac{9}{9}$, $\frac{1}{10}$)
$\frac{9}{9}$, $\frac{1}{2}$, $\frac{1}{5}$, $\frac{1}{7}$, $\frac{1}{10}$

★分子が同じとき分母が小さいほどその分数は大きくなる。

3 次の□にあてはまる数を書きなさい。(1つ3点・12点)

① $\frac{1}{7}$の4倍は[$\frac{4}{7}$]　② $\frac{9}{10}$mは[$\frac{1}{10}$]mの9倍
③ $\frac{1}{6}$Lの[5]倍は$\frac{5}{6}$L　④ [$\frac{3}{8}$]dLは$\frac{1}{8}$dLの3倍

4 次の計算をしなさい。(1つ3点・18点)

① $\frac{1}{8}+\frac{3}{8}+\frac{2}{8}=\frac{6}{8}\left(\frac{3}{4}\right)$　② $\frac{3}{9}+\frac{5}{9}+\frac{1}{9}=1\left(\frac{9}{9}\right)$
③ $\frac{9}{10}-\frac{3}{10}-\frac{5}{10}=\frac{1}{10}$　④ $1-\frac{1}{6}-\frac{3}{6}=\frac{2}{6}\left(\frac{1}{3}\right)$
⑤ $\frac{2}{7}+\frac{5}{7}-\frac{3}{7}=\frac{4}{7}$　⑥ $\frac{6}{10}-\frac{2}{10}+\frac{4}{10}=\frac{8}{10}\left(\frac{4}{5}\right)$

5 ようかんが1本あります。わたしは、1本の$\frac{3}{10}$を食べ、弟は、1本の$\frac{2}{10}$を食べました。(1つ5点・10点)

(1) わたしは、弟よりどれだけ多く食べましたか。
式 $\frac{3}{10}-\frac{2}{10}=\frac{1}{10}$　答え $\frac{1}{10}$本

(2) 2人が食べたのこりは、どれだけになりましたか。
式 $\frac{3}{10}+\frac{2}{10}=\frac{5}{10}$　$1-\frac{5}{10}=\frac{5}{10}$　答え $\frac{5}{10}$本

↑ $\frac{1}{2}$(本)でもよい

6 1mのテープをわたしは、右のはしから$\frac{1}{12}$mずつ3回切りとり、弟は、左のはしから$\frac{1}{12}$mずつ2回切りとりました。のこったテープは、何mですか。(8点)

式 $\frac{1}{12}+\frac{1}{12}+\frac{1}{12}=\frac{3}{12}$　$\frac{3}{12}+\frac{2}{12}=\frac{5}{12}$
$\frac{1}{12}+\frac{1}{12}=\frac{2}{12}$　$1-\frac{5}{12}=\frac{7}{12}$
答え $\frac{7}{12}$m

7 ペンキが1Lありました。先週、その$\frac{2}{8}$を使い、今週は、はじめの$\frac{5}{8}$を使いました。(1つ6点・12点)

(1) 今週は、先週より何L多く使いましたか。
式 $\frac{5}{8}-\frac{2}{8}=\frac{3}{8}$　答え $\frac{3}{8}$L

(2) 今のこっているのは、何Lですか。
式 $\frac{2}{8}+\frac{5}{8}=\frac{7}{8}$　$1-\frac{7}{8}=\frac{1}{8}$　答え $\frac{1}{8}$L

8 次のカードをそれぞれ1まいずつ分母か分子において分数をつくります。(1つ8点・16点)

1, 2, 3, 4, 5, 6

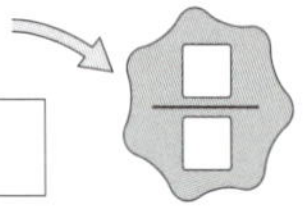

(1) いちばん小さい分数をつくりなさい。
答え $\frac{1}{6}$

(2) $\frac{1}{2}$のほかに、$\frac{1}{2}$と同じ大きさになる分数をつくりなさい。
答え $\frac{2}{4}$, $\frac{3}{6}$

★分母が分子の2倍になっている分数です。

テスト64 最レベ 最高レベルにチャレンジ!! ⑯分数 （時間10分 合格点60点）

1 ( )の中で、いちばん大きい数を答えなさい。(1つ20点・60点)

① ($\frac{3}{5}$, $\frac{2}{5}$, $\frac{3}{4}$)　答え $\frac{3}{4}$
② ($\frac{4}{7}$, $\frac{3}{8}$, $\frac{3}{6}$)　答え $\frac{4}{7}$
③ ($\frac{5}{9}$, $\frac{6}{8}$, $\frac{2}{5}$)　答え $\frac{6}{8}$

2 長さが1mのぼうを同じ長さになるように4回切りました。1つ分のぼうの長さは、何mですか。分数で答えなさい。(20点)

★4回切ると5つに分かれる。

答え $\frac{1}{5}$m

3 みよ子さんとたかお君の2人で、大きなケーキを全部食べました。みよ子さんは、たかお君の$\frac{2}{3}$を食べました。みよ子さんは、ケーキ全体の何分のいくつを食べましたか。図をかいて考えなさい。(20点)

★たかお
みよ子

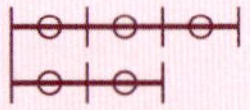

答え $\frac{2}{5}$

テスト65 標準レベル 1 ⑰小 数　時間10分　合格点80点

小数は，整数と同じように10ごとに位が上がる十進数です（分数は，十進数ではありません）。1を10等分した1つ分は，小数では0.1になります（分数では$\frac{1}{10}$です）。

1 次の数直線の↑にあたる数を小数で書きなさい。（1つ3点・12点）

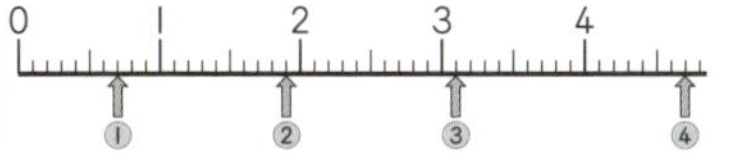

★1を10等分しているので，1目もりは0.1

① 0.7　② 1.9　③ 3.1　④ 4.7

2 次の（　）のかさになるように色をぬりなさい。（1つ4点・12点）

①（0.1dL）　②（0.8dL）　③（1.4dL）

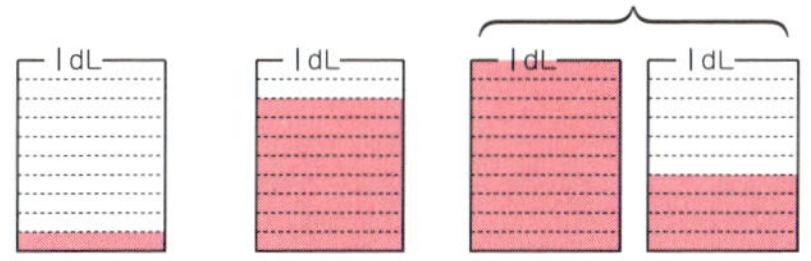

3 等しい間かくでならんでいる数があります。□にあてはまる数を書きなさい。（1つ2点・12点）

① 1.2 ― 1.1 ― 1 ― 0.9 ― 0.8 ― 0.7

② 4.9 ― 5 ― 5.1 ― 5.2 ― 5.3 ― 5.4

★①0.1ずつへる
②0.1ずつふえる

4 次の計算をしなさい。（1つ4点・24点）　★⑤1.0−0.3と考えて，まちがいをふせごう。

① 0.1+0.9＝1　② 0.4+0.5＝0.9　③ 2.9+1.7＝4.6

④ 0.8−0.3＝0.5　⑤ 1−0.3＝0.7　⑥ 4.1−2.5＝1.6

5 あつし君は，はばとびで3.1mとびました。弟は，あつし君より0.3m短かったそうです。弟は，何mとびましたか。（10点）

[式] 3.1−0.3＝2.8　答え 2.8m

6 牛にゅうが，大きいコップに1.2L，小さいコップに0.5L入っています。合わせて何Lありますか。（10点）

[式] 1.2+0.5＝1.7　答え 1.7L

7 算数のノートは，7.1mm，国語のノートは，5.6mmのあつさです。どちらがどれだけあついですか。（10点）

[式] 7.1−5.6＝1.5　答え 算数 のノートの方が 1.5 mmあつい。

8 5.9，3.6，6.5，3.9を大きい数からじゅんにならべかえなさい。（10点）

6.5 → 5.9 → 3.9 → 3.6

★整数と同じく，上のくらいの数が大きい方からならべる。

テスト66 標準レベル 2 ⑰小 数　時間10分　合格点80点

1 次の数直線の↓にあたる数を小数で書きなさい。（1つ4点・16点）

①（8.6）②（9.5）③（10.6）④（11.1）

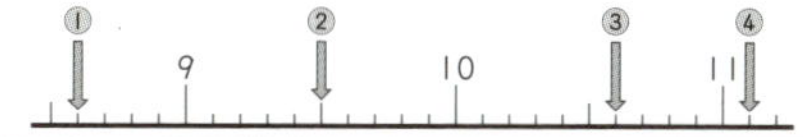

★10−9＝1　1を10等分しているので，1目もりは0.1

2 次の（　）のかさになるように色をぬりなさい。（1つ4点・12点）

①（0.2L）　②（0.5L）　③（1.8L）

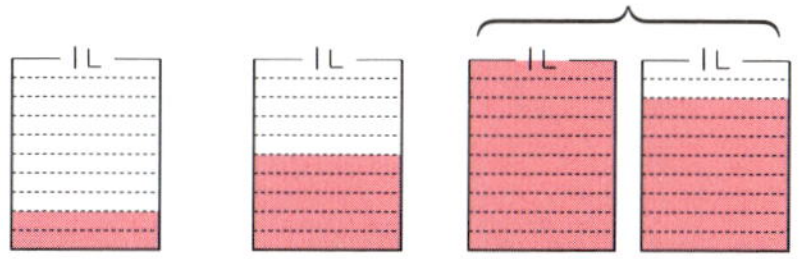

3 次の（　）にあてはまる数を書きなさい。（1つ5点・20点）

① 0.1を（10）倍すると，1になります。

② 0.1を（20）こ集めた数は，2になります。

③ 0.1を8こ集めた数は，（0.8）です。

④ 2.3は，2と（0.3）とを合わせた数です。

★②0.1を10こずつ集めて考える。

4 次の計算をしなさい。（1つ5点・20点）

① 0.3+1.7＝2　② 4.4+3.8＝8.2

③ 2−0.8＝1.2　④ 3.1−1.5＝1.6

5 まさ子さんの体重は，22.3kg，弟の体重は，18.2kgです。2人の体重を合わせると，何kgになりますか。（8点）

[式] 22.3+18.2＝40.5　答え 40.5kg

6 12.5cmのえん筆をけずると，10.8cmになりました。けずった分の長さは，何cmですか。（8点）

[式] 12.5−10.8＝1.7　答え 1.7cm

7 油が3.3L入ったかんがあります。1.5L使った後，0.6Lたしました。かんの中に入っている油は，何Lですか。（8点）

[式] 3.3−1.5+0.6＝2.4　答え 2.4L

8 長さが1.7cmずつちがうえん筆が，3本あります。いちばん長いえん筆の長さが9.3cmだとすると，いちばん短いえん筆の長さは，何cmですか。（8点）

[式] 9.3−1.7＝7.6
7.6−1.7＝5.9　答え 5.9cm

★まとめて9.3−1.7−1.7＝5.9としてもよい。

テスト67 ハイレベル ⑰小 数　時間15分　合格点70点

1 次の数直線で，↑にあたる数を小数で書きなさい。（1つ3点・12点）

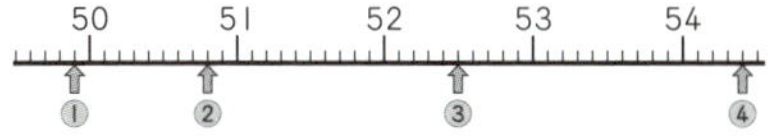

① 49.9　② 50.8　③ 52.5　④ 54.4

★51−50＝1　1を10等分しているので，1目もりは0.1

2 下の図は，ものさしの一部です。黒い線の長さは，何cmですか。（1つ3点・9点）

★1mm＝0.1cm

① 0.7 cm

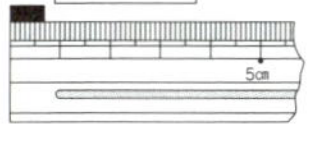

② 2.4 cm

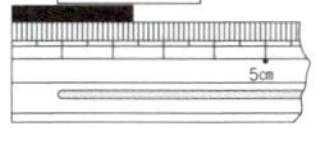

③ 8.9 cm

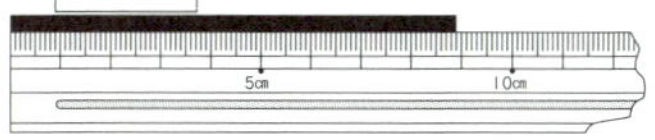

3 大きい方を○でかこみなさい。（1つ2点・6点）

①（5.9，(6.1)）　②（(1.1)，1）　③（(0.9)，0）

4 （　）の数を大きいものからじゅんに書きならべなさい。（1つ4点・8点）

①（0.3，2.1，1，0.8）⇒（2.1，1，0.8，0.3）

②（$\frac{3}{10}$，0.1，$\frac{9}{10}$，0.5）⇒（$\frac{9}{10}$，0.5，$\frac{3}{10}$，0.1）

★$\frac{3}{10}$＝0.3
$\frac{9}{10}$＝0.9

5 次の計算をしなさい。（1つ4点・16点）

① 0.3+0.4+0.5＝1.2　② 5.2+0.8+3.4＝9.4

③ 6.5−5.6+0.9＝1.8　④ 8−6.6−0.6＝0.8

6 □にあてはまる数を書きなさい。（1つ3点・15点）

① 0.6 ― 0.8 ― 1 ― 1.2 ― 1.4 ― 1.6

② 11.5 ― 11 ― 10.5 ― 10 ― 9.5 ― 9

③ 4.6 ― 4.7 ― 4.8 ― 4.9 ― 5 ― 5.1

④ 1 ― 1.5 ― 2 ― 2.5 ― 3 ― 3.5

⑤ 21 ― 20.5 ― 20 ― 19.5 ― 19 ― 18.5

★〰〰 の2つの数のちがいを計算し，どのようにふえたりへったりしているか考える。

★0.1が10こで1，
0.1が100こで10

7 次の□にあてはまる数を書きなさい。（1つ4点・16点）

① 0.1を200こ集めた数は，20 です。

② 1.9は，0.1を 19 こ集めた数です。

③ 5cmより0.7cm短い長さは，43 mmです。

④ 1.4Lの10倍は，140 dLです。

8 テープが2本あり，1本は46mmで，もう1本は5.2cmです。この2本を合わせた長さは，何cmですか。（6点）

[式] 46mm＝4.6cm
4.6+5.2＝9.8　答え 9.8cm

9 きよし君の体重は，あと1.8kgで25kgになります。まさ子さんの体重は，きよし君の体重より2.2kg重いそうです。まさ子さんの体重は，何kgありますか。（6点）

[式] 25−1.8＝23.2
23.2+2.2＝25.4　答え 25.4kg

10 8dL入りのジュースのびんが15本と，2.4L入りのジュースのびんが1本あります。全部合わせると，何Lになりますか。（6点）

[式] 8×15＝120
120dL＝12L
12+2.4＝14.4　答え 14.4L

★たんいをLに合わせるのをわすれないように。

テスト68 最高レベルにチャレンジ!! ⑰小 数　時間10分　合格点60点

1 下のように，2mのテープを5まいに切り分けました。㋑のテープの長さは何mですか。（図は正しくはありません。）（40点）

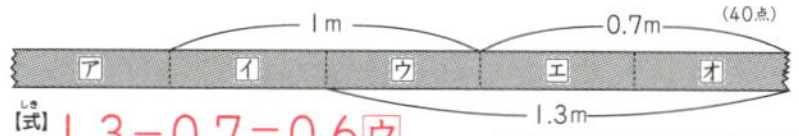

[式] 1.3−0.7＝0.6㋒
1−0.6＝0.4　答え 0.4m

2 AとBは，10mはなれた所にあり，Aには5m30cm，Bには4m10cmのなわがついています。（1つ30点・60点）

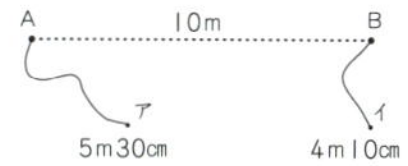

(1) なわのはしア，イがいちばんはなれたときの，アからイまでの長さは，何mですか。

★ア，A，B，イのじゅんで1直線上にならぶとき

[式] 5m30cm＝5.3m
4m10cm＝4.1m
5.3+10+4.1＝19.4　答え 19.4m

(2) なわのはしア，イがいちばん近づいたときの，アからイまでの長さは，何mですか。

★A，ア，イ，Bのじゅんで1直線上にならぶとき

[式] 10−5.3−4.1＝0.6　答え 0.6m

きりとり線

テスト69 標準レベル 1 ⑱円と球 時間10分 合格点80点

●円の中心，直径，半径などの言葉を知り，円の性質を調べます。
●球の中心，直径，半径などの言葉を知り，球の性質を調べます。
●コンパスの利用の仕方を学びます。

1 □にあてはまる言葉を書きなさい。（1つ5点・20点）

① コンパスで円をかくとき，はりを立てる所は，円の［中心］になります。

② コンパスの開くはばを3cmにすると，かいた円の［半けい］は，3cmになり，［直けい］は，6cmになります。

★直けい＝半けい×2

③ コンパスの開くはばを4cmにすると，かいた円の［円しゅう］から中心までのきょりは，4cmになります。

2 下のおれ線と同じ長さの直線を，コンパスを使ってかきなさい。（8点）

★1本の長い直線をかきその上に，アイ，イウ，ウエ，エオ，オカの長さをコンパスではかりとっていく。

3 次の円をかくときに，コンパスの開くはばの長さを書きなさい。（1つ8点・16点）

★9cm÷2＝4cm5mm

① 直けいが9cmの円［4］cm［5］mm

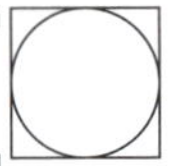

② 一辺12cmの正方形の中にきちんとはまる円

★12÷2＝6

［6］cm

4 右の図で，いちばん長い直線はどれですか。記号で答えなさい。（8点）

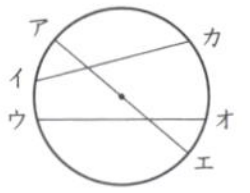

★円の中に引いた直線で，いちばん長いのは直けいです。

答え［アエ］

5 右の図で，正方形の一辺の長さは，いくらですか。（8点）

7×2＝14

答え［14cm］

6 （　）にあてはまる言葉を書きなさい。（1つ8点・40点）

① 球を平らに切ると，どこを切っても切り口の形は，［円］になります。

② 直けい10cmの球を半分に切ると，切り口は，［半けい］5cmの［円］になります。

③ 半けい8cmの球は，表面のどこからはかっても，球の［中心］までのきょりは，8cmです。

④ 球を平らに切るとき，球の中心を通るように切ったときの切り口が，いちばん［大きく］なります。

★この切り口の円の半けいや直けいが，球の半けいや直けいになる

テスト70 標準レベル 2 ⑱円と球 時間10分 合格点80点

1 次の問題に答えなさい。（1つ10点・40点）

(1) 半けい5cmの円の直けいは，何cmですか。

★5×2＝10　直けいは半けいの2倍

答え［10cm］

(2) 直けい8cmの円の半けいは，何mmですか。

★8÷2＝4　4cm＝40mm

答え［40mm］

(3) 半けい7cm8mmの球の直けいは，何cm何mmですか。

★7cm8mmの2倍です。

答え［15cm6mm］

(4) 直けい1cm8mmの球の半けいは，何mmですか。

★1cm8mm＝18mm　18÷2＝9

答え［9mm］

2 円のまわり（円しゅう）は，直けいのおよそ3倍です。次の長さをもとめなさい。（1つ10点・20点）

① 直けい8cmの円の円しゅう

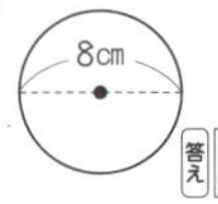

8×3＝24

答え［24cm］

② 半けい3mの円の円しゅう

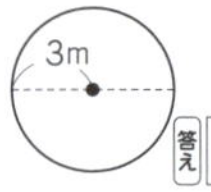

3×2＝6（直けい）
6×3＝18

答え［18m］

3 右の図のように，大きな円の中に同じ大きさの小さな円が3つきっちりと入っています。（1つ8点・24点）

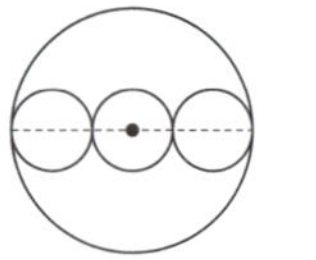

(1) 大きな円の直けいが12cmだとすると，小さな円の直けいは，何cmになりますか。

12÷3＝4

答え［4cm］

(2) 小さな円の半けいが，3cmだとすると，大きな円の直けいは，何cmになりますか。

3×2＝6（小さな円の直けい）
6×3＝18

答え［18cm］

(3) 小さな円の直けいが，2cmだとすると，大きな円の円しゅうは，何cmになりますか。円しゅうは，直けいのおよそ3倍としてもとめなさい。

2×3＝6（大きな円の直けい）
6×3＝18

答え［18cm］

4 右の図は，直けい8cmの球をいろいろなところで切った切り口の形です。下の長さは直けいです。（1つ8点・16点）

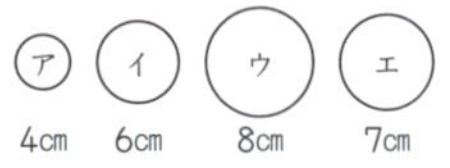

(1) 球の中心で切ったのは，どれですか。

答え［ウ］

(2) 球の中心からいちばん遠いところで切ったのは，どれですか。

答え［ア］

テスト71 ハイレベ ハイレベル ⑱円と球 時間15分 合格点70点

★14÷2＝7
半けい7cm

1 右の図で，円の中心はアで，円の直けいは，14cmです。（1つ8点・16点）

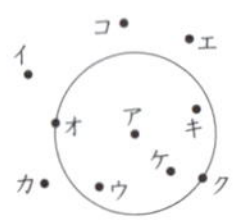

① アからのきょりが7cmより近い点を全部書きなさい。

答え［ウ，キ，ケ］

② アからのきょりが7cmより遠い点を全部書きなさい。

答え［イ，エ，カ，コ］

2 右の図で，円は3つとも同じ大きさで，四角形は長方形です。（1つ8点・24点）

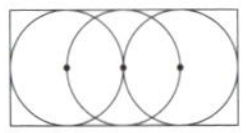

① 長方形の横の長さは，たての長さの何倍ですか。

答え［2倍］

② 長方形の横の長さが12cmのとき，円の半けいは，何cmですか。

12÷4＝3

答え［3cm］

③ 円の半けいが2cm5mmのとき，長方形のまわりの長さは，何cmですか。

2cm5mm＋2cm5mm＝5cm（たて）
5×2＝10（横）
5×2＋10×2＝30

答え［30cm］

★長方形のまわりの長さは（たて＋よこ）×2

3 右の図のように，半けい5cmの4つの円がならんでいます。4つの円の中心をむすんでできる四角形のまわりの長さは，何cmですか。（10点）

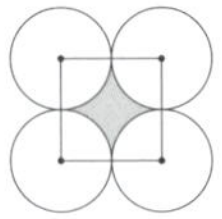

5×8＝40

答え［40cm］

4 図は，ア，イを中心とする半けい8cmの円が重なったものです。（10点）

エオの長さが4cmのとき，三角形ウアイのまわりの長さは，何cmですか。

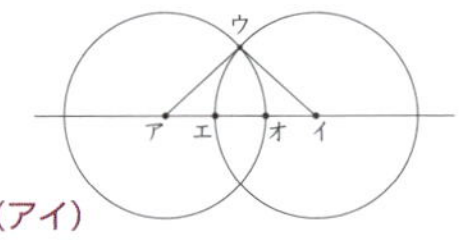

［式］

8＋8－4＝12（アイ）
8×2＋12＝28

★アウ，イウは円の半けい

答え［28cm］

5 円のまわり（円しゅう）の長さは，直けいのおよそ3倍です。では，右の図のまわりの長さは，何cmですか。（10点）

（アとイは，半けい3cmの円の中心です。）

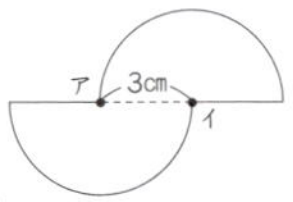

★直線部分と曲線部分に分けて計算するとよい

［式］

3×2＝6（直線部分および直けい）
6×3÷2＝9（1つ分の半円）
6＋9×2＝24

答え［24cm］

6 右の図のようにまわりの長さが32cmの長方形の中に同じ大きさの円が，3つきっちりと入っています。（1つ5点・10点）

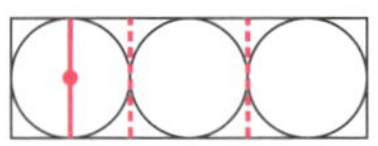

(1) この円の直けいは何cmですか。

32÷（1＋1＋3＋3）＝4

★長方形のたては，円の直けいと同じ。長方形の横は，たての3倍です。

答え［4cm］

(2) この円がきっちりと16こ入る正方形をかこうと思います。1辺を何cmにすればいいですか。

16＝4×4（1辺4こ）
4×4＝16

答え［16cm］

7 直けい8cmの円から下の形を切り取りました。円しゅうは直けいのおよそ3倍として，切り取った形のまわりの長さをもとめなさい。・は円の中心です。（1つ10点・20点）

①

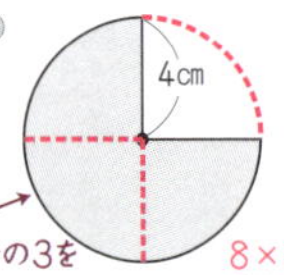

円しゅうの4分の3をもとめます。

8×3＝24
24÷4×3＝18
18＋4×2＝26

答え［26cm］

②

円しゅうの2分の1

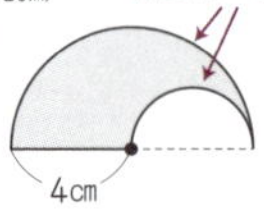

8×3÷2＝12
4×3÷2＝6
12＋6＋4＝22

答え［22cm］

テスト72 最レベ 最高レベルにチャレンジ!! ⑱円と球 時間10分 合格点60点

1 直けい8cmの大きな円にそって直けい2cmの小さな円を外がわと内がわで1しゅうさせました。このとき，小さな円の中心が，動いた長さはおよそ何cmですか。（1つ30点・60点）

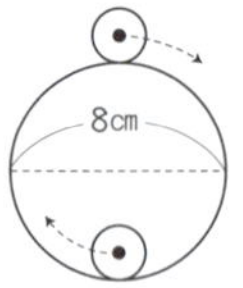

(1) 外がわを1しゅうしたとき

2÷2＝1（小さい円の半けい）
8＋1×2＝10（直けい）
10×3＝30

答え［30cm］

(2) 内がわを1しゅうしたとき

8－1×2＝6（直けい）
6×3＝18

答え［18cm］

2 直けい4cmのつつを4本下のようにならべて，ひもをかけました。結び目を考えないと，ひもの長さはおよそ何cmになりますか。（40点）

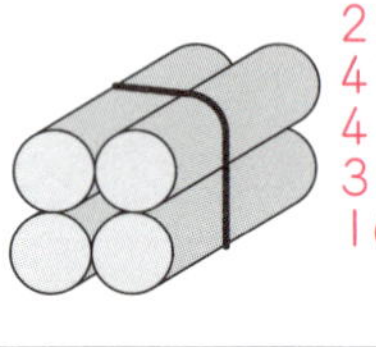

4÷2＝2
2×2＝4
4×4＝16
4×3÷4＝3
3×4＝12
16＋12＝28

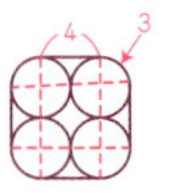

答え［28cm］

テスト73 標準レベル 1 ⑲わり算（3）

時間 10分 合格点 80点

2けたの数・3けたの数・4けたの数を1けたの数でわる計算ができるようにします。また，あまりのあるわり算ができ，その確かめもできるようにします。

1 次のわり算をしなさい。わり切れないときは，あまりも出しなさい。（1つ5点・30点）　★くらいをそろえて筆算しよう。

① 2)74 = 37
6
14
14
0

② 3)59 = 19あまり2
3
29
27
2

③ 6)854 = 142あまり2
6
25
24
14
12
2

④ 4)300 = 75
28
20
20
0

⑤ 9)6741 = 749
63
44
36
81
81
0

⑥ 7)9985 = 1426あまり3
7
29
28
18
14
45
42
3

2 98まいのおり紙があります。これを7人で同じ数ずつになるように分けます。1人分は，何まいになりますか。（10点）

[式] 98÷7＝14　　答え 14まい

3 555cmのテープを3人で同じ長さになるように分けました。1人分は，何cmですか。（10点）

[式] 555÷3＝185　　答え 185cm

4 3600gのお米を5人で同じ重さになるように分けました。1人分は，何gになりますか。（10点）

[式] 3600÷5＝720　　答え 720g

5 1000円さつ2まいを5円玉ばかりにかえてもらうと，5円玉は，何まいになりますか。（10点）

[式] 1000×2＝2000
2000÷5＝400　　答え 400まい

★1000÷5＝200
200×2＝400でもよい

6 6240このクッキーがあります。1箱に3こずつ入れていくと，何箱いりますか。（10点）

[式] 6240÷3＝2080　　答え 2080箱

7 300台の自転車を1台の台車で運びました。台車につめる自転車は，8台です。台車で何回運びましたか。（10点）

[式] 300÷8＝37あまり4
37＋1＝38（あまった4台を38回目に運ぶ）　　答え 38回

8 うるう年（366日）は，何週間と何日ありますか。（10点）

[式] 366÷7＝52あまり2　　答え 52週間と2日

テスト74 標準レベル 2 ⑲わり算（3）

時間 10分 合格点 80点

1 次のわり算をしなさい。わり切れないときは，あまりも出しなさい。（1つ5点・30点）

① 3)81 = 27
6
21
21
0

② 5)94 = 18あまり4
5
44
40
4

③ 7)888 = 126あまり6
7
18
14
48
42
6

④ 4)700 = 175
4
30
28
20
20
0

⑤ 6)8532 = 1422
6
25
24
13
12
12
12
0

⑥ 9)1635 = 181あまり6
9
73
72
15
9
6

2 同じボールを8こ買って，2920円はらいました。このボールは，1こ何円ですか。（10点）

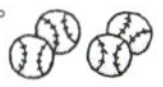

[式] 2920÷8＝365　　答え 365円

3 430cmのひもから，7cmのひもをできるだけ多く取ろうと思います。7cmのひもが何本取れて，何cmあまりますか。（10点）

[式] 430÷7＝61あまり3　　答え 61 本取れて，3 cmあまる。

4 1980このみかんを6人で同じ数ずつに分けました。何こずつに分けましたか。（10点）

[式] 1980÷6＝330　　答え 330こ

5 たか子さんは，625円持っています。1こ5円のあめを何こ買えますか。（10点）

[式] 625÷5＝125　　答え 125こ

6 ぼうが1000本あります。7本ずつたばにすると，何たばできて何本あまりますか。（10点）

[式] 1000÷7＝142あまり6　　答え 142 たばできて，6 本あまる。

7 ひろき君の学校のせいとの数は，721人です。全部の人が4人がけのいすにすわります。4人がけのいすは，何きゃくいりますか。（10点）

[式] 721÷4＝180あまり1
180＋1＝181（あまった1人は181きゃく目にすわる）　　答え 181きゃく

8 運動場で475人の小学生が，1列に8人ずつならんでいきました。でも，さい後の列だけは，3人でした。8人ずつならんでいる列は，何列ありますか。（10点）

[式] 475－3＝472（8人ずつならんでいる人数）
472÷8＝59　　答え 59列

テスト75 ハイレベル ⑲わり算（3）

時間 15分 合格点 70点

1 次のわり算をしなさい。わり切れないときは，あまりも出しなさい。（1つ6点・24点）

① 4)5004 = 1251
4
10
8
20
20
4
4
0

② 3)2098 = 699あまり1
18
29
27
28
27
1

③ 8)7126 = 890あまり6
64
72
72
6

④ 9)6000 = 666あまり6
54
60
54
60
54
6

2 次のわり算で，□がどんな数のとき，答えが3けたになって，わり切れますか。（1つ6点・12点）

① 3)□932　★□に3より小さい数を入れてわり算をしてみる　　答え □＝1

② 7)□033　★□に7より小さい数を入れてわり算をしてみる　　答え □＝5

3 45mのテープを8cmずつに切って名ふだをつくると，名ふだは，何まいできますか。（8点）

[式] 45m＝4500cm
4500÷8＝562あまり4　　答え 562まい

4 ジュースが3L6dLあります。9つのコップに同じかさになるように分けると，1つのコップに何mL入りますか。（8点）

★1L＝1000mL

[式] 3L6dL＝3600mL
3600÷9＝400　　答え 400mL

5 1まい4円の紙を750まい買えるお金で，1まい6円の紙を買うと，何まい買うことができますか。（8点）

[式] 4×750＝3000
3000÷6＝500　　答え 500まい

6 赤いテープと白いテープがあり，どちらも2m80cmです。赤いテープは8本に，白いテープは7本に，どちらも同じ長さずつになるように切りました。短くなった1本だけをくらべると，白いテープは，赤いテープよりどれだけ長いですか。（8点）

[式] 2m80cm＝280cm
280÷8＝35
280÷7＝40
40－35＝5　　答え 5cm

7 7kg50gのねん土を，男の子5人と女の子4人で同じ重さずつに分けると，300gあまりました。1人に何gずつ分けましたか。（8点）

[式] 7kg50g＝7050g
7050－300＝6750
6750÷(5＋4)＝750　　答え 750g

8 2m40cmのテープがあります。兄がその半分をもらったあと，のこりのテープの半分を弟がもらいました。そして，妹がさい後にのこったテープの半分をもらいました。妹がもらったテープは，何cmですか。（8点）

[式] 2m40cm＝240cm
240÷2＝120（兄）
120÷2＝60（弟）
60÷2＝30（妹）　　答え 30cm

9 ある年の1月1日は日曜日でした。では，その年に日曜日は，何回ありましたか。（1年は，365日あります。）（8点）

[式] 365÷7＝52あまり1（あまりの1日は日曜日）
52＋1＝53（12月31日も日曜日だから）　　答え 53回

10 100円玉と50円玉と10円玉と5円玉が，30まいずつあります。このお金を9人で同じ金がくになるように分けると，1人分は，何円になりますか。（8点）

[式] 100＋50＋10＋5＝165
165×30＝4950
4950÷9＝550　　答え 550円

テスト76 最高レベル 最高レベルにチャレンジ!! ⑲わり算（3）

時間 10分 合格点 60点

1 □にどの数を入れると，わり切れますか。（1つ15点・60点）

① 18□÷2　一の位の数字が2でわり切れる　　答え 0，2，4，6，8

② 273□÷5　一の位が5でわり切れる。　　答え 0，5

③ 7□2÷3　　答え 0，3，6，9
各位の数の和（たした答え）が3でわり切れる。

④ 370□÷4　　答え 0，4，8
下2けたの数が00か，4でわり切れる。

2 兄は6800円，弟は2660円持っています。兄が弟に何円あげると，2人のお金が同じになりますか。（20点）

★お金をやりとりしても合計は9460円のまま

[式] 6800＋2660＝9460
9460÷2＝4730
（2人のお金が同じになったとき）
6800－4730＝2070　　答え 2070円

3 白いテープが3mあります。はしから赤，青，緑のじゅんに6cmずつ色をぬっていきます。さい後の6cmは，何色でぬりますか。（20点）

[式] 3m＝300cm
300÷6＝50（50回ぬる）
50÷3＝16あまり2　　答え 青色
（赤，青，緑が16回ずつであと2回だから赤→青）

テスト77 標準レベル 1　20 等号・□を使った式　時間10分　合格点80点

●等号の意味を理解し，正しく使えるようにします。
●未知数を□で表して，式がかけるようにします。
●□を使った式から，□の数を求めることができるようにします。

1 □の左と右の大きさが同じときは＝を，ちがうときは×を□に書きなさい。（1つ4点・32点）

★0に何をかけても答えは0

① 7＋5 ✕ 13　② 8 ＝ 15－7
③ 2×2 ＝ 2＋2　④ 5÷5 ✕ 5－5
⑤ 8－2 ✕ 8÷2　⑥ 9×0 ＝ 10×0
⑦ 9 ＝ 3×2＋3　⑧ 8 ✕ 10－2×4

2 0から9までの数の中で，□にあてはまる数を全部書きなさい。（1つ8点・24点）

① □は，5より大きく，9より小さい数です。
答え 6，7，8

② □に3をかけると，10より小さい数になります。
答え 0，1，2，3
★10÷3＝3…1

③ □に7をかけると，61より5小さい数になります。
答え 8
★61－5＝56　56÷7＝8

3 次の□にあてはまる数を書きなさい。（1つ3点・24点）

① 120＋133＝253　② 62＋58＝120
③ 180－82＝98　④ 105－90＝15
⑤ 8×7＝56　⑥ 6×20＝120
⑦ 35÷5＝7　⑧ 72÷8＝9

★③98＋82＝180　④105－15＝90　⑦7×5＝35　⑧72÷9＝8

4 次の事がらを表す式を，□を使って書きなさい。（1つ5点・20点）

① えん筆が□本あります。6本もらったので，全部で18本になりました。
答え □＋6＝18

② おこづかいが700円あります。□円使ったので，550円になりました。
答え 700－□＝550

③ 紙が180まいあります。□人で分けると，1人20まいずつになりました。
答え 180÷□＝20

④ 1こ□円のりんごを7こ買って，1000円出すと，おつりが790円でした。
答え 1000－□×7＝790
または□×7＝1000－790

テスト78 標準レベル 2　20 等号・□を使った式　時間10分　合格点80点

1 □にあてはまる数を書きなさい。（1つ4点・32点）

① 16＋43＝59　② 27＋89＝116
③ 65－48＝17　④ 921－757＝164
⑤ 7×33＝231　⑥ 17×8＝136
⑦ 56÷7＝8　⑧ 60÷4＝15

★③と④，⑦と⑧のもとめ方のちがいに気をつける。

2 次の事がらを表す式で正しい方に○をつけなさい。（1つ10点・20点）

(1) 4に2をたした数に5をかけた答えは，8に4をかけて2をひいた答えと等しい。
㋐ □ 4＋2×5＝8×4－2
㋑ ○ (4＋2)×5＝8×4－2

★(　)を使って，先に計算するようにします。

(2) 48を8でわった数に2をたした答えは，48を4と2をたした数でわった答えと等しい。
㋐ □ 48÷8＋2＝(48＋4)÷2
㋑ ○ 48÷8＋2＝48÷(4＋2)

3 図を見て，□を使った式を書き，□にあてはまる数を書きなさい。（1つ8点・16点）

① 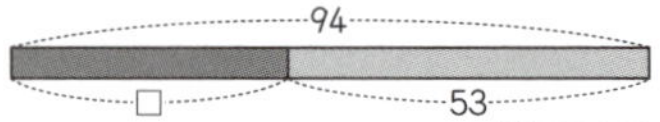

式 □＋53＝94　答え 41

② 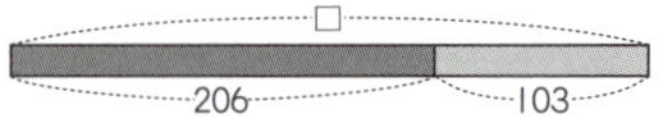

式 □－206＝103　答え 309
または □－103＝206

4 ある数を□として式を書き，ある数を書きなさい。（1つ8点・32点）

① ある数に32をたすと，68になります。
式 □＋32＝68　答え 36

② 230からある数をひくと，79になります。
式 230－□＝79　答え 151

③ 6にある数をかけると，96になります。
式 6×□＝96　答え 16

④ ある数を8でわると，42になります。
式 □÷8＝42　答え 336

★ ①68－32＝36　③96÷6＝16
②230－79＝151　④42×8＝336

テスト79 ハイレベル　20 等号・□を使った式　時間15分　合格点70点

1 □にあてはまる数を書きなさい。（1つ3点・12点）

★先に計算できる部分をして式を短くしてから□をもとめよう。

① 134＋28＋38＝200
162＋□＝200　□＝200－162＝38

② 373－17－49＝307
356－□＝307　□＝356－307＝49

③ 4＋3×5＝19
3×□＝19－4　3×□＝15　□＝15÷3＝5

④ 20－12÷3＝16
20－16＝12÷□　12÷□＝4　□＝12÷4＝3

2 □にあてはまる数を書きなさい。（1つ3点・18点）

① 40＋301＝295＋46
□＋301＝341
341－301＝40

② 1236－95＝48＋1093
1141＝48＋□
1141－48＝1093

③ 160－76＝28×3
□－76＝84
84＋76＝160

④ 102÷3＝54－20
34＝54－□
54－34＝20

⑤ 640×5＝3600－400
□×5＝3200
3200÷5＝640

⑥ 2560÷4＝8×80
640＝8×□
640÷8＝80

3 □の左と右の大きさが同じときは＝を，ちがうときは×を□に書きなさい。（1つ3点・12点）

① 50－19＋7 ＝ 40－13＋11
② 2×3×4 ✕ 3×3×3
③ 8×2×3 ＝ 2×3×8
④ 81÷9÷3 ✕ 64÷8÷4

★かけ算はかけるじゅん番をかえても，答えはかわらない

4 次の□にあてはまる＋，－，×，÷の記号を書きなさい。（1つ4点・24点）

① 10－2＝8　② 10＋2＝12
③ 2×10＝20　④ 10÷2＝5
⑤ 10×2×2＝40　⑥ 10÷2－2＝3

5 □にあてはまる数をもとめなさい。（1つ4点・8点）

① 46＋□÷9＝53　□＝（63）
② □÷7×6＝12　□＝（14）

6 図を見て，□を使った式を書き，□の数を書きなさい。（1つ3点・6点）

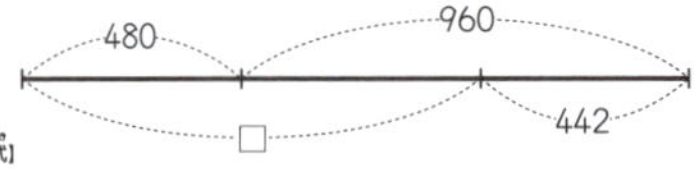

式 □＋442＝480＋960　答え 998
□－480＝960－442でもよい。

7 □にあてはまる数を書きなさい。（1つ3点・12点）

① 2×□－2＝10　□＝（6）
2×□＝10＋2
② 3×□＋3＝15　□＝（4）
3×□＝15－3
③ 24÷□＋1＝7　□＝（4）
24÷□＝7－1
④ 5＋7×□＝61　□＝（8）
7×□＝61－5

8 次の事がらを等号(＝)を使った式で書きなさい。（1つ4点・8点）

① 13から7をひいた答えと，2に3をかけた答えは，等しい。
答え 13－7＝2×3

② 3に5をかけた答えと，6に9をたした答えは，等しい。
答え 3×5＝6＋9

テスト80 最レベ　最高レベルにチャレンジ!!　20 等号・□を使った式　時間10分　合格点60点

1 次の左と右の□には同じ数が入ります。1から9までの数の中で，□にあてはまる数を書きなさい。（1つ10点・40点）

★1から9まであてはめましょう。

① 4×□＝9＋□　□＝（3）
② 2×□＝□＋4　□＝（4）
③ 12－□＝4＋□　□＝（4）
④ 2×□＝24－2×□　□＝（6）

2 次の式が正しい式になるように(　)を1つつけなさい。（1つ20点・60点）

① 85 ＋ 15 －(74 － 70)＝ 96
② 90 －(3 ＋ 5 × 6)＝ 57
③ 53 －(35 － 20 ÷ 5 × 2)＝ 26

リビューテスト 4-① (ふくしゅうテスト)

時間 10分　合格点 70点　　点

1 次の計算をしなさい。(1つ3点・18点)

① $\frac{2}{5}+\frac{1}{5}=\frac{3}{5}$　② $\frac{3}{10}+\frac{4}{10}=\frac{7}{10}$　③ $\frac{7}{15}+\frac{8}{15}=1\left(\frac{15}{15}\right)$

④ $\frac{6}{7}-\frac{2}{7}=\frac{4}{7}$　⑤ $1-\frac{5}{12}=\frac{7}{12}$　⑥ $\frac{7}{9}-\frac{1}{9}=\frac{6}{9}$

2 □にあてはまる数を入れなさい。(1つ3点・18点)

① [232]+124=356　② 428−[264]=164

③ [1207]−434=773　④ 42÷[6]=7

⑤ [12]×9=108　⑥ [64]÷4=16

3 □にあてはまる数を入れなさい。(1つ3点・12点)

※0.4ずつふえる

① 0.5 — 0.9 — [1.3] — 1.7 — [2.1] — 2.5

※1.7ずつへる

② 13 — [11.3] — 9.6 — 7.9 — [6.2] — 4.5

4 次の事がらを，等号（=）を使った式で書きなさい。(10点)

12から7をひいた数を7倍した答えと，26に9をたした答えは等しい。

答え (12−7) ×7=26+9

88

5 右の図のように，正方形の中にきっちり入る円をかきました。正方形のまわりの長さが36cmだとすると，円の円しゅうは，何cmになりますか。(10点)

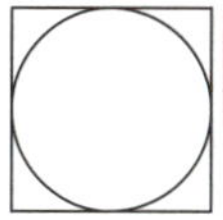

★正方形の一辺と円の直けいは同じ長さになる。

【式】
36÷4=9
9×3=27

答え 27cm

6 1562人の生とが，4人がけの長いすにすわっていきます。みんながすわるには，長いすは何きゃくいりますか。(10点)

★あまった2人にもいすを用意する。

【式】
1562÷4=390あまり2
390+1=391

答え 391きゃく

7 次のわり算で，□がどんな数のとき，答えが3けたで，わり切れますか。あてはまる数をすべて書きなさい。(10点)

6)□734

★答えが3けただから,□は1,2,3,4,5のどれかである。□に1～5を入れてわり切れるかを考える。

□= 1，4

8 全体を1とすると，■のところを分数で表しなさい。(1つ6点・12点)

①

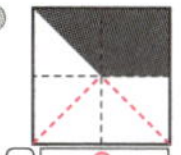

答え $\frac{3}{8}$

②

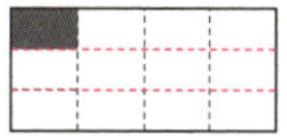

答え $\frac{1}{12}$

リビューテスト 4-② (ふくしゅうテスト)

時間 10分　合格点 70点　　点

1 次の計算をしなさい。(1つ4点・24点)

① 0.5+0.9=1.4　② 1.7+2.8=4.5　③ 7.5+6.4=13.9

④ 0.9−0.4=0.5　⑤ 2−1.6=0.4　⑥ 12.1−5.6=6.5

2 次のわり算をしなさい。わり切れないときは，あまりも出しなさい。(1つ4点・12点)

① 4)76　答え 19
4
36
36
0

② 6)629　答え 104あまり5
6
29
24
5

③ 3)7254　答え 2418
6
12
12
5
3
24
24
0

3 カステラが1本あります。朝に$\frac{1}{8}$を食べ，昼に$\frac{2}{8}$を食べました。のこりは，どれだけですか。(10点)

【式】
$1-\frac{1}{8}-\frac{2}{8}=\frac{5}{8}$

答え $\frac{5}{8}$本

4 $\frac{4}{7}$より大きい分数を，○でかこみなさい。(10点)

$\frac{1}{7}$，($\frac{4}{5}$)，$\frac{4}{8}$，($\frac{5}{7}$)，$\frac{4}{9}$，$\frac{4}{10}$

5 次のカードをそれぞれ1まいずつ分母か分子において，分数をつくります。(1つ8点・16点)

[1] [2] [3] [6] [8] [9]　　$\frac{?}{?}$

★分母を大きくし，分子を小さくする。

(1) いちばん小さい分数をつくりなさい。　答え $\frac{1}{9}$

(2) $\frac{1}{3}$のほかに，$\frac{1}{3}$と同じ大きさになる分数をつくりなさい。

★分母と分子に同じ数をかけてできた分数は，元の分数と同じ大きさになる。

答え $\frac{2}{6}$，$\frac{3}{9}$

6 次の□にあてはまる+，−，×，÷の記号を入れなさい。(1つ4点・16点)

① 3[×]10=30　② 15[÷]3=5

③ 20[−]5[×]2=10　④ 6[÷]3[+]2=4 (×)

7 下の図のまわりの長さをもとめなさい。●は円の中心です。(1つ6点・12点)

★直線部分と曲線部分に分けて計算する。

①

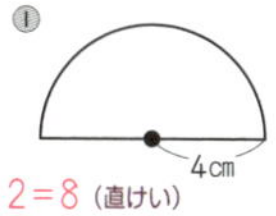

4×2=8 (直けい)
8×3÷2=12 (曲線部分)
8+12=20

答え 20 cm

②

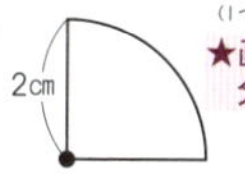

2×2=4 (直けい)
4×3÷4=3 (曲線部分)
3+2×2=7

答え 7 cm

89

テスト81 標準レベル 1　㉑文章題特訓（1）　時間10分　合格点80点

1 りんごを1こととみかんを2こ買うと，330円で，りんごとみかんを2こずつ買うと，540円だそうです。りんごとみかんは，それぞれ1こ何円ですか。（1つ10点・20点）

りんご	みかん	
2こ	2こ	540円
−1こ	2こ	330円
1こ		210円

式 540−330=210（りんご1このねだん）
330−210=120（みかん2このねだん）
120÷2=60

答え りんご… 210円　みかん… 60円

2 算数の教科書4さつと国語の教科書2さつの重さを計ると，全部で1738gになりました。算数の教科書を1さつへらして重さを計ると，1466gになりました。それぞれの教科書1さつの重さは，何gですか。（1つ10点・20点）

算数	国語	
4さつ	2さつ	1738g
−3さつ	2さつ	1466g
1さつ		272g

式 1738−1466=272（算数1さつの重さ）
272×3=816
1466−816=650（国語2さつの重さ）
650÷2=325

答え 算数… 272g　国語… 325g

3 じゃがいもを5こと玉ねぎを3こ買うと，584円です。玉ねぎをあと2こ多く買うと，全部で780円になりました。じゃがいもと玉ねぎは，それぞれ1こ何円ですか。（1つ10点・20点）

式 780−584=196（玉ねぎ2このねだん）
196÷2=98（玉ねぎ1このねだん）
98×3=294
584−294=290（じゃがいも5このねだん）
290÷5=58

じゃがいも	玉ねぎ	
5こ	5こ	780円
−5こ	3こ	584円
	2こ	196円

答え じゃがいも… 58円　玉ねぎ… 98円

●植木算・消去算について様々な文章題の練習をします。

4 川にそって3mおきに28本の木が植えてあります。木のはしからはしまでは，何mありますか。（10点）

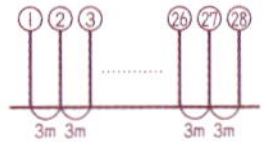

式 28−1=27（木と木の間の数）
3×27=81
（27×3にしないように）

答え 81m

5 白いハンカチが35まい重ねてあります。この白いハンカチ1まい1まいの間に黄色いハンカチを10まいずつはさんでいくと，ハンカチは全部で何まいになりますか。（15点）

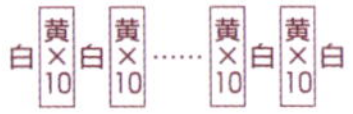

式 35−1=34（白と白の間の数）
10×34=340（黄）
340+35=375

答え 375まい

6 道にそって0.8mおきに50本のくいがうってあります。くいのはしからはしまでは，何m何cmありますか。（15点）

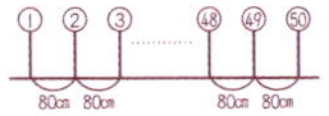

式 0.8m=80cm
50−1=49（くいとくいの間の数）
80×49=3920
3920cm=39m20cm

答え 39m20cm

テスト82 標準レベル 2　㉑文章題特訓（1）　時間10分　合格点80点

1 赤，青，白，黄色のボールがあります。同じ色のボールは，すべて同じ重さです。（1つ15点・60点）

(1) 赤いボール8こと青いボール9こを100gの箱に入れて重さを計ると，502gになりました。次に，赤いボールを1こへらして重さを計ると，472gになりました。赤と青のボールは，それぞれ1こ何gですか。

式 502−100=402
472−100=372
402−372=30（赤1この重さ）
（502−472=30でもよい）
402−30×8=162
162÷9=18

★箱の重さに気をつけよう。

赤	青	
8こ	9こ	402g
−7こ	9こ	372g
1こ		30g

← 502−472=30でもよい

答え 赤いボール… 30g　青いボール… 18g

(2) 白いボール5こと黄色いボール8こを150gの箱に入れて重さを計ると，563gになりました。次に，黄色いボールを4こふやして重さを計ると，667gになりました。白と黄色のボールは，それぞれ1こ何gですか。

式 563−150=413
667−150=517
517−413=104（黄4この重さ）
（667−563=104でもよい）
104÷4=26
413−26×8=205
205÷5=41

白	黄	
5こ	12こ	517g
−5こ	8こ	413g
	4こ	104g

667−563=104でもよい

答え 白いボール…… 41g　黄色いボール… 26g

2 部屋のかべにそって，横の長さが0.3mの紙を，下のようにはっていきました。紙と紙の間と紙とかべのはしの間を18cmずつあけてはると，ちょうど10まいはることができました。かべのはしからはしまでは，何cmありますか。（20点）

★とmがまざっているので注意しよう。

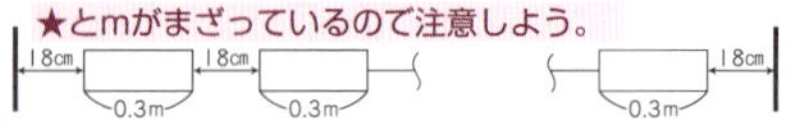

式 0.3m=30cm
30×10=300
10+1=11（間の数）
18×11=198
300+198=498

答え 498cm

3 長さ6cmのテープを，下のようにのりしろを1cmずつにしてつなぎます。（1つ10点・20点）

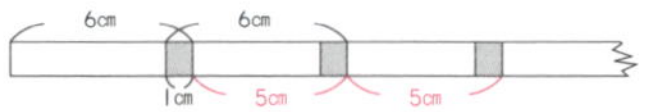

(1) テープを8まいつなぐと，全体の長さは，何cmになりますか。

式 6−1=5（2まい目からは5cm）
8−1=7（5cmのまい数）
6+5×7=41
★6×8=48　1×(8−1)=7　48−7=41でもよい

答え 41cm

(2) つないだテープの長さが56cmになるのは，何まいつないだときですか。

式 56−6=50
（6−1=5）
50÷5=10
10+1=11

答え 11まい

テスト83 ハイレベル　㉑文章題特訓（1）　時間15分　合格点70点

1 みかん5こととりんご2こで310円で，同じみかん3こととりんご2こで250円です。みかん1こととりんご1このねだんをそれぞれもとめなさい。（10点）

みかん	りんご	
5こ	2こ	310円
−3こ	2こ	250円
2こ		60円

式 310−250=60（みかん2このねだん）
60÷(5−3)=30
250−30×3=160　160÷2=80

答え みかん… 30円　りんご… 80円

2 長さ9cmのテープ8まいをのりしろを何cmずつかにしてつなぐと，58cmになりました。のりしろを何cmずつにしてつなぎましたか。（10点）

式 9×8=72
72−58=14
14÷(8−1)=2
のりしろ全部で14cmです。
のりしろの数は7(8−1=7)

答え 2cm

3 たて100m，横200mの長方形の土地があります。この土地のまわりに5mおきに木を植えます。木は全部で何本いりますか。ただし，かどにはかならず木を植えます。（15点）

式 100×2+200×2=600（土地のまわりの長さ）
600÷5=120
（木と木の間の数=木の本数）

答え 120本

4 水が入った水そうの重さは2.6kgありました。水そうの水を半分すてて重さを計ると，1800gでした。（1つ10点・20点）

(1) はじめに何gの水が入っていましたか。

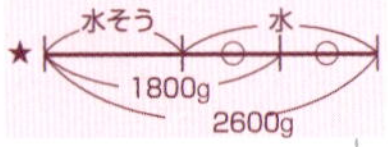

式 2.6kg=2600g
2600−1800=800
800×2=1600

答え 1600g

(2) 水そうだけの重さは，何gですか。

式 2600−1600=1000

答え 1000g

5 はばが8mのかべがあります。このかべにはばが80cmのがくを7まいかけます。かべのりょうはしとがくの間，がくとがくの間を全部同じ長さにするには何cmずつにすればよいですか。（15点）

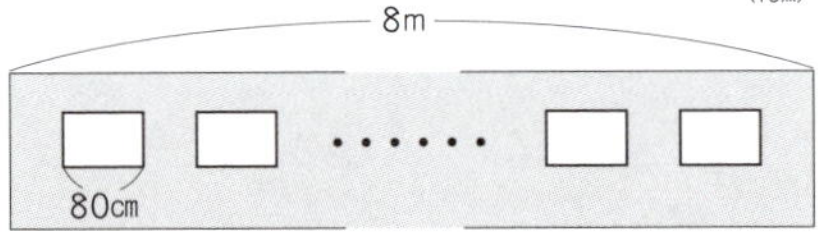

式 8m=800cm
80×7=560
800−560=240
7+1=8（間の数）
240÷8=30

答え 30cm

6 5mずつ間をあけて20本のはたを1列に立てました。（1つ10点・30点）

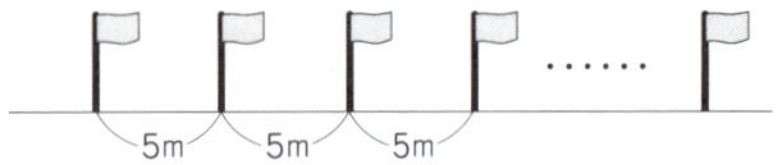

(1) 左から3番目のはたと左から12番目のはたの間は，何mありますか。

式 12−3=9（間の数）
5×9=45

答え 45m

(2) 左はしのはたから35mはなれたところにあるはたは，左から数えて何番目のはたですか。

式 35÷5=7（間の数）
7+1=8

答え 8番目

(3) 左から6番目のはたと右から4番目のはたの間は，何mありますか。

式 20−6−4=10
10+1=11（間の数）
5×11=55
（20−4+1=17　17−6=11　5×11=55）

答え 55m

テスト84 最高レベル　最高レベルにチャレンジ!!　㉑文章題特訓（1）　時間10分　合格点60点

1 えん筆5本のねだんは，筆箱1つのねだんより80円安く，えん筆1本と筆箱1つのねだんを合わせると，560円です。えん筆1本，筆箱1つのねだんをそれぞれもとめなさい。（1つ30点・60点）

式 560−80=480
5+1=6
480÷6=80
560−80=480

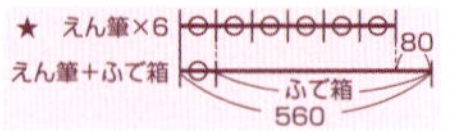

答え えん筆… 80円　筆箱… 480円

2 長さ3mの木を50cmずつに切り分けます。1回切るのに8分かかり，毎回切り終わるごとに2分ずつ休みます。切り始めてから全部を切り終わるまで何分かかりますか。（40点）

式 3m=300cm
300÷50=6（6本に切り分ける）
6−1=5（切る回数）　8×5=40（切る時間）
5−1=4（休む回数）　2×4=8（休む時間）
40+8=48

答え 48分

〈きりとり線〉

テスト85 標準レベル 1 ㉒文章題特訓（2） 時間10分 合格点80点

●様々な文章題を練習をします。

1 あめをみゆきさんは92こ，さと子さんは64こもっています。みゆきさんからさと子さんに何こあげると，2人のあめの数は同じになりますか。（15点）

［式］ 92＋64＝156（合計は156このまま）
156÷2＝78
78－64＝14

別解 92－64＝28
28÷2＝14

★2人でやりとりするだけなら，あめの合計はかわらない

答え 14こ

2 たか子さんは3600円，妹は2200円のおこづかいを持っています。たか子さんが妹より400円多くなるようにするには，たか子さんは妹に何円わたせばよいですか。（20点）

［式］ 3600＋2200＝5800
5800－400＝5400
5400÷2＝2700（もらったあとの妹）
2700－2200＝500

★400円多くなったときのことを考える。

答え 500円

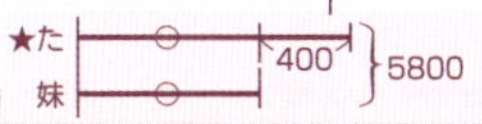

3 駅に，荷物が3000こ着きました。1回に，2人が4こずつ運びます。全部を運び終わるには，何回かかりますか。（15点）

［式］ 4×2＝8
3000÷8＝375

答え 375回

4 辺の長さが6cmずつちがう三角形があります。そのまわりの長さが78cmです。いちばん長い辺の長さは何cmですか。（20点）

［式］ 6×3＝18（○印のところ）
78＋18＝96
96÷3＝32

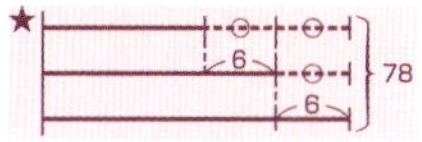

★いちばん短い辺にそろえてもよい。

答え 32cm

5 白と黒のご石が合わせて400こあります。白いご石は黒いご石の7倍あります。それぞれのご石の数は何こですか。（15点）

［式］ 1＋7＝8
400÷8＝50
50×7＝350

答え 白…350こ　黒…50こ

6 5人の子どもに，カステラを2つずつわたします。1つ何円のカステラにすれば，全部で1900円になりますか。（15点）

［式］ 2×5＝10（5×2にしないように）
1900÷10＝190

答え 190円

テスト86 標準レベル 2 ㉒文章題特訓（2） 時間10分 合格点80点

1 まり子さんは10000円持ってくだもの屋に行き，1こ300円のりんごと1こ500円のメロンを買いました。りんごの数はメロンよりも6こ多く，両方で20こでした。（1つ10点・30点）

(1) まり子さんは，りんごとメロンをそれぞれ何こ買いましたか。

［式］ 20－6＝14
14÷2＝7（メロン）
7＋6＝13

答え りんご…13こ　メロン…7こ

(2) おつりはいくらですか。

［式］ 300×13＝3900
500×7＝3500
3900＋3500＝7400
10000－7400＝2600

答え 2600円

2 4まい30円の色紙があります。この色紙120まいの代金は，何円ですか。（10点）

［式］ 120÷4＝30（まい数が30倍→ねだんも30倍）
30×30＝900

答え 900円

3 50人の子どもがマラソンをしています。けんた君は前から12番目でしたが，6人にぬかされました。今，後ろから何番目ですか。（15点）

［式］ 12＋6＝18（前から18番目）
50－18＝32（後ろに32人）
32＋1＝33

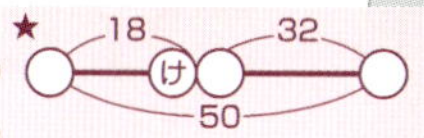

答え 33番目

4 4，4，5，7，|4，4，5，7，|4，4……のように，数字があるきまりでならんでいます。（1つ15点・30点）

(1) 50番目の数字は何ですか。

［式］ 50÷4＝12あまり2

★4，4，5，7を1つのまとまりとすれば，12のまとまりと2つの数字がある。

①4,4,5,7 | ②4,4,5,7 | …… | ⑪4,4,5,7 | ⑫4,4,5,7 | 4,4

答え 4

(2) 90番目までの数字を全部たすと，いくつになりますか。

［式］ 4＋4＋5＋7＝20
90÷4＝22あまり2
20×22＋4＋4＝448

①4,4,5,7 …… ㉒4,4,5,7 4,4
20＋……＋20＋4＋4

答え 448

5 1時間で30秒おくれる時計があります。この時計を正午の時ほうに合わせました。その日の午後6時になったとき，この時計は何時何分をさしていますか。（15点）

［式］ 6時－0時＝6時間
30×6＝180
180秒＝3分
6時－3分＝5時57分

★1時間で30秒おくれる
↓
6時間で180秒おくれる

答え 5時57分

テスト87 ハイレベル ㉒文章題特訓（2） 時間15分 合格点70点

1 兄は1000円，弟は400円持っていました。お母さんから同じだけのお金をもらったので，兄は弟の2倍になりました。2人はお母さんから何円ずつもらいましたか。（10点）

［式］ 1000－400＝600（ちがい）
600÷(2－1)＝600
600－400＝200

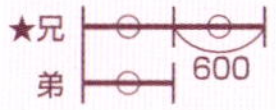

★ちがいは，はじめと同じです。

答え 200円

2 赤，青，白のリボンがあります。赤の長さは4mです。青の長さは赤の長さの3倍，白の長さは青の長さの5倍です。白の長さは何mありますか。（10点）

［式］ 4×3＝12（青）
12×5＝60（白）

答え 60m

3 今日は水曜日です。40日後は何曜日ですか。（10点）

［式］ 40÷7＝5あまり5（木曜日から5日数えて月曜日）

①木金土日月火水 | …… | ⑤木金土日月火水 | 木金土日月

答え 月曜日

4 兄のちょ金は弟のちょ金の3倍より1000円少なく，2倍より2000円多いそうです。兄と弟のちょ金はそれぞれ何円ですか。（10点）

［式］ 1000＋2000＝3000
3000×2＋2000＝8000

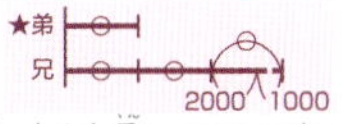

答え 兄…8000円　弟…3000円

5 たかし君のクラスのせいとみんなに，夏休みに山や海に行ったかをたずねました。山へ行った人は14人で，海へ行った人は21人でした。また，どちらも行った人は5人で，どちらも行かなかった人は8人でした。たかし君のクラスのせいとは，みんなで何人ですか。（10点）

［式］ 14＋21－5＝30
30＋8＝38

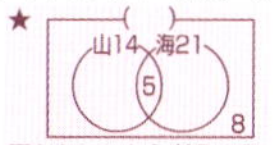

図をかいてから考えよう。

答え 38人

6 45人の子どもに，AとBの2つのクイズをしました。Aができた人は26人，Bができた人は29人で，どちらもできなかった人はいませんでした。AかBかどちらか1つだけできた人にはクッキーを2まい，AもBもできた人にはクッキーを5まいくばることにしました。クッキーは全部で何まいいりますか。（10点）

［式］ 26＋29－45＝10（AもBもできた人）
26－10＝16（Aだけできた人）
29－10＝19（Bだけできた人）
2×16＋2×19＋5×10＝120

答え 120まい

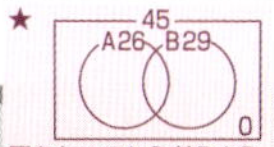

図をかいてから考えよう。

7 右の図のようにご石を1辺が6この正方形の形にすき間なくならべました。（1つ10点・30点）

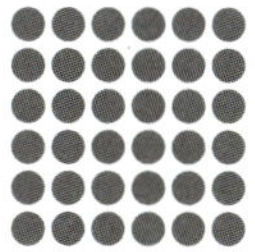

(1) ご石は全部で何こありますか。

［式］ 6×6＝36
全部の数＝1辺の数×1辺の数

答え 36こ

(2) いちばん外がわには，ご石は何こありますか。

［式］ (6－1)×4＝20
(1辺の数－1)×4が，いちばん外がわの数

答え 20こ

(3) たて，横1列ずつふやすには，ご石はあと何こいりますか。

［式］ 6×2＋1＝13

答え 13こ

8 同じ大きさの正方形のタイルがたくさんあります。このタイルをすきまなくならべて大きな正方形を作ると，タイルは11まいあまりました。そこでたて，横1列ずつふやした大きな正方形を作ろうとしたら，6まいたりませんでした。タイルは全部で何まいありますか。（10点）

［式］ 11＋6＝17
(17－1)÷2＝8
8×8＋11＝75

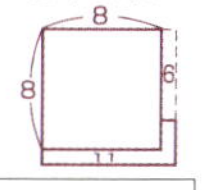

答え 75まい

テスト88 最高レベル 最高レベルにチャレンジ!! ㉒文章題特訓（2） 時間10分 合格点60点

1 赤いボールが420こ，白いボールが190こ箱に入っています。1回に，それぞれのボールを5こずつ取り出していきます。何回取り出すと，赤いボールが白いボールの3倍になりますか。（40点）

［式］ 420－190＝230
230÷(3－1)＝115（取り出し後の白の数）
190－115＝75（取り出した白の数）
75÷5＝15

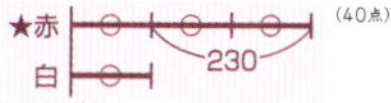

★取り出す前後で，赤と白のさはかわりません。

答え 15回

2 整数1，2，3，4…を，右の表のように書いていきます。（1つ20点・60点）

1	2	4	7	11	16		
3	5	8	12	17			
6	9	13	18				
10	14						
15							
		★					

(1) いちばん左の列で，上から6番目の数は何ですか。

1番目…1
2番目…3＝1＋2
3番目…6＝1＋2＋3
⋮
6番目…1＋2＋3＋4＋5＋6＝21

答え 21

(2) いちばん上の列で，左から9番目の数は何ですか。

もとめる数は，いちばん左の列で上から8番目の数より1大きい数です。
1＋2＋3＋4＋5＋6＋7＋8＝36
36＋1＝37

答え 37

(3) ★の数をもとめなさい。

★の数は，いちばん左の列で上から9番目の数より2小さい数です。
1＋2＋3＋4＋5＋6＋7＋8＋9－2＝43

答え 43

テスト 89 標準レベル 1 ㉓算術特訓(1)(場合の数) 時間10分 合格点80点

●積の法則を用いて場合の数をもとめます。
●条件に応じて立式できるようにします。
●場合分けをして,積の法則を使えるようにします。

1 赤・青・白の3このボールを1列にならべます。ならべ方は,全部で何通りありますか。(10点)

[式] $3\times2\times1=6$　答え 6通り

2 A・B・C・Dの4人が,チームとなってリレーに出ます。4人が走るじゅんじょは全部で何通りありますか。(10点)

[式] $4\times3\times2\times1=24$　答え 24通り

3 3,4,5,6,7の数字を書いたカードが1まいずつあります。(1つ10点・20点)

(1) この中から2まいを使って,2けたの整数を作ります。全部で何通りできますか。

[式] $5\times4=20$　答え 20通り

(2) この中から3まいを使って,3けたの整数を作ります。全部で何通りできますか。

[式] $5\times4\times3=60$　答え 60通り

4 大・小2つのさいころがあります。この2つのさいころを同時にふります。目の出方は,全部で何通りありますか。(⚁⚀と⚀⚁はべつと考えます。)(15点)

[式] $6\times6=36$
(大・小それぞれ6通りずつあります。)　答え 36通り

5 4人で1回だけじゃんけんをします。4人のじゃんけんの出し方(グー・チョキ・パー)は,全部で何通りありますか。(15点)

[式] $3\times3\times3\times3=81$
(4人はそれぞれ3通りずつあります。)　答え 81通り

6 1,2,3,4の数字を書いたカードが,それぞれたくさんあります。(同じ数字のカードをくり返し使えます。)

(1) この中から2まいを使って,2けたの整数を作ります。全部で何通りできますか。(15点)

[式] $4\times4=16$　答え 16通り

(2) この中から3まいを使って,3けたの整数を作ります。全部で何通りできますか。(15点)

[式] $4\times4\times4=64$　答え 64通り

テスト 90 標準レベル 2 ㉓算術特訓(1)(場合の数) 時間10分 合格点80点

1 さとし君の家からたくや君の家までには,2通りの行き方があります。たくや君の家から公園までには,3通りの行き方があります。さとし君がたくや君をさそって公園に行くには,全部で何通りの行き方がありますか。(15点)

★樹形図でかくと

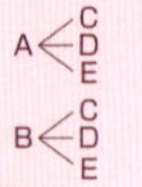

[式] $2\times3=6$
★AとBで2通り,その次のC,D,Eで3通りずつえらび方がある。　答え 6通り

2 下のカードのうち3まいを使って,3けたの整数をつくります。全部で何通りのつくり方がありますか。□にあてはまる数を書きなさい。(1つ10点・40点)　0 1 2 3

(1) 百のくらいに使うカードは,[0]をのぞいた[3]通りのえらび方ができます。

(2) 十のくらいに使えるカードは,百のくらいに使ったカードをのぞいた[3]通りがあります。

(3) 一のくらいに使えるカードは,百のくらいと十のくらいに使ったカードをのぞいた[2]通りです。

(4) 全部で[3]×[3]×[2]=[18]　答え 18通り

3 あゆみさんの家からよしえさんの家まで行く道は,3つあり,よしえさんの家から学校まで行く道は,5つあります。(1つ15点・45点)

(1) あゆみさんがよしえさんをさそって学校へ行くには,全部で何通りの行き方がありますか。

[式] $3\times5=15$

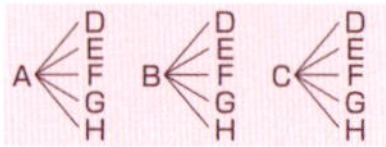

答え 15通り

(2) あゆみさんの家からよしえさんの家までおうふく(行って帰ること)する行き方は,全部で何通りありますか。

[式] $3\times3=9$　答え 9通り

(3) あゆみさんがよしえさんをさそって学校へ行き,また,よしえさんの家の前を通って家に帰ります。あゆみさんが学校まで行って帰る道は,全部で何通りありますか。

[式] $3\times5\times5\times3=225$
★(1)より15×15=225でもよい。　答え 225通り

テスト 91 ハイレベル ㉓算術特訓(1)(場合の数) 時間15分 合格点70点

1 下のカードのうち3まいを使って,3けたの整数をつくります。何通りできますか。(10点)　1 3 5 7

[式] $4\times3\times2=24$
★百のくらいで4通り
十のくらいでのこりのカードから3通り
一のくらいでのこりのカードから2通りえらぶ。　答え 24通り

2 下の図のように,あ～えの町をつなぐ道があります。(1つ10点・20点)

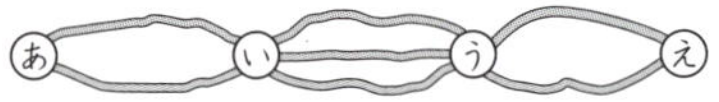

(1) あからえまで行く道は,全部で何通りありますか。

[式] $2\times3\times2=12$　答え 12通り

(2) あからえまで行き,えからあまでもどる行き方は,全部で何通りありますか。

[式] $12\times12=144$(帰りも12通りあります。)　答え 144通り

3 下のカードのうち4まいを使って,4けたの整数をつくります。(1つ10点・20点)　2 0 9 6 4

(1) 4000より大きい整数は,何通りできますか。

[式] $3\times4\times3\times2=72$
★千のくらいは4,6,9の3通りのえらび方がある。　答え 72通り

(2) 6000より小さい整数は,何通りできますか。

[式] $2\times4\times3\times2=48$
★千のくらいは2,4の2通りのえらび方がある。　答え 48通り

4 1から6までの6つの数字を使って,いろいろな数をつくります。(1つ10点・20点)

(1) 一のくらいと十のくらいがちがう2けたの整数は,全部で何通りできますか。

[式] $6\times5=30$　答え 30通り

(2) くらいの数字が全部ちがう3けたの整数は,全部で何通りできますか。

[式] $6\times5\times4=120$　答え 120通り

5 下の図のように,あ～えの町をつなぐ道があります。(1つ10点・30点)

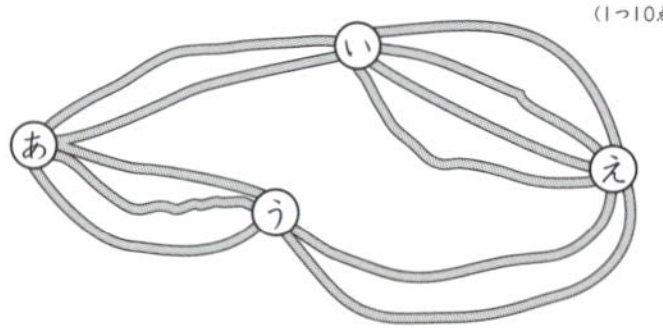

(1) あからえまで行く道は,全部で何通りありますか。

[式] $2\times4=8$(いを通るとき)
$3\times2=6$(うを通るとき)
$8+6=14$　答え 14通り

(2) 行きも帰りもうを通って,あからえまでおうふく(行って帰ること)する行き方は,全部で何通りありますか。

[式] $3\times2=6$(行き6通り)
$2\times3=6$(帰り6通り)
$6\times6=36$　答え 36通り

(3) 行きも帰りもいを通って,あからえまでおうふく(行って帰ること)する行き方は,全部で何通りありますか。ただし,行きに使った道は,帰りに使わないことにします。

[式] $2\times4=8$(行き8通り)
$(4-1)\times(2-1)=3$(帰り3通り)
$8\times3=24$
(帰りはそれぞれ1通りずつ少なくなります。)　答え 24通り

テスト 92 最高レベル 最高レベルにチャレンジ!! ㉓算術特訓(1)(場合の数) 時間10分 合格点60点

1 右の図のように,A地からB地までごばんの目のような道があります。(1つ20点・40点)

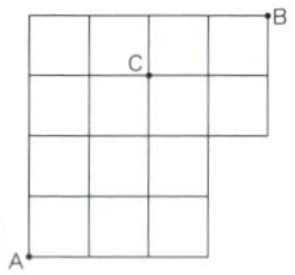

(1) A地からB地までいちばん短い道で行く方法は何通りありますか。

答え 65通り

(2) A地からC地を通ってB地まで行く方法は何通りありますか。

答え 30通り

2 0,3,4,5,8の5まいのカードがあります。これをならべて,2でわり切れる3けたの整数を作ります。全部で何通りできますか。□に数を書いてもとめなさい。(1つ20点・60点)

・一の位が「0」の数は,
[1]×[4]×[3]=[12]
一の位　百の位　十の位

・一の位が「4」か「8」の数は,
[2]×[3]×[3]=[18]
一の位　百の位　十の位　(百の位に[0]は使えません。)

・全部で何通りできますか。
[12]+[18]=[30]　答え 30通り

テスト 93 標準レベル 1 ㉔算術特訓(2)(規則性) 時間 10分 合格点 80点 点

●周期を見つけて解く練習をします。
●様々な規則性の問題を練習します。

1 ○，□，△，×，○，□，△，×，○，□……のように形があるきまりでならんでいます。(1つ10点・20点)

★○□△×の4こを1つのまとまりとして考える。

(1) 18番目の形を答えなさい。
式 18÷4＝4あまり2
まとまりの2番目の形
答え □

(2) 60番目の形を答えなさい。
式 60÷4＝15
あまりがないのでまとまりのさい後の形
答え ×

2 右の図のように，同じ長さのひごをならべて，正方形をつぎつぎにふやしていきます。(1つ10点・30点)

(1) 正方形が1つふえるごとに，ひごは何本ずつふえますか。(答えだけでよい。)
4－1＝3
答え 3本

(2) 正方形を10こ作るには，ひごが何本いりますか。
式 1＋3×10＝31
答え 31本

(3) ひごを55本使うと，正方形は何こ作れますか。
式 55－1＝54
54÷3＝18
答え 18こ

3 次のように数があるきまりでならんでいます。(1つ10点・20点)

2，5，8，11，14，……

(1) 15番目の数は何ですか。
式 15－1＝14(3を14回たす)
2＋3×14＝44
答え 44

(2) 176は何番目の数ですか。
式 176－2＝174
174÷3＝58(3をたした数)
58＋1＝59
答え 59番目

4 1，2，2，3，1，2，2，3，1，2，2，……のように数があるきまりでならんでいます。(1つ15点・30点)

★1，2，2，3の4つの数を1つのまとまりとして考える。

(1) 93番目の数は何ですか。
式 93÷4＝23あまり1
まとまりの1番目の数
答え 1

(2) 50番目までの数を全部たすと，いくつになりますか。
式 1＋2＋2＋3＝8
50÷4＝12あまり2
8×12＋1＋2＝99
答え 99

①1,2,2,3 ②1,2,2,3 …… ⑪1,2,2,3 1,2
8 ＋ 8 ＋ …… ＋ 8 ＋1＋2

テスト 94 標準レベル 2 ㉔算術特訓(2)(規則性) 時間 10分 合格点 80点 点

1 それぞれ，あるきまりで数がならんでいます。□にあてはまる数を書きなさい。(1つ5点・40点)

★となり合う数のちがいを書きましょう。

(1) 8，11，14，[17]，20，[23]，26
+3 +3 +3 +3 +3 +3

(2) 72，68，64，[60]，56，[52]，48
−4 −4 −4 −4 −4 −4

(3) 34，47，[60]，73，86，[99]，112
+13 +13 +13 +13 +13 +13

(4) 98，81，64，[47]，30，[13]
−17 −17 −17 −17 −17

2 ある年の4月4日は，水曜日でした。(1つ10点・20点)

★水曜始まりの1週間として考えよう

(1) 同じ年の5月5日は，何曜日ですか。
式 30−4＋1＝27($\frac{4}{4}$〜$\frac{4}{30}$)
27＋5＝32($\frac{4}{4}$〜$\frac{5}{5}$)
32÷7＝4あまり4(4週間と4日) 水曜日から4日目を考える(水木金土)
答え 土曜日

(2) 同じ年の3月3日は，何曜日ですか。
式 31−3＋1＝29($\frac{3}{3}$〜$\frac{3}{31}$)
29＋4＝33($\frac{3}{3}$〜$\frac{4}{4}$)
33÷7＝4あまり5(4週間と5日)
水曜日から5日さかのぼって考える(水火月日土)
答え 土曜日

3 1辺1cmの正方形のタイルを下のようにならべて，形をつくります。(1つ10点・40点)

★まわりの長さは正方形におきかえてもとめます。

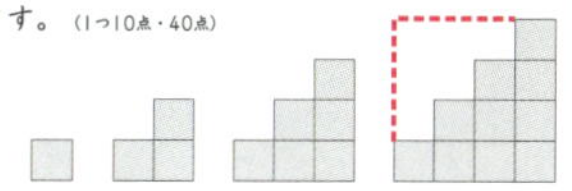

(1) タイルの数とできた形のまわりの長さを表にまとめます。それぞれあてはまる数を書きなさい。

だんの数(だん)	1	2	3	4
タイルの数(まい)	1	3	6	10
まわりの長さ(cm)	4	8	12	16

(2) 5だんならべたとき，タイルは全部で何まいですか。
式 1＋2＋3＋4＋5＝15
答え 15まい

(3) 6だんならべたとき，できた形のまわりの長さは，何cmですか。□だんのまわりの長さは，□×4
式 6×4＝24
答え 24cm

(4) できた形のまわりの長さが28cmのとき，タイルは全部で何まいですか。
式 28÷4＝7(7だんの形)
1＋2＋3＋4＋5＋6＋7＝28
(1＋7)×7÷2＝28としてもともとめられます。
答え 28まい

テスト 95 ハイレベル ㉔算術特訓(2)(規則性) 時間 15分 合格点 70点 点

1 黒いご石と白いご石があります。このご石を，下の図のように，外がわの1まわりだけが黒いご石で，その中は白いご石をならべて，正方形の形をつくります。(1つ10点・30点)

★□番目のとき
一辺の数 □＋2
黒の数 (□＋1)×4
白の数 □×□

(1) 黒いご石が1辺に6こならぶとき，黒いご石と白いご石をそれぞれ何こ使いますか。
式 6−2＝4(4番目)
(4＋1)×4＝20
4×4＝16
答え 白…16こ 黒…20こ

(2) 黒いご石を72こ使うとき，白いご石は何こ使いますか。
式 72÷4−1＝17(17番目)
17×17＝289
答え 289こ

(3) 白いご石を100こ使うとき，黒いご石は何こ使いますか。
式 100＝10×10(10番目)
(10＋1)×4＝44
答え 44こ

2 それぞれ，あるきまりで数がならんでいます。□にあてはまる数を書きなさい。(1問5点・20点)

(1) 6，9，8，11，10，[13]，12，[15]，14
+3 −1 +3 −1 +3 −1 +3 −1

(2) 0，1，3，6，10，[15]，21，28，[36]
+1 +2 +3 +4 +5 +6 +7 +8

(3) 1，4，9，16，[25]，36，[49]，64
1×1,2×2,3×3,4×4，5×5，6×6，7×7，8×8

(4) 1，2，4，8，[16]，32，[64]，128，256
×2 ×2 ×2 ×2 ×2 ×2 ×2 ×2

3 正三角形を，右の図のようにならべていきます。上のだんからじゅんに，1だん目，2だん目，……と数えていきます。(1つ10点・20点)

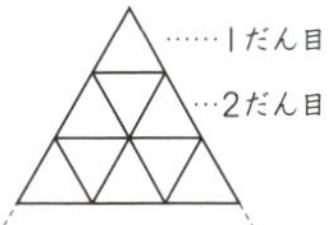

1だん目 2だん目 3だん目 …… □だん目
1 3 5 …… □×2−1

(1) 8だん目には何この正三角形がならびますか。
式 8×2−1＝15
答え 15こ

(2) 1だんに37こならぶのは，上から何だん目ですか。
式 37＋1＝38
38÷2＝19
答え 19だん目

4 図1のようにマッチを何本かならべて正方形を10こつくりました。このとき使ったマッチをすべて使って図2のように六角形をつくります。六角形は何こできますか。(10点)

【図1】
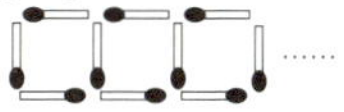
【図2】
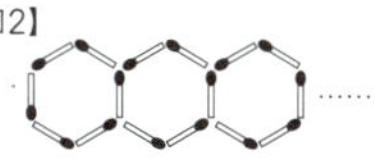

式 4−1＝3
1＋3×10＝31
(マッチは全部で31本)
(はじめの1本をのぞくと正方形は3本ずつで1こできます。)
31−1＝30 30÷5＝6
6−1＝5
(はじめの1本をのぞくと，六角形は5本ずつで1こできます。)
答え 6こ

5 右の図のように正方形をしきつめた形に上のだんからじゅんに数をならべます。(1つ10点・20点)

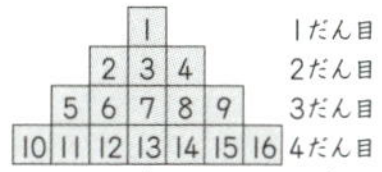

(1) 7だん目の右はしの数は何ですか。
式 □だん目右はしの数は，□×□でもとめます。
7×7＝49
答え 49

(2) 9だん目の左から3つ目は何ですか。
式 9−1＝8
8×8＝64(8だん目の右はし)
64＋3＝67
答え 67

テスト 96 最高レベル 最高レベルにチャレンジ!! ㉔算術特訓(2)(規則性) 時間 10分 合格点 60点 点

● あるきまりで数を1からじゅんに表の中にならべます。「6」は3行目の2列目です。(1つ20点・100点)

列→ / 行↓

1	4	9	16	ア	イ
2	3	8	15		
5	6	7	14		
10	11	12	13		
17	18				

(1) アとイにあてはまる数は何ですか。
(1行目の□列目の数は，□×□でもとめます。)
答え ア……25 イ……36
5×5＝25 6×6＝36

(2) 1行目の8列目の数は何ですか。
8×8＝64
答え 64

(3) 2行目の9列目の数は何ですか。
9×9＝81(1行目9列目)
81−1＝80
答え 80

(4) 9行目の1列目の数は何ですか。
□行目の1列目の数は，(□−1)×(□−1)＋1
(9−1)×(9−1)＋1＝65
答え 65

(5) 「55」は何行目の何列目ですか。
7×7＝49，8×8＝64から 7＋1＝8(行目) 55−49＝6(列目)
答え 8 行目の 6 列目

テスト 97 標準レベル 1　㉕算術特訓(3)（分配算）　時間 10分　合格点 80点

●倍数の関係に着目し，とき方を身につけます。
●いちばん少ない数にそろえてとくことを覚えます。
●図を用い，複雑な条件を整理します。

1 24このくりを兄と弟の2人で分けます。兄は弟の3倍の数を取ります。それぞれ何こ取ればよいですか。（20点）

［図］ 兄／弟　24こ

［式］ 3 ＋ 1 ＝ 4　全部で弟の4倍
24 ÷ 4 ＝ 6　弟の数
6 × 3 ＝ 18　兄の数

答え　弟… 6こ　兄… 18こ

2 40本の花を大の花だんと小の花だんに分けて植えました。大の花だんには，小の花だんの4倍の数の花を植えました。大の花だんに花を何本植えましたか。（20点）

［式］ 4＋1＝5
40÷5＝8（小）
8×4＝32

答え　32本

3 ひろし君は54ページあるドリルをしています。まだのこっているページ数は，やり終えたページ数の5倍あります。のこりのページは，何ページありますか。（20点）

［式］ 5＋1＝6
54÷6＝9
9×5＝45

答え　45ページ

4 21このたねを姉と妹の2人で分けます。妹は姉の半分の数を取ります。姉は何こ取ればよいですか。（20点）

［式］ 2＋1＝3
21÷3＝7（妹）
7×2＝14

答え　14こ

5 母と子の年れいを合わせると，36才です。母の年れいは，子の年れいの8倍です。母の年れいは，何才ですか。（20点）

［式］ 8＋1＝9
36÷9＝4
4×8＝32

答え　32才

テスト 98 標準レベル 2　㉕算術特訓(3)（分配算）　時間 10分　合格点 80点

1 A・B・Cの3人で31まいのシールを分けます。BはAより4まい多く，CはBより5まい多く取ります。Aは何まい取ればよいですか。（20点）

［図］ A／B／C　4　4　5　31

［式］ 4 ＋ 4 ＋ 5 ＝13
31 － 13 ＝ 18　Aの3つ分
18 ÷3＝ 6

答え　6まい

2 3人の子の年れいを合わせると，33才です。また，その年れいは3才ずつちがいます。いちばん年上の子は，何才ですか。（20点）

［式］ 3＋3＋3＝9
33－9＝24
24÷3＝8（いちばん年下）
8＋3＋3＝14

答え　14才

3 大・中・小の3つの水とうに水が合わせて16dL入っています。中は小より1dL多く，大は小より3dL多く水が入っています。大の水とうに水は何dL入っていますか。（20点）

［式］ 1＋3＝4
16－4＝12
12÷3＝4（小）
4＋3＝7

答え　7dL

4 赤・青・白の紙が合わせて35まいあります。青の紙は赤の紙より4まい多く，白の紙は青の紙より3まい多くあります。白の紙は何まいありますか。（20点）

［式］ 4＋3＝7
4＋7＝11
35－11＝24
24÷3＝8（赤）
8＋4＋3＝15

答え　15まい

5 A・B・C・Dの4つの数をたすと，27になります。BはAより5大きく，CはAより2大きく，DはAより8大きいです。Dの数をもとめなさい。（20点）

［式］ 5＋2＋8＝15
27－15＝12
12÷4＝3（A）
3＋8＝11

答え　11

テスト 99 ハイレベル　㉕算術特訓(3)（分配算）　時間 15分　合格点 70点

1 兄と弟の2人で24本のえん筆を分けました。兄の本数は，弟の本数を2倍した数より3本多いです。兄は何本もらいましたか。（10点）

［図］ 兄／弟　3　24

［式］ 24－3＝21（ちょうど3倍にします。）
2＋1＝3
21÷3＝7（弟）
7×2＋3＝17
（24－7＝17としてもよいです。）

答え　17本

2 赤いボールと白いボールが，合わせて34こあります。白いボールの数は，赤いボールの数を3倍した数よりも2こ少ないです。白いボールは何こありますか。（10点）

［図］ 白／赤　2　34

［式］ 34＋2＝36（ちょうど3倍にします。）
3＋1＝4
36÷4＝9（赤）
9×3－2＝25
（34－9＝25）

答え　25こ

3 母と子の年れいを合わせると，33才です。母の年れいは，子の年れいの5倍よりも3才多いです。母は何才ですか。（10点）

［式］ 33－3＝30
5＋1＝6
30÷6＝5（子）
5×5＋3＝28
（33－5＝28）

答え　28才

4 けんじ君は，きのうと今日の2日で87ページある本をすべて読みました。今日読んだページ数は，きのう読んだページ数の3倍より7ページ多いです。けんじ君は，今日，何ページ読みましたか。（10点）

［式］ 87－7＝80
3＋1＝4
80÷4＝20（きのう）
20×3＋7＝67
（87－20＝67）

答え　67ページ

5 ケーキ1ことジュース1本を買うと，合わせて430円です。ケーキ1このねだんは，ジュース4本のねだんより20円安いです。ケーキ1こは何円ですか。（15点）

［式］ 430＋20＝450
4＋1＝5
450÷5＝90（ジュース）
90×4－20＝340
（430－90＝340）

答え　340円

6 赤色・白色・黄色の花が，花だんに合わせて24本あります。白色の花の数は，赤色の花の数の2倍あり，黄色の花の数は，赤色の花の数の3倍あります。黄色の花は何本ありますか。（15点）

［式］ 1＋2＋3＝6
24÷6＝4（赤）
4×3＝12

答え　12本

7 父と母と子の3人で，44このくりを分けました。父は，子より10こ多く取り，母は，父より3こ少なく取りました。父はくりを何こ取りましたか。（15点）

［式］ 10－3＝7
10＋7＝17
44－17＝27
27÷3＝9
9＋10＝19

答え　19こ

8 A・B・C・Dの4人で，49まいのシールを分けました。BはAより8まい多く，CはBより3まい少なく，DはCより7まい多くなるように分けました。Dは何まい取りましたか。（15点）

［式］ 8－3＝5
8＋5＋5＋7＝25
49－25＝24
24÷4＝6（A）
6＋5＋7＝18

答え　18まい

テスト 100 最レベ　最高レベルにチャレンジ!!　㉕算術特訓(3)（分配算）　時間 10分　合格点 60点

1 38このかきを，大・中・小の3つのふくろに分けて入れます。中のふくろには，小のふくろの2倍の数のかきを入れ，大のふくろには，中のふくろの2倍より3こ多い数のかきを入れます。大のふくろにかきを何こ入れるとよいですか。（60点）

［式］ 2×2＝4（大）
1＋2＋4＝7
38－3＝35
35÷7＝5（小）
5×4＋3＝23

答え　23こ

2 ある年の9月には，月曜日が4回ありました。月曜日の日づけを4つ合わせると，54になります。この年の9月のいちばんはじめの月曜日は，9月何日ですか。（40点）

［式］ 7×（1＋2＋3）＝42
54－42＝12
12÷4＝3

日づけは7日ずつちがいます。

答え　9月3日

〈きりとり線〉

総合実力テスト (1)

時間 10分　合格点 70点

1 次の計算をしなさい。(1つ4点・24点)

① 0×9=0　② 1×6+198=204
③ 77−(91−25)=11　④ 503−72÷8=494
⑤ 36÷(15−9)=6　⑥ 3×(32−28)=12

★計算のじゅん番は ( ) ↓ かけ算,わり算 ↓ たし算,ひき算

2 大きい方を○でかこみなさい。(1つ4点・24点)

① ($\frac{4}{8}$, ($\frac{5}{8}$))　② ((0.9) , 0.1)
③ ((1) , $\frac{7}{10}$)　④ (($\frac{6}{6}$) , 0.8)
⑤ (($\frac{1}{2}$) , $\frac{1}{7}$)　⑥ ($\frac{6}{13}$, ($\frac{6}{11}$))

★分子が同じなら分母が小さい方がその分数は大きくなる。

3 次の計算をしなさい。(1つ4点・12点)

① 6日14時 + 4日15時 = 11日 5時
② 8日17時 + 10日 9時 = 19日 2時
③ 3日11時 − 23時 = 2日 12時

★1日=24時間 (60時間ではない)

①14+15=29
29時間=1日5時間

4 長さ1mのはり金を使って，等しい辺の長さが43cmずつの二等辺三角形をつくるとき，のこりの辺の長さは，何cmになりますか。(10点)

式 1m=100cm
100−43×2=14
答え 14cm

5 下のようなカードが，7まいあります。(1つ10点・20点)

8 4 3 5 0 9 1

★まず，カードを小さい方からじゅんにならべかえよう。

(1) このカードを使ってできる5けたの数の中で，いちばん大きな数と2番目に大きな数をたすと，いくつになりますか。

98543+98541=197084　答え 197084

(2) このカードを全部使ってできる7けたの数の中で，いちばん大きな数からいちばん小さな数をひくと，いくつになりますか。

9854310−1034589=8819721　答え 8819721

6 長さ12m8cmのひもがあります。9cmごとに切っていくと，何本取れて，何cmあまりますか。(10点)

式 12m8cm=1208cm　1208÷9=134あまり2
答え 134本取れて 2cmあまる。

110

総合実力テスト (2)

時間 10分　合格点 70点

1 次の計算を筆算でしなさい。(1つ5点・20点)

① 239×64
239
× 64
956
1434
15296

② 103×357
103
× 357
721
515
309
36771

③ 924÷4
231
4) 924
8
12
12
4
4
0

④ 9048÷6
1508
6) 9048
6
30
30
48
48
0

2 □を使った式で表し，答えも書きなさい。(1つ10点・20点)

(1) 何本かのえん筆を8人で同じ数ずつに分けると，1人分は21本になりました。えん筆は，全部で何本ありましたか。

式 □÷8=21　答え 168本

(2) 7このかごの中に同じ数ずつみかんを入れると，全部で84こあったみかんがちょうどなくなりました。1このかごの中にみかんを，何こずつ入れましたか。

式 □×7=84　答え 12こ
(7×□にしないように)

3 26304について，答えなさい。(1つ10点・30点)

(1) 100倍にした数を漢数字で書きなさい。★26304×100=2630400
答え 二百六十三万四百

(2) 100倍にすると，3は何のくらいになりましたか。
答え 一万のくらい

(3) 100倍にすると，十万のくらいにはどの数字がきますか。
答え 6

4 次の数を書きなさい。(1つ10点・20点)

(1) 7より大きく8より小さい小数で，$\frac{1}{10}$のくらいの数字が1の小数。
答え 7.1

(2) 1000が104こ，100が953こ，10が84こ集まった数。
答え 200140

★
104000
95300
+ 840
200140

5 1組の三角じょうぎを組み合わせました。㋐と㋑の角度を計算でもとめなさい。(1つ5点・10点)

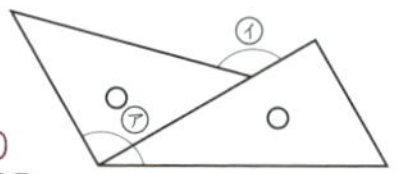

㋐ 90+30=120
㋑ 180−45=135
答え ㋐… 120°　㋑… 135°

111

総合実力テスト (3)

時間 10分　合格点 70点

1 3Lのお茶を6人で同じりょうに分けると，1人分は，何dLになりますか。(8点)

式 3L=30dL
30÷6=5
答え 5dL

2 右のぼうグラフは，4つの品物のねだんを表したものです。(1つ6点・18点)

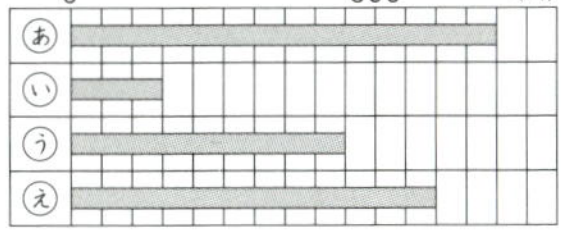

★10目もりで500円 ↓ 1目もりで50円

(1) 1目もりは，何円ですか。　答え 50円

(2) あは，うより何円高いですか。　答え 250円
あとうは5目もりちがう　50×5=250

(3) えは，いの何倍のねだんですか。　答え 4倍
いは3目もりえは12目もり　12÷3=4

3 次の□にあてはまる数を書きなさい。(1つ6点・24点)

① 3000g= 3 kg　② 5000m= 5 km
③ 8kg= 8000 g　④ 6km= 6000 m

112

4 半けいが，それぞれ3cm，5cm，7cmの円をかきました。この3つの円の円しゅうを合わせると，およそ何になりますか。(10点)

★円しゅう = 直けい×3

式 3×2×3=18
5×2×3=30
7×2×3=42
18+30+42=90
(3+5+7)×2×3=90でもよい
答え 90cm

5 りんご6ことみかん6こで1080円です。また，りんご5ことみかん3こで780円になります。(1つ10点・20点)

(1) りんご3ことみかん3こでは，いくらになりますか。

1080÷2=540　答え 540円

(2) りんご1こ，みかん1このねだんは，それぞれ何円ですか。

780−540=240(りんご2このねだん)　120×6=720
240÷2=120　(1080−720)÷6=60
答え りんご… 120 円　みかん… 60 円

6 〈1〉=1，〈2〉=1+2，〈3〉=1+2+3，………というように表すことにします。(1つ10点・20点)

(1) 〈6〉を計算しなさい。

1+2+3+4+5+6=21　答え 21

(2) 〈7〉+〈8〉=□×8のとき，□にあてはまる数をもとめなさい。

〈7〉=7+6+5+4+3+2+1
〈8〉=1+2+3+4+5+6+7+8
〈7〉+〈8〉=8+8+8+8+8+8+8+8=8×8
答え 8